国家林业和草原局普通高等教育"十三五"规划教材

木材鉴定基础

INTRODUCTION TO WOOD IDENTIFICATION

薛晓明 陈云霞 / 主编

郭海涛 / 主审

中国林业出版社

图书在版编目（CIP）数据

木材鉴定基础/薛晓明，陈云霞主编．—北京：中国林业出版社，2018.9（2024.8 重印）

国家林业和草原局普通高等教育"十三五"规划教材

ISBN 978-7-5038-9660-6

Ⅰ.①木… Ⅱ.①薛…②陈… Ⅲ.①木材识别—高等学校—教材 Ⅳ.①S781.1

中国版本图书馆 CIP 数据核字（2018）第 152688 号

中国林业出版社·教育分社

策划编辑：肖基浒 杜 娟　　　责任编辑：杜 娟 张 锴 田夏青

电　　话：(010) 83143553　　　传　　真：(010) 83143516

出版发行	中国林业出版社（100009　北京市西城区德内大街刘海胡同7号）
	E-mail:jiaocaipublic@163.com　电话:(010)83143500
	http://lycb.forestry.gov.cn
经　销	新华书店
印　刷	北京中科印刷有限公司
版　次	2018年9月第1版
印　次	2024年8月第3次印刷
开　本	787mm×1092mm　1/16
印　张	18
字　数	427千字
定　价	48.00元

未经许可，不得以任何方式复制或抄袭本书之部分或全部内容。

版权所有　侵权必究

前　言

木材是珍贵的可再生自然资源，是青山绿水的基石，木材的盗伐、滥伐、走私和非法贸易等违法活动破坏了森林资源，阻碍了林木资源的可持续利用，严重影响生态文明建设。因此，南京森林警察学院组织编写、资助出版本书，并将其作为保护森林资源、维护生态安全、打击涉林违法犯罪的专业培训教材。

本教材从培养森林公安、海关等执法单位后备人才的实际需求出发，以"木材学"和"木材解剖学"为基础提出编写大纲，经校教学指导委员会审定后分工编写而成。根据新形势下《公安技术类专业本科教学质量国家标准》的要求，本教材既考虑木材学科的特点，也考虑了执法单位的一线需求，以"木材鉴定"为核心，突出实践技能的培养。

本教材主要介绍木材鉴定的专业基础知识，共分为9章。主要包括：木材的来源、生成和分类，木材的宏观构造，木材的显微构造，木材的性质和缺陷，竹材的构造及识别，木材鉴定的方法和应用，常见木材的识别与鉴定，珍贵木材的识别与鉴定，涉案木材样本的提取与送检。

本教材适用于刑事科学技术及相关专业的本科生教学，也可供森林公安、海关缉私局民警及相关从业人员的培训教材或参考书。本教材的出版获得南京森林警察学院"本科规划教材第一期建设项目"资助；由南京森林警察学院薛晓明教授和陈云霞副教授担任主编，郭海涛教授担任主审，由薛晓明教授汇总和统稿；参编人员有孙小苗主任、方彦教授、潘彪教授。本教材的编写分工如下：绪论由方彦（南京森林警察学院）、薛晓明（南京森林警察学院）编写，第1章、第2章、第3章3.3~3.4节、第4章、第6章、第9章由薛晓明编写，第3章3.1~3.2节、第5章由陈云霞（南京森林警察学院）编写，第7章由孙小苗（国家林业局华东木材及木制品质量监督检验中心）编写，第8章8.1节由陈云霞、潘彪（南京林业大学）编写，第8章8.2节由孙小苗、薛晓明编写。本教材第7、第8章使用的木材显微结构图中，孙小苗主任制作提供了34个树种的102张图片、潘彪教授制作提供了20个树种的60张图片、骆嘉言副教授制作提供了1个树种的3张图片。考虑到本书目前采用黑白印刷的局限性，这两章提供了二维码在线阅读方式，以便使读者阅读清晰的图片，该系列图片仅供教学阅读，请读者切勿用于其他用途，以保护著作权。

本教材参考了国内外木材科学和木材鉴定的教材、图谱和文献材料，编写过程中得到了编著者所在单位的大力支持，南京林业大学高捍东教授和骆嘉言副教授给予了指导和帮助，在此表示由衷感谢！

由于编者水平有限，本教材难免存在不足之处，敬请读者批评指正。

薛晓明

2018年8月

致　谢

　　感谢孙小苗主任、潘彪教授、骆嘉言副教授为本书出版提供了一共 55 种木材的 165 张图片，明细如下：

孙小苗提供 34 个种共 102 张图片
　　7-1 柏木、7-2 冷杉、7-3 云杉、7-4 落叶松、7-6 罗汉松、7-7 柳杉、7-8 杉木、7-9 槭木、7-10 光皮桦、7-11 黄杨、7-12 橡胶树、7-13 秋枫、7-15 水青冈、7-17 柞木、7-20 核桃、7-21 黄檀、7-22 槐树、7-24 香椿、7-25 毛白杨、7-26 垂柳、7-27 椴树、7-28 榔榆、7-29 柚木、7-31 贝壳杉、7-39 特氏古夷苏木、7-41 红卡雅楝、7-50 印度紫檀、8-1 红松、8-24 格木、8-23 坡垒、8-32 大果紫檀、8-33 卢氏黑黄檀、8-34 微凹黄檀、8-35 交趾黄檀

潘彪提供 20 个种共 60 张图片
　　7-14 青冈栎 、8-7 红豆杉、8-6 福建柏、8-8 榧树、8-9 银杏、8-5 水杉、8-16 鹅掌楸、8-12 润楠、8-10 香樟、8-11 楠木、8-13 黄檗、8-14 榉木、8-15 青檀、8-20 紫椴、8-18 白木香、8-28 降香黄檀、8-31 檀香紫檀、8-36 桃花心木、8-39 檀香木、8-38 乌木

骆嘉言提供 1 个种共 3 张图片
　　8-62 秋枫阴沉木

2018 年 9 月

目 录

前 言
绪 论 ……………………………………………………………………………… (1)

第1章 木材的来源、生成和分类 ……………………………………………… (10)
  1.1 树木的分类与命名 ……………………………………………………… (10)
    1.1.1 树木的分类 ……………………………………………………… (11)
    1.1.2 植物的命名 ……………………………………………………… (12)
    1.1.3 木材的命名 ……………………………………………………… (12)
  1.2 木材的来源 ……………………………………………………………… (13)
    1.2.1 商品材的特征和来源 …………………………………………… (13)
    1.2.2 商品材分类 ……………………………………………………… (14)
  1.3 树木的生长与木材的形成 ……………………………………………… (15)
    1.3.1 树木的组成 ……………………………………………………… (15)
    1.3.2 树干的生长和发育 ……………………………………………… (16)
  1.4 树干的构造 ……………………………………………………………… (19)
    1.4.1 树皮 ……………………………………………………………… (19)
    1.4.2 形成层 …………………………………………………………… (20)
    1.4.3 木质部 …………………………………………………………… (21)
    1.4.4 髓 ………………………………………………………………… (22)

第2章 木材的宏观构造 ………………………………………………………… (24)
  2.1 木材宏观构造特征的意义 ……………………………………………… (25)
    2.1.1 木材的细胞和组织 ……………………………………………… (25)
    2.1.2 木材的三切面 …………………………………………………… (25)
  2.2 木材的主要宏观特征 …………………………………………………… (27)
    2.2.1 心材、边材 ……………………………………………………… (27)
    2.2.2 生长轮(年轮) …………………………………………………… (29)
    2.2.3 早材和晚材 ……………………………………………………… (31)
    2.2.4 木射线 …………………………………………………………… (32)

2.2.5　管孔 ……………………………………………………………… (34)
　　2.2.6　轴向薄壁组织 ……………………………………………………… (40)
　　2.2.7　胞间道 ……………………………………………………………… (42)
2.3　木材的次要宏观特征 …………………………………………………… (44)
　　2.3.1　颜色和光泽 ………………………………………………………… (44)
　　2.3.2　气味和滋味 ………………………………………………………… (45)
　　2.3.3　纹理、结构和花纹 ………………………………………………… (46)
　　2.3.4　材表特征 …………………………………………………………… (48)
　　2.3.5　重量、硬度 ………………………………………………………… (48)
　　2.3.6　髓斑 ………………………………………………………………… (49)
　　2.3.7　其他特征 …………………………………………………………… (49)
2.4　树皮的宏观构造特征 …………………………………………………… (50)
　　2.4.1　外树皮 ……………………………………………………………… (50)
　　2.4.2　内树皮 ……………………………………………………………… (52)
　　2.4.3　树皮的厚度 ………………………………………………………… (54)
　　2.4.4　树皮的气味和滋味 ………………………………………………… (54)
　　2.4.5　其他附属结构和特征 ……………………………………………… (54)

第3章　木材的显微构造 ……………………………………………………… (56)

3.1　木材细胞壁结构 ………………………………………………………… (56)
　　3.1.1　木材细胞壁的物质构成 …………………………………………… (56)
　　3.1.2　木材细胞壁的结构 ………………………………………………… (57)
　　3.1.3　木材细胞壁上的结构特征 ………………………………………… (59)
3.2　针叶材的显微构造 ……………………………………………………… (63)
　　3.2.1　轴向管胞 …………………………………………………………… (63)
　　3.2.2　木射线 ……………………………………………………………… (65)
　　3.2.3　轴向薄壁组织 ……………………………………………………… (68)
　　3.2.4　树脂道 ……………………………………………………………… (69)
　　3.2.5　针叶树材中的内含物 ……………………………………………… (71)
3.3　阔叶树材的显微构造 …………………………………………………… (71)
　　3.3.1　导管 ………………………………………………………………… (71)
　　3.3.2　木纤维 ……………………………………………………………… (76)
　　3.3.3　轴向薄壁组织 ……………………………………………………… (78)
　　3.3.4　木射线 ……………………………………………………………… (80)
　　3.3.5　阔叶材的管胞 ……………………………………………………… (83)
　　3.3.6　树胶道 ……………………………………………………………… (84)
　　3.3.7　阔叶材的其他特殊构造 …………………………………………… (84)

3.4 树皮的显微构造 (86)
3.4.1 树皮中的细胞类型 (86)
3.4.2 树皮组成 (88)

第4章 木材的性质和缺陷 (91)
4.1 木材的化学性质 (91)
4.1.1 木材的化学组成 (91)
4.1.2 木材的纤维素 (92)
4.1.3 半纤维素 (94)
4.1.4 木质素 (96)
4.1.5 木材的抽提物 (98)
4.2 木材的物理性质 (100)
4.2.1 木材中的水分 (100)
4.2.2 木材的密度 (104)
4.2.3 木材的电学性质 (106)
4.2.4 木材的导热性质 (107)
4.2.5 木材的声学特性 (107)
4.2.6 木材的光学特性 (108)
4.3 木材的力学性质 (110)
4.3.1 抗压强度 (110)
4.3.2 抗拉强度 (110)
4.3.3 抗剪强度 (111)
4.3.4 抗弯强度 (111)
4.3.5 木材的硬度和耐磨性 (111)
4.3.6 握钉力 (112)
4.3.7 抗劈力 (112)
4.3.8 影响木材力学性质的主要因素 (112)
4.4 木材的环境学特性 (114)
4.4.1 木材的视觉特性 (114)
4.4.2 木材的触觉特性 (115)
4.4.3 木材的调湿特性 (116)
4.4.4 木材的空间声学性质 (116)
4.4.5 木材的生物调节特性 (116)
4.5 木材的缺陷 (117)
4.5.1 木材缺陷的成因和相对性 (117)
4.5.2 木材缺陷的分类 (118)
4.5.3 木材天然缺陷(生长缺陷) (118)
4.5.4 生物危害缺陷 (123)

4.5.5　干燥和机械加工缺陷 …………………………………………… (126)

第5章　竹材的构造及识别 …………………………………………………… (128)

5.1　竹类植物的分类及地理分布 …………………………………………… (128)
　　　5.1.1　竹类植物的植物学分类地位 ………………………………… (128)
　　　5.1.2　竹类植物的种类 ……………………………………………… (128)
　　　5.1.3　竹类植物的地理分布 ………………………………………… (129)

5.2　竹材的生物学特性与解剖构造 ………………………………………… (130)
　　　5.2.1　竹类植物的形态 ……………………………………………… (130)
　　　5.2.2　竹类植物的生长与繁育 ……………………………………… (132)

5.3　竹材的解剖构造 ………………………………………………………… (134)
　　　5.3.1　竹壁的构造 …………………………………………………… (134)
　　　5.3.2　竹壁的解剖构造 ……………………………………………… (135)
　　　5.3.3　竹材与木材的构造差异 ……………………………………… (139)

5.4　竹材的性质 ……………………………………………………………… (139)
　　　5.4.1　竹材的结构特性 ……………………………………………… (139)
　　　5.4.2　竹材的物理性质 ……………………………………………… (140)
　　　5.4.3　竹材的化学性质 ……………………………………………… (140)
　　　5.4.4　竹材的力学性质 ……………………………………………… (141)

第6章　木材鉴定的方法和应用 ……………………………………………… (142)

6.1　木材鉴定的方法 ………………………………………………………… (142)
　　　6.1.1　木材鉴定的原则与步骤 ……………………………………… (142)
　　　6.1.2　木材鉴定的方法 ……………………………………………… (144)

6.2　木材鉴定的工具 ………………………………………………………… (146)
　　　6.2.1　解剖工具或设备 ……………………………………………… (146)
　　　6.2.2　检索工具 ……………………………………………………… (147)
　　　6.2.3　判定工具 ……………………………………………………… (148)
　　　6.2.4　木材鉴定的注意事项 ………………………………………… (149)

第7章　常见木材的识别与鉴定 ……………………………………………… (151)

7.1　常见国产材的识别 ……………………………………………………… (152)
　　　7.1.1　针叶材 ………………………………………………………… (152)
　　　7.1.2　阔叶材 ………………………………………………………… (157)

7.2　常见进口材的识别 ……………………………………………………… (170)
　　　7.2.1　针叶材 ………………………………………………………… (170)
　　　7.2.2　阔叶材 ………………………………………………………… (171)

第8章 珍贵木材的识别与鉴定 (185)

8.1 常见珍贵木材的识别 (185)
8.1.1 国产材 (185)
8.1.2 进口材 (204)

8.2 红木和阴沉木 (211)
8.2.1 红木 (211)
8.2.2 阴沉木(乌木) (234)

第9章 涉案木材样本的提取与送检 (237)

9.1 木材样本的作用与价值 (237)
9.2 木材样本的提取 (238)
9.3 木材样本的送检 (242)

参考文献 (243)

附录一 国家林业局公安部关于森林和陆生野生动物刑事案件管辖及立案标准 (245)
附录二 中华人民共和国野生植物保护条例 (248)
附录三 国家重点保护野生植物名录(第一批) (251)
附录四 濒危野生动植物种国际贸易公约附录Ⅰ、附录Ⅱ和附录Ⅲ (262)
附录五 主要用材树种的木材检索表 (273)

绪 论

木材是世界四大原材料(木材、钢铁、水泥、塑料)之一,是社会发展过程中人类赖以生存和发展的宝贵资源,在当今社会仍然是国民经济中难以替代的战略性资源。近年来,随着世界木材需求的快速增长,全球性的木材资源短缺和匮乏日益显现,而非法砍伐、走私和非法贸易现象层出不穷,严重破坏了林木资源的可持续利用。优质珍贵的木材在世界范围内都是稀缺资源,打击盗伐、滥伐林木和走私珍贵木材等违法活动,保护森林资源、维护生态安全是森林公安等执法部门的神圣使命。

0.1 木材鉴定的对象和内容

木材鉴定是以木材的构造特征为依据,对木材的树种进行识别。传统的木材鉴定一般是指借助必要的工具和资料(如放大镜、检索表)观察木材,根据其宏观和显微构造特征将木材鉴定到科、属、种或类的过程;这些特征包括树皮和材表特征、结构中有无管孔、有无树脂道、管孔的类型和排列方式、木射线和薄壁组织的类型及其他构造特征等。

0.1.1 木材鉴定的对象

木质材料包括木材、竹材、藤本、灌木、作物秸秆类资源,其中木材的重要性是第一位的。竹材和木质藤本类也是森林及木质资源的重要组成部分,具有生产周期短、经济价值高、观赏文化价值特殊、易实现可持续经营等显著特点,已成为仅次于木材的重要非木材木质资源之一。灌木类是无明显直立主干的木本植物。灌木的经济价值大体可分为薪炭用灌木、工艺灌木、观赏灌木、饲料灌木、香料灌木和药用灌木等。麻、棉、芦苇、玉米、甘蔗、高粱等可作为生产人造板、纺织工业、编织、药材、酿酒、制糖等的原材料。

木材来自于种子植物中的乔木树种,主要指树干部分的木质部,是由树木生长而形成的一种高分子化的生物材料，在结构和性质上具有与其他材料不同的固有特性。在人类历史发展过程中，木材曾是最主要的能源，也是制作房屋、车、船、各种生产和生活用具的主要原材料。在经济高速发展的当代社会，木材在大多数国家的能源结构和工业原材料（主要是建筑、家具、人造板和制浆造纸等）中仍占有极其重要的地位。

在走私、盗伐、滥伐、非法运输等案件中木材作为案件的主要涉案对象，或者在商品流通领域、使用过程中因木材产品质量、木材商品名称和木材虫害、腐朽、霉变、变形等引起的民事纠纷等案件中，须通过木材识别与鉴定得出木材的种类（属），从而为案件提供直接或间接证据。海关、工商、森林公安、地方公安等执法单位在办理以木材或者木制品为涉案对象的案件过程中，须对涉案的木材进行种属鉴定，并判断其是否属于《国家重点保护植物名录》和《濒危野生动植物种国际贸易公约（CITES）附录》中收录的物种，所以木材鉴定工作可以为执法工作提供技术支持。

0.1.2　木材鉴定的内容和目的

木材鉴定是木材解剖学的部分内容，其识别、鉴定和研究对象是木材。木材鉴定的前提是了解木材构造的基本知识，掌握木材的主要特征，根据各种不同科、属、种树种的木材结构特征的异同点，把各种木材区别开来。木材的识别过程就是运用木材构造的基础知识，结合具体树种的物种特征，进行综合、比较和分析的过程。

木材鉴定工作在木材生产、加工、流通、质检、执法等各个环节中都会涉及，是正确认识、科学合理利用木材和保护木材资源的基本工作。根据鉴定的对象不同，包括原木识别、锯材识别、木制品用材识别及古木、阴沉木和化石识别；根据鉴定目的与要求不同，包括定种（类）识别与判定是非识别两种情况，定种（类）识别是根据送检材料的基本特征，采用相应的方法，将其鉴定到科、属、种（类），是非识别是根据委托单位提供的木材名称，判定其特征与送检样本特征的符合性从而确定送检材料是否为该种木材。

常用的木材识别与鉴定有宏观和微观两种。宏观识别简易、快速，能满足森林公安、海关、工商等执法单位一线工作的初步要求，但是一些宏观特征相似的木材则难以区别，宏观识别常常仅能鉴定到属（类）或常见的树种（材种）；微观识别比较精确可靠，但方法复杂，制作木材切片需要一定的设备和仪器，同时要求检验人员具备较全面的木材显微构造的专业知识，通常用于在宏观识别的基础上进一步鉴定树种。编写本书的主要目的是为培养森林公安、海关缉私等执法后备人才的高等教育提供专业教材，为开展野生动植物执法培训提供参考书，也可作为一线执法办案人员的工具书。

0.2　木材鉴定技术在生态执法中的作用和意义

0.2.1　木材的证据价值和作用

依据《中华人民共和国刑法》和《中华人民共和国森林法》的相关条款，在"盗伐林木罪""滥伐林木罪""非法收购、运输明知是盗伐、滥伐的林木罪""非法收购、运输、加工出售珍贵树木或者国家重点保护的其他植物及其制品罪"中木材是犯罪的主要对象，也是重要的案件证据。通过对涉案木材的鉴定可为案件的定性、处罚提供重要的依据。

首先，涉案木材最重要的证据作用就是用于种属鉴定确认其身份，即通过观察木材的宏观特征和显微结构特征，识别出该树种的分类地位，鉴定到"种"和"属"，并判断其是否属于"国家重点保护树种"或者海关监管木材，为森林公安和其他执法机关办案提供关键性的办案依据。

其次，部分非国家重点保护的树种遭到盗伐、滥伐后，可通过原木或现场遗留的伐桩，计算涉案林木的立木蓄积，为案件定性、处罚或者量刑提供依据。如河南省广泛种植杂交品种欧美杨，当地森林公安机关每年要处理大量的欧美杨的盗伐、滥伐案件，在这些案件中涉案杨树的材积就是最关键的办案依据。

最后，伐桩、原木等涉案木材还可以用来测算树龄。根据最高人民法院《关于审理破坏森林资源刑事案件具体应用法律若干问题的解释》，《刑法》第三百四十四条规定的"珍贵树木"，包括由省级以上林业主管部门或者其他部门确定的具有重大历史纪念意义、科学研究价值或者年代久远的古树名木，国家禁止、限制出口的珍贵树木以及列入国家重点保护野生植物名录的树木。根据《城市古树名木保护管理办法》的通知（建城［2000］192号）规定，古树是指树龄在一百年以上的树木。所以，部分涉林案件中的树木在鉴定其种属确认其保护级别以外，也要测算其树龄，为案件处理提供更全面的证据。

0.2.2 木材鉴定是保护我国珍贵林木资源的需要

森林公安机关是保护森林资源的一支武装力量，在侦破、查处"盗伐、滥伐林木""非法采伐、毁坏珍贵树木""走私珍稀植物、珍稀植物制品案件"等各类森林案件的过程中，木材是常见的涉案物品。不同的木材（材种）材质不同，经济价值差别极大，从每立方米数百元到数十万元不等；而判断涉案木材是否属于保护树种则对案件性质和量刑有着重要的影响。木材的鉴定不同于普通树木及植物的识别，树木及植物的识别（分类），传统方法主要依据枝、叶、花、果及树皮，但是森林案件经常涉案的林木，往往只有木材，没有枝、叶、花、果，甚至树皮也没有。因此，必须对森林案件的主要物证——木材及其制品进行识别与鉴定，即确定木材的种属，为涉林案件的立案和侦查提供必要的依据。因此，掌握木材识别与鉴定（分类）的基础知识、具备对涉案木材的初步识别能力是森林公安一线工作的基本技能，是保护我国珍贵林木资源、维护生态安全的管理和相关执法部门的必备专业技能之一。

0.2.3 木材鉴定是打击木材走私等违法活动的需要

中国是木材消费和进口大国，尤其是红木等名贵硬木一直有着广大的市场需求，但红木国家标准（GB/T 18107—2017）中的大部分木材的原产地都在东南亚、非洲等国家，传统的红木家具的木材来源主要依赖于进口。2016年濒危野生动植物种国际贸易公约（CITES）第17届缔约国大会将所有黄檀属树种（约300种）、刺猬紫檀以及3种古夷苏木列入附录Ⅱ，可以说CITES对木材类树种的管制范围和管制力度已达到空前强化的程度。在这种国际形势之下，应进一步提高执法和管理部门对合法贸易程序的认识，强化一线人员对CITES管制树种木材鉴别的技能，提高林业、海关、工商、公安等多部门的协同执法能力，加大打击非法木材贸易力度。所以，具备木材鉴定的基本技能，增强执法人员现场研判能力，对经常涉案的珍贵木材加大监管力度，是打击木材非法贸易和走私等违法活动的有效措施。

0.3 我国林木资源的特点和现状

我国地域辽阔，自然地理和气候条件复杂，孕育了物种丰富、类型多样的森林资源，其发展变化经历了过量消耗、治理恢复、快速增长的过程。从新中国成立到20世纪70年代末，从国家建设需要出发，生产木材是林业的主要任务，森林资源一度出现消耗量大于生长量的状况。20世纪80年代以后，森林资源保护和造林绿化工作得到了加强，实现了森林面积和蓄积的增长，但生态环境恶化的趋势没有得到根本扭转。进入21世纪，林业建设进入以生态建设为主的新时期，持续加强森林资源的保护和管理，实现了中国森林资源的快速增长。

0.3.1 木材资源总量不足

根据我国第八次全国森林资源清查结果(2009—2013年)全国森林面积 $2.08 \times 10^8 hm^2$，森林覆盖率21.63%。活立木总蓄积 $164.33 \times 10^8 m^3$，森林蓄积 $151.37 \times 10^8 m^3$。天然林面积 $1.22 \times 10^8 hm^2$，蓄积 $122.96 \times 10^8 m^3$；人工林面积 $0.69 \times 10^8 hm^2$，蓄积 $24.83 \times 10^8 m^3$。森林面积和森林蓄积分别位居世界第五位和第六位，人工林面积仍居世界首位。清查结果表明，我国森林资源呈现出数量持续增加、质量稳步提升、效能不断增强的良好态势。这充分表明，党中央、国务院确定的林业发展和生态建设一系列重大战略决策，实施的一系列重点林业生态工程，取得了显著成效。然而，我国森林覆盖率远低于全球31%的平均水平，人均森林面积仅为世界人均水平的1/4，人均森林蓄积只有世界人均水平的1/7，森林资源总量相对不足、质量不高、分布不均的状况仍未得到根本性改变，林业发展还面临着巨大的压力和挑战。

与此同时，森林有效供给与日益增长的社会需求间的矛盾依然突出。中国是世界上主要的木材消费国和木制品生产国，也是原木和锯材的进口大国，在世界木材贸易市场中占有重要地位，主要进口国包括加拿大、新西兰、印度尼西亚、俄罗斯、美国等。从2016年起我国全面停止天然林商业性采伐，大径优质原木减少。木材行业估计国内木材年需求量在 $3 \times 10^8 m^3$ 左右，国家下达的"十三五"期间木材采伐限额中的总蓄积为 $2.5 \times 10^8 m^3$，按历年森林消耗的数据推算木材供应存在较大缺口。根据统计数据，我国原木、锯材等进口量均逐年增加，如2016年中国原木进口量为 $4872 \times 10^4 m^3$、锯材进口量为 $3151 \times 10^4 m^3$；2017年原木进口量为 $5540 \times 10^4 m^3$，锯材进口量为 $3740 \times 10^4 m^3$；2018年1~4月中国进口原木及锯材 $2993.4 \times 10^4 m^3$，同比增长4.1%。

0.3.2 森林结构不合理，人均水平较低

我国林地生产力低，森林每公顷蓄积量只有世界平均水平 $131 m^3$ 的69%，人工林每公

顷蓄积量只有 52.76m³。用材林中近、成、过熟林中的小径级林木越来越多，大径级林木越来越少，小径组株数比例由第四次森林资源清查的 55%，上升到第八次森林资源清查的 73%，大、特径级林木比重由 13% 下降到 3%，下降了 10 个百分点，林木平均胸径只有 13.6cm。龄组结构依然不合理，中幼龄林面积比例高达 65%；林分过密的中幼龄林占乔木林的 1/5 左右，过疏的中、近熟林占乔木林的 1/7 左右。从第五至第八次清查结果来看，中小径级采伐消耗量所占比例由第五次森林资源清查的 59% 相继提高到 63%、67% 和 75%；用材林可采面积比例由 10%，下降到第八次的 5%。此外，林木蓄积年均枯损量增加 18%，达到 $1.18 \times 10^8 m^3$。

根据第八次森林资源清查结果，我国森林资源面积占世界森林资源面积的 5.15%，但蓄积量却只占世界的 2.87%；人均森林面积与世界平均水平相比占比有所提升，由 1/5 提高到 1/4，但是人均蓄积量比例与第七次森林资源清查相比却下降了 0.8 个百分点。我国木材对外依存度接近 50%，木材安全形势严峻；现有用材林中可采面积仅占 13%，可采蓄积仅占 23%，可利用资源少，大径材林木和珍贵用材树种更少，木材供需的结构性矛盾十分突出。同时，森林生态系统功能脆弱的状况尚未得到根本改变，生态产品短缺的问题依然是制约我国可持续发展的突出问题。

0.3.3 资源利用率不高

由于木材加工利用技术水平不高，产品精加工、深加工少，木材资源利用不充分，我国林木资源的消耗存在着十分严重的浪费。据有关部门统计，我国木材利用率只有 50%~60% 左右。而发达国家的木材综合利用率一般在 80% 以上，加工剩余物的工业利用率（不包括用作能源）在 50% 以上，一些主要林业国家还在研究全树利用的相关技术。因此，木材的高效利用已成为我国木材工业界亟待解决的课题。

0.4 木材的特性和用途

木材作为一种重要的生产和生活材料，其应用范围日益广泛，这是木材自然结构和化学组成构筑的材料特性所决定的。在木材性质上集中了许多其他材料不能相比的优点，主要是具有一定的强度，强重比（强度和密度的比值）大，绝热，干材绝缘，几乎无热膨胀和收缩，声学性质优良；在适宜使用条件下能耐久，不氧化（锈），对一定程度的酸度具相当抗性；有令人喜悦的材色、结构和纹理；易于加工，用胶、钉和金属连接件都能连接等；木材还是可再生的天然资源。同时，木材也具有一定的缺点，具亲湿性，容易干缩湿胀，甚至变形开裂；易受腐木菌、昆虫或海中钻木动物的危害；有天然的缺陷，如节、油眼、斜纹理、应压木等；变异性较大，株间、株内其物理、力学性质都常有变异；木材具有各向异性的特点，顺纹和横纹、径向和弦向等力学性质一般相差很大；干燥缓慢，并易发生开裂、翘曲等缺陷；有燃烧性，易造成火灾；生长慢，成熟期长等。

0.4.1　木材的特性和变异

（1）多孔性

木材由树木生长产生的管胞、导管、纤维等细胞所构成，是含大量空隙的多孔性材料。这种性质使木材具有较高的强重比、刚性和吸收冲击荷载等优良的力学性，特别适用于对自重有要求的交通和建筑用材。

木材的多孔性，使木材密度较低，细胞腔中存有空气，空气是热、电不良导体，所以木材是隔热和电绝缘材料。就木材导热性与其他材料相比，仅为普通砖的1/6，混凝土的1/5，钢材的1/390。多孔的管状结构使木材具有优良的扩音和共振性能，泡桐等多种木材为优良的乐器用材，古琴制作选材就有"桐天梓地"的传统说法。

木材多孔性使木材有特殊的表面性能，如对光线有表层反射和内层反射，使木材具有一定光泽而又较为柔和；对有害眼睛的紫外光具吸收作用；多孔性增加了木材的比表面积，增加了木材吸湿性，造成木材尺寸不稳定；多孔性使木材有与其他材料不同的气体和液体的渗透性，对木材进行干燥、防腐、改性等处理时，应充分考虑渗透性。

（2）各向异性

树木生长是由形成层组织不停的活动而逐年加粗，形成立体的三维构造（细胞不是规则几何形状，胞壁亦非均质），有纵向、径向和弦向3个基本方向。3个不同方向上木材的水分传导、干缩、热、电、声及强度等性质均有所不同。力学性质异向性也极明显，如在顺纹、径向、弦向拉伸强度的比值针叶材为22∶1.5∶1，阔叶材为15.6∶1.3∶1；同样这3个方向上的压缩强度比值针叶材为21.9∶1.3∶1，阔叶材为12.3∶1.6∶1。顺纹方向的抗拉力最强，抗劈性最弱。

（3）变异性

木材随树种、产地和部位的不同，其细胞大小和组成也不同，导致木材化学、物理性质发生变异，所以木材作为生物材料有明显的变异性；木材的变异性增加了材性研究的复杂性。针叶树材因管胞占90%以上所以变化不大，阔叶树材纤维含量大的则质量亦大。株内变异性与树木发育（即幼龄材、成熟材）有关。在轴向，管状分子长度及密度自树基至顶端渐增至一定长度后变短；在径向髓心至树皮，管状分子长度及密度渐增，至一定阶段后或稳定、或继续增加或降低。株间变异主要受立地条件的影响，如阴坡和阳坡、低洼地和丘陵地、土壤肥沃和贫瘠等，植株密度等材性相差很大。

0.4.2　木材的用途

木材是不同树种的生物产品，环境因子和遗传因子均影响其生成，致使它的结构和性质有很大差异。国家经济建设中，木材与钢材，水泥并列为三大建设材料，与生产各部门均有密切关系，不论是工农业还是人民生活都需大量木材。根据木材在国民经济中的使用领域，主要可以分为以下几大类。

（1）建筑用材

我国在建筑中曾限制应用木材，但建筑用材在我国木材消耗量中仍占相当比重。木材是农村房舍的结构材料和城市建筑不可缺少的内部装饰材料。在发达国家，木材和木质产品在建筑上的应用更显得突出,住宅大多是木结构,这是人们追求的一项主要物质生活内容。

(2) 采掘用材

采掘用材主要指采煤使用的矿柱,目前虽采用先进的采掘工艺及大量推广节约代用措施,万吨煤木材消耗量已由原200m³左右降至100 m³以下,但总消耗量仍相当可观。主要原因是木材有一定强度,重量较轻,破坏前有警告性响声,便于井下艰苦工作条件下加工等,而使木材成为一种难以取代的坑木材料。

(3) 交通建设材料

交通建材指船舶、车辆和铁路枕木等用材,如在高档的船舶、车辆内装饰材料必须采用木材。而木材作为枕木的轨基弹性好,弯道等处要求高的路段仍必须用木枕。

(4) 造纸用材

作为造纸材料来说,植物秸秆纤维短,棉麻纤维过长,而木材是最佳的造纸原料。

(5) 家具用材

生活使用方便舒适的中、外家具绝大多数都是用木质材料制作而成的。

(6) 其他

木材还可以作为薪炭材、乐器用材、运动器械用材和工艺美术用材等。在林区和广大农村,作为燃料消耗的木材量也是十分可观的。

0.5 木材鉴定的基本条件

木材识别、鉴定的过程中,要借助于一定的工具,使用适宜的方法,并有必要的参考资料才能做到科学、准确地识别木材。科学、准确地识别与鉴定木材,必须具有良好的硬件与软件条件。

0.5.1 硬件

首先,木材鉴定单位或部门应有正确定名的木材标准样本,一般应来自研究院所与高等院校标本室或自己采集、制作,但都必须经植物学家或树木分类学家定名,并附有拉丁学名。一般木材标本还应配有对应树木的腊叶标本,同时在实验室切制永久光学切片,每张切片有木材的横、径和弦3个切面。由于木材是生物材料,变异性较大,所以木材标本与切片的种类与来源产地越丰富越好,可提供更多有用的信息。

其次,木材切片机和生物显微镜也是开展木材鉴定工作的必备硬件。要做到科学、准确地识别木材,必须将宏观特征和显微构造特征结合起来,所以制作木材的三切面切片观察其显微特征是木材鉴定的重要工作。

再次,国内外的木材鉴定和研究图谱是木材鉴定工作的重要资料。常见的有权威性的专业书,如由中国林业科学研究院木材工业研究所编撰、中国林业出版社出版的《中国木材志》《东南亚热带木材》《非洲热带木材》《拉丁美洲热带木材》,由姜笑梅、徐峰、殷亚方等专家编著的《中国裸子植物木材志》《木材比较鉴定图谱》《濒危和珍贵热带木材识别图鉴》《常见贸易濒危与珍贵木材识别手册》等。

最后，鉴定木材的重要工具是木材检索表，这是较为传统的一种木材识别方式。如对分检索表，是在许多木材的性质中先根据某个性质的有无，反复按照顺序划分成相对称的二类性质，最后划分出每个树种的区别。多项穿孔卡片检索表是把木材的全部特征分配在每个穿孔卡片的空洞里，每个树种制作一张卡片，每个树种具备特征的孔剪成"V"字形缺口。多项穿孔卡片检索表的优点是随时可以增减树种或修改树种的特征，可以按照标本的任何显著特征进行检索，不需要固定的顺序，操作方便，因而可以加快检索的速度。

近年来，开发鉴定木材的软件或程序成为一些研究院所的重要工作，这种检索法更加方便、快捷。目前，世界上以及国内都有一些商品木材的检索软件，但是材种较少，使用具有一定的局限性。

0.5.2 软件

所谓的软件是木材鉴定的专业技术人员，他们能掌握木材切片技术，能熟练运用木材识别的专业术语，准确描述木材的宏观与微观特征，会使用检索表，查找有关书籍与资料，得出科学的鉴定结果。要正确掌握木材的识别特征，应具有一定木材学或植物解剖学的专业背景，掌握国际木材解剖协会（IAWA）公布的"阔叶树木材识别特征一览表"和"针叶树木材识别特征一览表"中的木材解剖构造的特征及术语，同时在实践中锻炼和积累经验。

0.6 本书在森林公安高等教育中的积极作用及内容安排

在森林公安后备人才的高等教育中开设"木材鉴定技术"课程是基于云南省森林公安局等一线执法单位的建议。在森林公安一线工作中木材是最常见的涉案对象之一，近年来破坏及走私珍贵木材的案件呈高发态势，盗伐红豆杉、楠木等国家重点保护树木的大案、要案不断出现，从境外走私入境的檀香、紫檀等珍贵木材的案件也逐年增加，而且许多涉案林木是以木材或木材制品的状态出现在案发现场，鉴定种属是确定案件性质及查处的重要工作依据。

木材鉴定技术课程教学的主要内容包括木材鉴定的基础知识、识别木材的基本方法，还有经常涉案的木材和部分进口珍贵木材的构造特征，明显有别于林业院校的相关课程教学。在其他林业院校广泛使用的教材《木材学》《木质资源材料学》《木材科学》等都是以木材科学等专业的学生为对象，木材构造内容只占教材体系中的一部分，不适合在森林公安院校的教学工作中使用。而《木材鉴定图谱》等书籍是专门的图谱类工具书，更适合有专业背景的人士参考，无法在教学中作为教材使用。所以，本书是把木材鉴定的基础理论和应用结合在一起的综合性、应用型教材，可作为森林公安院校的本科教学用书和森林公安、海关缉私等部门的执法人员培训用书，具有突出的森林公安行业特色。

本书根据森林公安、海关等执法部门的一线工作的需求对内容进行规划，以木材的识别与鉴定的基础和方法作为主干，包括木材分类、木材宏观和显微构造基础知识、木材基本性质、木材鉴定方法、常见木材和经常涉案珍贵木材的识别特征、涉案木材样本的提取与检验等内容。其中，经常涉案的国家重点保护树木和国际濒危野生动植物种贸易公约（CITES）附录物种的木材构造特征部分，均配有显微构造图，可为使用者提供较直观的资料，还具有较强的指导性与实用性。

为配合读者的学习需要，每章均有重点内容摘要和复习题，有助于读者掌握重点内容和知识。在附录部分有"国家重点保护植物名录""CITES 公约"中出产木材的树种名录及常见木材检索表，可为执法工作者提供参考。

第1章 木材的来源、生成和分类

【难点与重点】本章重点是木材的分类、命名和木材的生成过程。例如，植物的命名法规、木材的命名、茎的初生构造和次生构造、树干的构造。难点在于形成层细胞的分裂方式和木材的形成。

木材通常是指木质材料，特别是指可用于建筑结构、家具制造或与木材加工业等领域的用材，是国家经济建设和人民日常生活中不可缺少的一种重要材料。木材的含义非常广泛，它包括已加工的或未加工的各种木质材料。

树木是森林的主要组成部分。森林不仅具有重大的经济效益，而且是陆地生态系统的主体，具有重大的生态效益和社会效益，与人类生活、生产有着十分密切的关系。从来源上来说，供人类使用的木材来自于树木，是一种木质化的天然生物材料。一般意义上所说的木材产于具有一定直径和高度的树木（乔木），主要来自树干的木质部部分。

我国地域辽阔，跨寒温带、温带、亚热带，地形复杂，环境差异很大，树种资源十分丰富，约8000种。其中，可作木材使用的约1000种，常见的乔木树种约有300种。这些木材，在木材加工和商品流通中必然要涉及它们的名称。由于不同种的木材构造有差异，用途也不尽相同，这就要求对木材有一个科学的分类，每一种木材也必须有一个科学的名称，才能更好的应用于木材的开发和利用。

1.1 树木的分类与命名

树木是木本植物的总称，包括乔木、灌木、木质藤本和竹类，是木材的来源，所以木材的科学分类和命名沿用树木分类的方法。

1.1.1 树木的分类

树木是植物界的一个重要组成部分，树木分类学是植物分类学的一个分支学科，而植物分类学的形成和发展史代表了植物形态学和系统学的发展历程。

植物分类是以植物的亲缘关系为基础，研究区分植物类别的科学，运用植物形态学、植物解剖学，植物地理学、生态学、古生物学、分子遗传学及细胞学等学科的成就为手段，寻找和揭示各种植物的亲缘关系或联系，以便作出科学的分类系统。植物分类系统是植物分类学的核心内容，而植物分类单位和命名则是其重要组成部分。

(1) 植物分类方法和系统

在植物学的发展中，植物分类经历了以植物的性状和用途分类的"本草学"、以植物形态相似性为基础的"人为分类系统"、以形态相似性和亲缘关系分类的"自然分类系统"、以性状演化趋势分类的"系统发育分类系统"的四个时期，在系统发育阶段形成了对植物学发展影响较大的几个系统。

恩格勒系统是德国分类学家恩格勒(A. Engler)和勃兰特(K. Prantl)于1897年在其《植物自然科志》巨著中所使用的系统，它是分类学史上第一个比较完整的系统，中国科学院国家植物标本馆和《中国植物志》都沿用此系统。

哈钦松系统是英国植物学家哈钦松(J. Hutchinson)于1926—1973年在《有花植物科志》中所建立的系统，《广东植物志》《云南植物志》和《中国树木志》等采用此系统。

20世纪60年代以来，修订或提出的新系统较多，其中影响较大的是塔赫他间系统和克朗奎斯特系统，这两个系统有较多的相似之处，欧美树木分类学教材和我国树木学教科书多采用克朗奎斯特系统。

(2) 植物的分类单位

依范围大小和等级高低，植物分类的各级单位依次是界、门、纲、目、科、属、种。其中，最常使用和最基本的是科、属、种3级。

种是分类学上的基本单位，是指具有相似的形态特征，表现一定的生物学特性，要求一定的生存条件，能够产生遗传性相似的后代，并在自然界中占有一定分布区的无数个体的总和。如银杏、杉木、水曲柳、白杨等，都是以一定的本质特性互相区别的不同的种。

属是形态特征相似、亲缘关系密切的种的集合。中国古代已有属的概念，与林奈的拉丁属名一致，而且许多名称沿用至今，如松、榆、桑、栎、榛、柳等。属名的形成有些是来自希腊文经拉丁化后形成的，如 *Crataegus*（山楂属）；有些是地名拉丁化形成的，如 *Taiwania*（台湾杉属）；有些是由人名形成的，如 *Davidia*（珙桐属）。

科是集形态相似、亲缘关系相近的属为科。如松科 Pinaceae、杨柳科 Salicaceae、榆科 Ulmaceae、桑科 Moraceae 等。科内所包含物种的范围相差很大，银杏科 Ginkgoaceae、杜仲科 Eucommiaceae 只包括1属1种，而兰科 Orchidaceae 包括1000属15000~20000种，蝶形花科 Papilionoaceae 包括440属12000多种。

植物界可划分为藻类、菌类、地衣、苔藓、蕨类、种子植物六大类，其中以种子植物的种类最多，达20万种以上，我国约有3万种。本门课程所学习的对象——木材则来源于种子植物。

1.1.2 植物的命名

植物的命名是世界上公认遵循《国际植物命名法规》(International Code of Botanical Nomenclature, ICBN)所规定的命名法,即"双名法"。每种植物在全世界通用的名称为学名,由拉丁文或拉丁化的其他外文组成,故又称拉丁名。在分类学中,新发现的树种(木材)必须用学名发表,否则不予以承认。

树木的学名以拉丁文描述特征,即每个植物种名由属名加上种加词组成(斜体),后附定名人名称。属名第一个字母必须大写,种加词一律小写。命名人的名字可以写全名,如果是多音节词往往缩写。如银白杨的种名 $Populus\ alba$ L. 是由 $Populus$(杨属) + alba(白色的) + 命名人(缩写)3 个词组成。种加词大多数是表示形状、颜色等形态的形容词,或表示生境的、地名的、用途的和人名等,如 alpina(高山的)、chinensis 或 sinensis(中国的)等。

1.1.3 木材的命名

同一树种的木材,常常因地区、应用领域等的不同而有不同的叫法。如学名为 $Pinus\ massoniana$ 的树种,其通用的中文名为马尾松,商品名为松木,而俗名有丛树、松柏和本松等。一种树木有多种名称的现象非常普遍,给木材识别、利用及木材的流通带来许多不便,所以对木材进行科学、规范的命名是非常有必要的。

(1) 学名

木材的学名和所对应的植物的学名是一致的,即拉丁名。这种名称不仅科学,不会产生木材种类上混淆,而且利于国际、国内学术交流和木材贸易,因而它是规范化的名称。所以,木材材种最确切的表示方法就是采用树种的学名,在进行木材的识别与鉴定时,木材材种也应用学名表示。木材科学采用的木材学名,其中最重要也是最常用的是属名、种加词和变种名,其他附加词常予以省略。应该说明,在某些情况下,为防止树种间混淆,木材名称中加上定名人名称也是有必要的。

学名在国际交流等方面有着很实际意义,多数树种有些具有相对应的通用中文名称,而有些原产地非我国的树种则没有相应的中文名字。所以,学名固然具有科学性等优点,但由于语言文字上的障碍和木材树种过于繁杂,且在实际应用中不易确定到种,故在木材生产、贸易和使用等领域受到一定的限制。

(2) 俗名

木材的俗名或别名为非正式名称,是木材种类的通俗叫法,往往具有地方性,故又称地方名。由于各地的取名角度以及语言文字等差异,所使用的木材名称不尽相同。如龙脑香科娑罗双属($Shorea$ spp.)的木材,在菲律宾称 Lauan(柳桉),马来西亚、印度尼西亚称 Meranti(梅兰蒂),沙巴称 Seraya(塞拉亚)。再如,市场上所谓的"榉木"(红榉、白榉),实际上指的是壳斗科水青冈(山毛榉)属的木材($Fagus$ spp.),而真正的榉木则属于榆科榉属树种($Zelkova$ spp.)。

可见,各种不统一、非规范的俗名的使用,势必造成"同物异名"或"同名异物"的混乱,给木材的生产、贸易和科学研究等带来了很多困难,阻碍了木材的市场流通和合理利用。

木材名称的俗称，除上述弊端外，还有词义欠明确、欠严谨之虞。例如，松木一词，按照科学的概念应该是指松属某种木材（$Pinus$ sp.），或松属某几种木材（$Pinus$ spp.）。而俗称常把除柏木、杉木之外的几乎全部针叶树材，皆统称为松木。又如市场上习惯称的白松，实际上是指冷杉属中的多种木材，也有把云杉属包括在内，更有甚者则把铁杉、落叶松等也列入其中。这种现象必然给木材名称造成混乱，给木材识别带来困难，因此在木材研究和木材流通贸易时要求必须使用拉丁学名。

（3）木材的标准名称和商用名称

木材的标准名称是通过标准化的形式发布的木材名称，见国家标准 WB/T 1038—2008《中国主要木材流通商品名称》、GB/T 16734—1997《中国主要木材名称》、GB/T 18513—2001《中国主要进口木材名称》、GB/T 18107—2017《红木》。

木材在商品流通过程中使用的名称即为商用名称，可以指一个属的木材，也可以指某类材色或材性相近的木材，如锥属（红锥、黄锥、白锥）、黄檀属（香枝木、红酸枝木、黑酸枝木）、紫檀属（紫檀木、花梨木）。

1.2 木材的来源

广义的木材是指木质材料，既包括森林采伐工业产品，如原木、原条，也包括木材机械加工半制成品，如胶合板、刨花板和纤维板等，其原材料的来源比较广泛，包括乔木或灌木本身，以及它们加工之后的副产品。狭义的木材仅产自通常所说的树木（即乔木），而且往往只是把树木中树干或较大枝条的木质部称为木材，即一般意义上所说的商品材。

1.2.1 商品材的特征和来源

商品材来自于植物界种子植物门的多年生木本植物，应具有直立多年生的主干，且每年都可以产生新的木质部导致树干的直径逐年增加。

根据植物分类系统，种子植物门可分为裸子植物亚门和被子植物亚门。裸子植物亚门包括苏铁目、银杏目、松杉目和买麻藤目四类，其中，银杏和松杉类如松、杉、云杉、冷杉、落叶松等属乔木，在世界森林资源中占主要部分，尤其是在北半球。松杉类树木一般高大而通直，叶形小，呈针状或披针状，称为针叶树。来自针叶树的木材即所谓的针叶材，由于针叶材的细胞结构中没有导管，所以又叫无孔材。

被子植物亚门包括单子叶植物纲和双子叶植物纲。其中，单子叶植物在林业生产中以棕榈科和禾本科的竹亚科经济意义较大，但它们都不是商品材树木。双子叶植物中有草本也有木本，只有乔木树种才能生成木材。这些乔木树种因树木叶形宽大，称为阔叶树。来自阔叶树的木材称阔叶材，由于阔叶树种类繁多，实际应用中也叫作杂木。在阔叶材的细胞结构中具有导管，又叫作有孔材。

总之，一般所说的木材，是指针叶树材和阔叶树材，即来自于裸子植物亚门中的大部分植物和被子植物亚门内双子叶植物纲的一小部分木本植物，如图1-1所示。

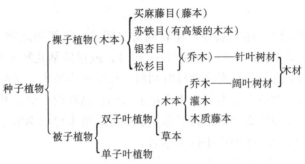

图 1-1 狭义木材（商品材）的来源

1.2.2 商品材分类

广义的木材含义是指木质材料，既包括未经加工的各种原条、原木，也包括经过加工而制成的半成材和成材，它们都有一定的尺寸和规格（直径、幅面、厚度）要求，以用于建筑、家具、船舶、车辆、桥梁、农业机械、铁路枕木、军械、纺织、乐器或木材加工等各个领域。

（1）树种分类

按照植物分类系统进行的分类，即商品材在植物（树木）分类系统中的位置，确定其科、属、种，以拉丁学名或通用的中文名记述之。为了简便起见，在拉丁学名中常舍去命名人姓氏。

（2）材种分类

材种是用材种类（木材产品种类）的简称，是木材根据用途及初步加工而区分的种别。

①按木材产品的外观形态、加工程度和供应要求，主要分圆材、锯材、木质人造板三大类，在此基础上，按用途、加工方式、品质与规格等特征标志，可细分为胶合板材、造纸材、坑木、枕木和原条、原木、板材、方材等。

②根据木材尺寸，如原木中的坑木按照径级分为小径坑木和大径坑木；锯材按照尺寸大小而分为薄板、中板与厚板；胶合板则依据幅面尺寸而分为大幅面胶合板与小规格胶合板。

③根据木材用途及不同使用方式，原木可分为直接使用原木和加工用原木两类。根据不同使用场合，直接使用原木又分为坑木、电杆、桩木等材种。加工用原木还可分为一般用材和特种加工原木。锯材分一般锯材（或称针叶树锯材、阔叶树锯材）和特种锯材。

④根据木材供销、木材市场的具体情况和建立木材的计价级别，将商品材划分为特类材、一类材、二类材、三类材、四类材及五类材。

一般来说，影响商品材价格类别的主要因素有以下几个方面：

一是木材的材质。主要指木材的物理力学性质以及加工工艺性质，按质论价。

二是木材的用途。适用范围广或特殊用途的，商品价值较高；反之则低。

三是木材的资源情况。由于用途广泛，导致资源急剧下降的商品，类别宜划得高一些；资源丰富的，可划低一些。

四是木材纹理。花纹美丽的木材，一般使用价值较高，经济价值也相应较高，划分的类别也应较高；反之，则划分类别较低。

五是使用习惯。人们喜于应用和争相采用的木材，商品类别一般高些；人们对其特性缺乏了解，还较少应用的木材，商品类别一般划得低一些。

其中，木材的材质是最主要的因素。它主要取决于木材的物理力学性能指标和工艺性能指标。其他的因素，都可能受材质好坏的影响。如木材用途，会因为材质的好坏影响其用途的广泛与否。

(3) 商品材的名称

商品材的分类主要依据木材的构造特征和材质的异同来进行归类和命名。木材的商品名(或商用名)是指在生产、贸易等领域较广泛使用的商品材名称，通常指的是一类木材，常包括同属、甚至同科的木材，如桦木、杨木等都是木材的商品名称。木材商品名称的拟定，按照科学性与实用性相结合的原则，以树木科学分类科、属、种的隶属关系为主要依据，结合木材性质、用途及流通领域木材归类习惯综合考虑。

①以该树种的学名作为木材的商品名，如金钱松、柳杉、木莲、黄杨木等很多树种的学名、木材名称和商品名一致。

②以树木分类上的属为基础，材质为主要依据，将原木外貌相似、木材材质相近、现场难以区别的商品材树种归为一类。所以在实际应用中，一个商品材有的包括全"属"的树种，如红豆杉属的各树种，其商品名均为红豆杉；有的包括属内部分树种，如白锥为壳斗科锥属的米槠、罗浮锥和栲树，红锥为锥属中的红椎。

③采用生产和使用等部门惯用的木材商品名称及其木材归类的经验。如果该木材是某产区的特产或主要树种，如果已经有了单独的木材商品名称，一般仍按照产区惯用的木材商品名称为好。如紫油木的商品名为清香木。

所以，商品材类别的科学、合理划分及统一、规范的命名，有利于深入研究木材的构造、性质和品质，更好地解决木材商品的合理流通、利用、鉴定和检验等问题。

1.3 树木的生长与木材的形成

1.3.1 树木的组成

树木是有生命的有机体，是由种子(或萌条、插条)萌发，经过幼苗期、长成枝叶繁茂、根系发达的高大乔木。每一棵生活状态的的树木(立木)都是由树根、树干和树冠三部分组成的。各部分在树木生长过程中各司其职，起着其应有的作用。树木各部分比例如表1-1所示。

(1) 树根

树根是树木的地下部分，一般占树木材积的5%~25%。树根是树木生存的基础，在生理上起着3个作用：支持和固定整棵树干土地中；吸收土壤中的水分和无机盐类(矿物质)，然后沿着树干内部的组织输送到树冠，供制造营养物质和蒸腾作用的需要；储藏养分。

表 1-1　活树各部分的体积比例

树种	体积占比(%)		
	树干	树根	树冠
松树	65~67	15~25	8~10
落叶松	77~82	12~15	6~8
栎树	50~65	15~20	10~20
梣树(白蜡)	55~70	15~25	15~20
桦树	78~90	5~12	5~10
山杨	80~90	5~10	5~10
山毛榉(水青冈)	55~70	20~25	10~20
枫树	65~75	15~20	10~15

(尹思慈,《木材学》,1996)

树根部分也是由木质化的组织构成的,也有许多利用价值。如利用一些树种的树根可以生产美丽的薄木用于贴面,有的树根可用于制作根雕,或者生产其他的一些工艺品。

(2) 树冠

树冠是树木的最上部分,包括树叶和树枝,一般占树木材积的5%~25%。它的主要作用是由树叶从空气中吸取二氧化碳及其树根吸取来的水分和无机盐类,利用日光的光能进行光合作用,制成营养物质,以供树木生长。另外还有呼吸和蒸腾作用。

(3) 树干

树干是树木的中间部分,是树木的主要躯体,一般占树木材积的50%~90%,我们通常说的木材,主要就是来自于这个部分。从横截面上看由外而内由4个部分组成,包括树皮、形成层、木质部和髓。树干的主要生理作用也有3个:和树根联系起来,支持整棵树木屹立于地上;把树根吸取来的水分和无机盐类,通过树干的边材内有关的细胞或组织向上输送到枝叶,把树冠制造的营养物质沿树皮的韧皮部向下输送到树木的全身;储藏养分。

1.3.2　树干的生长和发育

树木的生长是初生长(顶端生长,高生长)和次生生长(直径生长)共同作用的结果。

初生长是根和茎主轴生长点的分生活动,即顶端分生组织或原分生组织的分生活动的结果。在这个生长过程中细胞的数量增加,但是细胞体积不变,这个阶段产生的组织为树木的初生结构。次生长是形成层(即侧生分生组织)细胞向平周方向分裂的结果。形成层原始细胞向内形成次生木质部,向外形成韧皮部,于是树木的直径不断增大。在这个生长过程中形成的细胞和组织构成了树木的次生构造。

1.3.2.1　树干的初生长

从分类学的角度来说,树木种类繁多,但其茎的初生结构都有共同的规律,在横切面上,一般可以看到表皮、皮层、中柱3个部分。

(1) 表皮

表皮位于幼茎的最外方，通常由一层细胞组成。表皮细胞为初生保护组织，细胞的外壁角化，形成角质膜，表皮上有少数气孔分布，有的植物还分化出表皮毛覆盖于外表。表皮这种结构上的特点，既能起到防止茎内水分过度散失和病虫侵入的作用，又不影响透光和通气，还能使茎内的绿色组织正常地进行光合作用。

(2) 皮层

皮层位于表皮与中柱之间，绝大部分由薄壁细胞组成。在表皮的内方，常有成束或成片的厚角组织分布，在一定程度上加强了幼茎的支持作用，厚角细胞和薄壁细胞中常含有叶绿体，故幼茎多呈绿色。有些植物茎的皮层中有分泌腔（如棉花、向日葵）、乳汁管（如甘薯）或其他分泌结构；有些植物茎中的细胞则含晶体和单宁（如花生、桃）；有的木本植物茎的皮层内往往有石细胞群的分布。

幼茎皮层的最内层细胞的细胞壁不像根中具有特殊的增厚结构，一般不形成内皮层；有些植物茎皮层的最内层细胞，富含淀粉粒，而被称为淀粉鞘。

(3) 中柱

中柱也称维管柱，是皮层以内的中轴部分，由维管束、髓和髓射线等组成，中柱起源于原形成层，髓和髓射线起源于基本分生组织。

①维管束　草本双子叶植物幼茎横切面上，维管束呈椭圆形，各维管束之间距离较大，它们环形排列于皮层内侧；多数木本植物幼茎内的维管束，彼此间距很小，几乎连成完整的环。在立体结构中，各维管束是彼此交织贯连的。茎的维管束在发育过程中，其初生韧皮部是从原形成层的远轴区（外侧）开始的，由外至内进行向心发育。但初生木质部却从原形成层的近轴区（内侧）先开始形成原生木质部，然后进行离心发育，逐渐分化形成后生木质部，茎初生木质部的这种发育顺序称为内始式；这与根初生木质部的外始式发育顺序有根本的不同。双子叶植物茎的维管束中，当初生结构形成后，在初生韧皮部与初生木质部之间，还保留一层分生组织细胞，这是继续进行次生生长的基础。

②髓和髓射线　髓和髓射线是中柱内的薄壁组织，位于幼茎中央部分的，称为髓；位于两个维管束之间连接皮层与髓的部分，称为髓射线。髓细胞体积较大，常含淀粉粒，有时髓中也有含晶体和含单宁的异细胞，故髓具有储藏作用。髓射线的生理功能，除储藏作用外，还可作为茎内径向输导的途径，以及一部分的髓射线细胞可变为束间形成层。木本幼茎的初生结构中，由于维管束互相靠近，髓射线很狭窄。

1.3.2.2　树干的次生生长

大多数木本植物的茎，在初生生长的基础上还会出现次生分生组织——维管形成层和木栓形成层，通过它们的活动进行次生生长。

(1) 维管形成层

①维管形成层的发生　原形成层发育为初生组织时，在初生韧皮部和初生木质部之间保留着一层具有分生能力的组织，即为形成层。由于这部分形成层是在维管束范围之内，因而又称束中形成层。当次生生长开始时，连接束中形成层那部分的髓射线细胞，恢复分裂性能，变为束间形成层。最后，束中形成层和束间形成层连成一环，它们共同构成维管

形成层。

维管形成层有两种不同形态的原始细胞：纺锤状原始细胞为长形，略呈纺锤形，数量占多数；射线原始细胞（等径原始细胞）近于等径或稍长，数量占少数。

纺锤状原始细胞一般通过平周分裂，分裂成两个子细胞，一个子细胞或者向外分化出韧皮部母细胞，或者向内分化出木质部母细胞，而另一个则仍保留为纺锤状原始细胞。当纺锤状原始细胞向内分化成木质部时，茎部增粗，维管形成层就被推向外面，这时维管成层细胞必须进行本身的增殖分裂，以增加维管形成层原始细胞的数量，主要是通过垂周分裂增大形成层的周径。

射线原始细胞（等径原始细胞）通过平周分裂增加层次，向外形成韧皮射线、向内形成木射线；通过垂周分裂使周径扩大。

②维管形成层的活动　维管形成层开始活动时，主要是纺锤状原始细胞进行切向分裂（平周分裂），向外产生次生韧皮部，加在原有初生韧皮部内方；向内产生次生木质部，加在原有初生木质部的外方，构成轴向的次生维管系统。纺锤状原始细胞也可进行径向分裂、倾斜的垂周分裂，增加维管形成层环细胞的数目，使环径扩大。

同时射线原始细胞进行径向分裂，从而扩大维管形成层环的周径。射线原始细胞切向分裂的结果，形成径向排列的次生薄壁组织系统，即径向射线系统，其中位于次生韧皮部中的称为韧皮射线，位于次生木质部中的称为木射线。在这个过程中，纺锤状原始细胞也可垂周分裂，经过侧裂和横裂衍生出新的射线原始细胞。

（2）木栓形成层的发生与活动

随着维管形成层的分生作用树木茎的直径不断增加，产生木栓形成层，进而形成新的次生保护结构。茎中的木栓形成层在不同植物中，可有不同的来源。有的最初可以起源于表皮（如苹果、梨）；有的由近表皮的皮层薄壁组织（如马铃薯、桃）或厚角组织（如花生、大豆）发生；有的也可在皮层较深处的薄壁组织（如棉花）中，甚至在初生韧皮部中发生（如茶属）。

木栓形成层在结构上比较简单，只由一类细胞组成，形状也较规则，多成扁长方形。木栓形成层形成后，向外产生木栓层，向内产生栓内层。木栓细胞的形状通常多成棱镜形，但在弦切面上可成不规则状。这些细胞之间一般缺乏细胞间隙，排列紧密；细胞成熟后，失去生命，壁上强烈栓质化。产生的周皮中，木栓层较多，栓内层较少，有些树木有很厚的木栓层，如栓皮栎。

（3）茎的次生构造

木本植物的次生构造就是我们一般意义上所说的木材，是通过形成层的细胞分裂、新生木质部细胞的成熟、成熟木质部细胞的积累等3个过程形成的，即木材的直接起源是形成层。主要结构包括周皮、次生韧皮部和次生木质部，其中次生木质部是木材的主要来源。

①周皮　周皮是在继续具有次生生长的茎和根上代替表皮的一种次生起源的覆盖组织。老的根和茎上一般都有周皮，但是叶中没有周皮。周皮容易和"树皮"混淆，"树皮"一般是指维管形成层外面的所有组织。这样，在较老的树皮中，就包括了次生韧皮部和可能留在外面的一些初生韧皮部、皮层、周皮，以及周皮外面的死组织。幼小茎或根上的

"树皮",一般只有初生韧皮部、皮层和表皮层。

周皮包括木栓形成层(产生周皮的分生组织)、木栓层(由木栓形成层向外形成的保护组织)和栓内层(由木栓形成层向内形成的生活的薄壁组织细胞)。大多数植物茎中,木栓形成层通常生存几个月就失去活力,以后木栓形成层每年重新发生,在第一次周皮的内方产生新的木栓形成层,再形成新的周皮,最后在次生韧皮部内产生。新形成的木栓层阻断了其外围组织与茎内部组织之间的联系,使外围的组织不能得到水分和养料的供应而死亡。这些失去生命的组织,包括多次生长的周皮,总称树皮。

②次生韧皮部 次生韧皮部位于周皮以内,由筛管、伴胞、韧皮薄壁细胞和韧皮纤维组成。由于维管形成层向外产生的细胞少。因此,次生韧皮部比次生木质部要少。随着次生韧皮部的不断产生,初生韧皮部和先期产生的次生韧皮部中的一些筛管和薄壁细胞被挤毁,同时部分衰老的筛管分子由于筛板上形成胼胝体堵塞筛孔,失去输导作用。

次生韧皮部筛管输导作用的时间较短,通常只有 1~2 年。韧皮射线位于次生韧皮部内,由射线原始细胞产生的薄壁细胞组成,有横向运输的作用。

③次生木质部 次生木质部是由形成层纺锤形原始细胞形成的纵向组织(导管、管胞、木纤维、木薄壁组织)和由射线组织原始细胞产生的次生射线组织构成的。由于各种细胞的大小、形状和纵横排列形式的不一致,形成了木材组织结构的不均匀性(各向异性),所以木材也被称为非匀质材料。

裸子植物和木本双子叶植物的木材大部分由次生木质部构成,通常前者次生木质部缺少导管,后者则有导管。这部分内容是后面章节学习的重点。

1.4 树干的构造

树干是生产和生活中木材的主要来源,由外而内分成 4 个部分:树皮、形成层、木质部和髓。

1.4.1 树皮

树皮是树木在干、枝、根等各个部位的次生木质部外侧各种组织的总称。树皮是储藏养分的场所,是把树叶所制造的养分向下输送的渠道,同时它还是树干的保护层,可防止树木生活组织受外界湿度剧烈变化或机械损伤的影响。

表皮仅产生在很短的时间内,对树木的幼茎起保护作用,树木的幼茎仅在很短时间内由表皮保护,使茎内水分不致丧失并使幼茎免受外界影响。经过 1 年之后,表皮即行脱落,代之以新生的保护层——新生周皮。周皮可分为 3 层,位于周皮中层的组织为木栓形成层,木栓形成层向外分生木栓层,向内分生栓内层,它们合起来统称周皮。在表皮脱落前,周皮是由皮层中的活细胞恢复分生能力,经分生和分化产生。由于木质部直径的不断增长,外表的周皮有一个破裂脱落的过程,以后周皮的分生细胞可由韧皮部的活细胞转化而成,从而又产生新的周皮。每当新的周皮产生后,最后形成的木栓层以外的全部树皮组织,因隔绝水分而死亡。内侧含生活细胞的树皮组织称内(树)皮,而已无生机的树皮组织习惯上称为外(树)皮。

1.4.2 形成层

形成层在树干、枝及根部呈鞘状包围着次生木质部,介于树皮和木质部之间,具备持续的分生能力,在显微镜下可见。木材是通过形成层的细胞分裂、新生木质部细胞的成熟、成熟木质部细胞的蓄积等3个过程形成的,即木材的直接起源为形成层。所以,木材(次生木质部)是树木形成层细胞分化的产物,形成层的活动方式不仅影响木材的产量,而且影响木材的结构和性质。

(1) 形成层原始细胞

形成层原始细胞分为纺锤形原始细胞和射线原始细胞,如图1-2所示。纺锤形原始细胞的长度比宽度大很多倍,沿树轴方向是细长的,在弦面为尖纺锤形。它是木质部及韧皮部轴向分子的来源,包括导管分子、管胞、木纤维、轴向薄壁细胞、筛管、韧皮纤维等。射线原始细胞内产生木射线,向外产生韧皮射线。

形成层原始细胞的排列方式,有叠生排列和非叠生排列2种。叠生排列包括纺锤形原始细胞和射线原始细胞两类,或其中的一类。在弦切面上以相同的高度并成层状构造,称为叠生形成层,常见于进化程度较高的阔叶树类如花桐木、柿树、刺桐等。针叶树和大部分阔叶树的形成层的原始细胞排列,大都上下互相交错,不在同一水平面上,即非叠生构造。

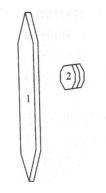

图1-2 射线原始细胞
1. 纺锤形原始细胞 2. 射线原始细胞
(申宗圻,《木材学》,1993)

(2) 形成层的分生活动

① 形成层的细胞分裂 如图1-3所示,形成层原始细胞进行一分为二的弦向分裂分成内侧或外侧2个母细胞,其中一个大的母细胞仍保持为原始细胞,另一个在内侧则成为木质部细胞,在外侧则成为韧皮部细胞。原始细胞不断地进行这样的弦向分裂,新生的木质部母细胞或韧皮部母细胞,再进行一次以上的弦向分裂,便依次失去其分生的机能,成为永久性细胞而逐渐达到其成熟阶段。形成层原始细胞分裂形成次生木质部细胞和次生韧皮部细胞的比例与树种有关,为3:1~8:1,在向髓心方向增加的次生木质部的细胞远较向外增加的次生韧皮部细胞多。

② 新生木质部细胞的成熟 新生木质部细胞的成熟过程一般分为两个阶段:第一阶段是细胞体积的增大,同时增大面积,包括直径增大和轴向增长。早材管胞直径只在径向增大,导管分子的直径在径向、弦向都增大。其他细胞如针叶材的晚材管胞,阔叶材的纤维、轴向薄壁细胞等,只是径向略微的增大一些,而弦向上并不增大。当初生壁面积生长,细胞扩大体积时,针叶材管胞的弦向直径仍保持不变,位置上不变动是协同

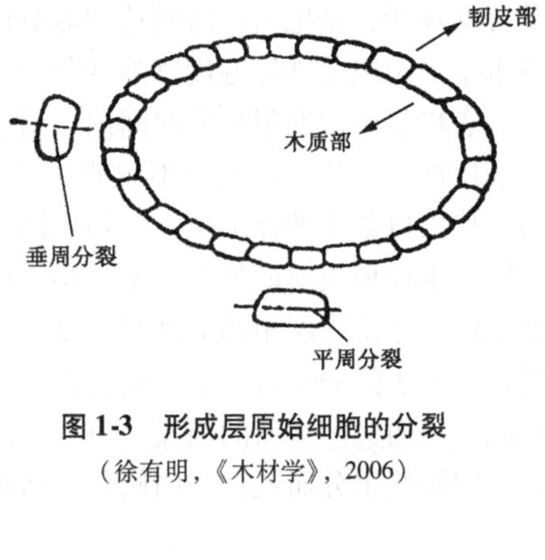

图1-3 形成层原始细胞的分裂
(徐有明,《木材学》,2006)

生长，所以在横切面上管胞是规则的径向排列。而细胞轴向的增长以阔叶材的木纤维最为显著，其他细胞较小；阔叶材的导管分子，弦向的增大会与相邻的细胞发生错位，则产生滑动生长和侵入生长。第二阶段是细胞壁加厚和木质化，在初生壁内侧所堆积的胞壁层为次生壁，在次生壁增厚过程中，胞间层的各细胞角隅会有木质素的聚积。木质化现象是首先在细胞的角隅部分开始，逐渐蔓延到整个胞间层，乃至初生壁和次生壁的纤丝之间。次生壁的增厚和木质化完成后，即完成了木质细胞的成熟过程。

③成熟木质部细胞的蓄积　随着形成层的分裂，次生木质部增多，树干直径增大，形成层便逐渐被外推，这时形成层圆周也必须随之增大，构成形成层圆周的纺锤形原始细胞的数目和射线原始细胞的数目增加近百倍，年复一年地产生大量的木材。同时，韧皮部在树的外侧成为树皮的一部分。随着树干直径的增大，树皮胀开、失去水分、干燥、开裂而逐渐脱落，所以可见的韧皮部分并没有随着直径的增大而增加多少。

1.4.3　木质部

木质部位于形成层和髓之间。根据细胞组织的来源不同，木质部可分为初生木质部和次生木质部。初生木质部起源于顶端分生组织，围绕在髓的周围，一起称为髓心。次生木质部由形成层分生而来，常简称木质部，它是木材利用的主要部分。木质部是高等植物的运输组织，负责将根吸收的水分及溶解于水里面的离子往上运输，以供其他器官组织使用，另外还具有支持植物体的作用。木质部由导管、管胞、木射线、薄壁组织和木纤维五大类组织构成。

少数被子植物、裸子植物和蕨类植物只有管胞而无导管，而大部分被子植物则两者兼有。管胞细胞呈纺锤状，即两端尖细，中间膨大。最初为生活细胞，后来胞质解离细胞死亡，胞壁木质增厚，出现纹孔，纹孔膜具有高度渗透性。裸子植物具有典型的具缘纹孔，水分的流动可通过纹孔塞的活动被调节。在较原始的植物中，管胞具有运输和支持功能。

导管存在于大部分的被子植物，裸子植物的买麻藤目和一部分蕨类植物（如欧洲蕨）之中。每个导管细胞被称作导管分子，通过上下胞壁穿孔而互相衔接成长管状。生长初期的导管细胞是生活细胞，成熟时细胞质解离，细胞死亡，胞壁木质化，胞壁会出现纹孔。从进化的角度看，导管是由原始的管胞发展出来的，但已不像管胞那样具有支持功能了，而支持功能则从原始管胞发展而来的木纤维承担。

木射线是起横向（即与根茎纵轴垂直）运输和储存作用的薄壁组织，在维管形成层内次生木质部中成辐射发散状排列。

除木射线外，木质部还有与树木主轴平行的轴向薄壁细胞，起储存作用。木纤维是原始管胞的一个进化方向，是两端尖细的厚壁组织细胞。细胞具有木质化的次生壁，使其具有支持植物体的作用。

通常意义上所说的木材主要就来源于木质部，而不同树种木材的结构上的异同主要就是导管、管胞、木射线、薄壁组织和木纤维的分布特性。木材的结构决定了木材是一类各向异性的非匀质材料，为木材的识别、研究和合理利用带来了一定的难度。但是，随着科学技术的发展，人们已经找到并不断增加改善木材性质和利用的科学方法，例如各种物理、化学、机械和工艺的方法已把木材的非匀质性和不稳定性等不良性质进行了改进。层积胶合木(板)、胶合板、碎料板和纤维板等,都是不同程度的改性木材产品。

1.4.4 髓

髓是为木质部所包围的一种柔软的薄壁细胞组织,和初生木质部合称为髓心。树木生长受环境条件的影响,髓常偏离中心而移向一侧。树干各高度的髓都在这一高度的最初时期形成,一年以后就不再增大。髓的功能是储存养分供给树木生长,它的生命活动短则数年,多则数十年,因树种而异。

在有些树木中,髓心的结构和形态呈现较为特殊的特征,如栓皮栎发育成厚壁细胞,樟树的髓发育成巨细胞。有些树木的髓在发育时破裂,致使节间中空,如连翘或有的成薄片状,如胡桃、枫杨;而椴树属的髓部外围细胞小而壁厚,与里面的细胞差异很大,故称为髓鞘。髓的颜色、结构、形状、大小在树种之间存在一定差异,是木材识别与鉴定的构造特征之一。

(1) 颜色

髓心的颜色多数为褐色或浅褐色,有些与木材的心材同色,少数树种髓心的颜色特殊,如白色的鹅掌楸(*Liriodendron chinense*)、刺楸(*Kalopanax septemlobus*),红色的香桂(*Cinnamomum subavenium*),黑色的黑壳楠(*Lindera megaphylla*)等。

(2) 结构

髓心的结构是指髓心腔内物质和腔壁形状,一般包括以下3种情况,如图1-4所示。

①实心髓 髓心腔内充满柔软的薄壁细胞,有的较为疏松柔软,如红椿(*Toona ciliata*)、香椿(*Toona sinensis*)等;有的相对较为坚硬,如石楠(*Photinia serrulata*)等。

②空心髓 髓心腔内是空的,没有其他组织填充,如泡桐(*Paulownia sp.*)、梧桐(*Firmiana simplex*)。

③分隔髓 纵切面上观察,髓心的腔壁被薄膜状的柔软组织分隔成许多小腔室,呈隔膜状,如枫杨属、核桃属、刺楸等。

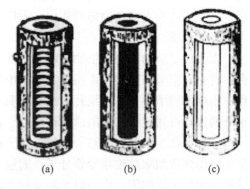

图1-4 木材髓心的结构
(a) 分隔髓 (b) 实心髓 (c) 空心髓
(徐永吉,《木材学》,1995)

(3) 形状

树木髓心横切面的形状在多数树种中呈圆形,特别是在针叶材中几乎都是圆形的,但也有特殊形状的。如槭属(*Acer*)、椴树属呈卵形,木兰属(*Magnolia*)的髓心呈圆形,柳属(*Salix*)的髓心呈近圆形,杨属、栎属(*Quercus*)、枫香属(*Liquidambar*)、椴木的髓心呈星状,桤木属(*Alnus*)、鼠李属(*Rhamnus*)的髓心呈三角形,大叶黄杨(*Buxus megistophylla*)的髓心呈菱形,白蜡(*Fraxinus chinensis*)的髓心呈方形,石梓(*Gmelina chinensis*)的髓心呈矩形,杜鹃(*Rhododendron simsii*)的髓心呈八角形。

(4) 大小

木材的髓心以在木材横切面上的直径尺寸衡量其大小。在针叶树种中,不同树木的髓心相差不多,且在纵向上比较通直。而在阔叶材中,不同树种髓心的大小相差悬殊,一般按直径大小分为小、中、大三级。

①小　小于 5 mm,如榉树(*Zelkova serrata*)、七叶树(*Aesculus chinensis*)。

②中　5~10 mm,如香樟(*Cinnamomum camphora*)、灯台树(*Bothrocaryum controversum*)。

③大　大于 10 mm,如泡桐,多在 10 mm 以上且中空;苦楝(*Melia azedarach*)、梧桐、构树(*Broussonetia papyrifera*)及刺楸等髓心大而柔软。

对于成年树木来说,髓心是缺陷性的结构。主要是因为髓心组织松软,附近集中有小的隐生节降低了木材的强度,而且髓心易腐朽或者被侵蚀,会蔓延至周围的木材,直接影响周围木材的品质。所以许多重要的材种,如航空用材的木材规格和技术规范均要求除去髓心。但是,对于一般用途的木材,在非重要部位可带有髓。

思考题

1. 名词解释:
   形成层　木质部
2. 试述植物的命名法规。
3. 木材是如何形成的?
4. 试述树干的主要构造。

第2章 木材的宏观构造

【难点与重点】本章重点是木材的宏观构造特征及其在木材三切面的表现形态；掌握阔叶材和针叶材的宏观构造特征及二者的区别，熟悉常见的次要宏观构造特征。难点是宏观下根据管孔的有无进行木材分类，区分环孔材、散孔材和半（环）散孔材，对管孔和轴向薄壁组织的分布类型进行初步的研判。

识别木材首先应具备木材构造的基本知识，掌握木材的主要特征，根据不同科、属、种树种的木材结构特征的异同点，把各种木材区别开来。木材的识别与鉴定就是运用木材构造的基础知识、结合具体树种，进行综合、比较和分析的过程。

常用的木材识别有宏观识别和微观识别两种，宏观识别简易、快速，能满足一般性的生产要求，但是一些结构特征相似的木材难以区别，所以宏观识别仅能鉴定到属、类或常见的树种。微观识别比较精确可靠，但方法复杂，制作木材切片标本需要一定的设备和仪器。同时要求检验人员具备较全面的木材微观构造专业知识，通常用于在宏观识别的基础上进一步鉴定树种。

木材的构造从木材组织学的角度来说，它是由许多不同形态和不同功能的细胞和组织所组成。这些细胞组织主要是管胞、导管、木纤维、（轴向）薄壁组织与木射线。木材的宏观构造是在肉眼或者10倍放大镜下所能观察到的这些细胞和组织在木材切面上所表现出来的特征，分为主要宏观特征和辅助宏观特征。木材的主要宏观特征是木材的结构特征，它们比较稳定，包括心材和边材、生长轮、早材和晚材、管孔、轴向薄壁组织、木射线、胞间道等。木材的辅助宏观特征又称次要特征，它们通常变化较大，只能在宏观识别木材中作为参考，如髓斑、色斑、乳汁迹、内含韧皮部、油细胞和黏液细胞等。此外，木材的颜色、光泽、纹理、花纹、结构、材表、气味、滋味、轻重和软硬等一些物理特征，作为木材识别的辅助依据，也被列入木材宏观构造的范畴。

2.1 木材宏观构造特征的意义

木材是由无数不同形态、不同大小、不同排列方式的细胞所组成的。同一类别的细胞在木材中聚合为组织。木材的宏观特征实际就是这些组织在肉眼和低倍放大镜下的形态表现。树木由于受遗传因子、有性繁殖过程可能产生的变异、生长的地理环境和气候条件等各种因素的影响，致使各种树种木材的构造具有多样性。但对亲缘关系相近树种的木材来说，其构造和物理特征仍然存在一定的规律。通过对这些共性和异性特征大量的观察及归纳，就能达到识别木材的目的。学习木材鉴定知识的最基本的要求就是掌握木材的宏观构造特征。

在木材宏观鉴定中，无论是依据主要宏观构造特征，还是辅助宏观特征，或者是依据树皮、材表特征，都要首先掌握这些特征的真正含义，并能在木材上准确地加以区分；其次还要能够综合运用这些特征，才能达到鉴定木材的最终目的。

2.1.1 木材的细胞和组织

木材细胞在生长发育过程中历经分生、扩大和胞壁加厚等阶段而发育成熟，其中细胞壁是构成木质部的骨架物质，它决定着木材的物理性质、力学性质、化学性质和加工性能以及一些微观和超微观构造的识别特征。

根据细胞壁的结构和特性，木材细胞分为两类，一类是厚壁细胞，其原生质最后全部转化成胞壁，之后单个细胞的生命终结；另一类是薄壁细胞，它的部分原生质转化成胞壁，另一部分原生质位于边材细胞，使之保持生机。当边材转化成心材时，这部分原生质通过生理生化反应生成木材的抽提物成分，最后才丧失生命机能。根据木材组成细胞功能的不同把木材的组织分为输导组织、机械组织和储藏组织三类，各种组织在不同木材中的显著程度及其表现就是木材的外貌特征和构造特征。

输导组织是在树木生活的过程中，主要行使运输水分等无机养分的功能的组织，包括针叶树早材中的管胞和阔叶树的导管。

机械组织是执行支持树体功能，使树木稳固的屹立于地面，使枝条不下垂的组织，如针叶树晚材中管胞和阔叶树的木纤维。

储藏组织是储藏树木生活过程中所需要的营养物质的细胞，如薄壁组织和木射线。

2.1.2 木材的三切面

作为生物体，木材是由大小、形状和排列各异的细胞组成，还受气候、水分、土壤等生长环境的影响，其构造极其复杂。木材结构具各向异性的特点，如管胞、木纤维、轴向薄壁组织和导管等为轴向排列，木射线则为横向排列；即在不同的切面上，木材的各分子特征各不相同，其物理性质、力学性能也因之而变化。要全面、正确地了解木材的细胞或组织所形成的各种构造特征，建立完整的立体概念，就必须通过木材的3个切面来观察，利用各切面上细胞及组织所表现出来的特征，识别木材和研究木材的性质、用途。

树干的3个标准的切面是横切面、径切面和弦切面，如图2-1和图2-2所示，这是人为确定的3个木材截面，并非木材的构造特征，通过对它们的观察可达到全面了解木材结构特征的目的。

（1）横切面

横切面是垂直于树干轴向或木材纹理方向的切面，也叫端面、横截面或基准面，是识别木材最重要的一个切面。在这个切面上，木材纵向细胞或组织的横断面形态及分布规律均能反映出来，如生长轮、心材和边材、早材和晚材、薄壁组织、管孔（或管胞）；横向组织木射线的宽度、长度方向等特征，也能清楚地反映出来。在横切面上，年轮（生长轮）呈同心圆环状，木射线呈辐射线状。

横切面较全面地反映了细胞间的相互联系，在原木特征中所谓的树干断面，实际上就是木质部（木材）的横切面。在木材加工和应用中，横切面的硬度最大、最耐磨损。

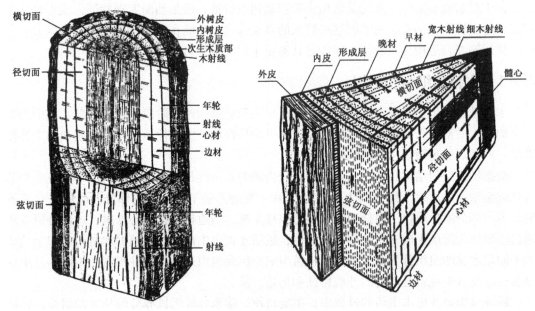

图2-1　木材的三切面

（徐有明，《木材学》，2011）

（2）径切面

径切面是沿着树干长轴方向，通过髓心沿树干半径方向或与生长轮相垂直的纵向切面。在该切面上，能显示出纵向细胞（导管）的长度方向、心边材的颜色与大小、横向组织（木射线）的长度和高度方向。凡是平行于木射线的切面，或垂直于年轮的切面，都叫径切面。在这个切面上，年轮呈条状，相互平行，而与木射线垂直；木射线呈横向平行线（片）状。

在木材的生产和应用中，经径切面切割而成的板材，收缩率小，不易翘曲。

（3）弦切面

弦切面是顺着树干主轴或木材纹理方向，不通过髓心与年轮（生长轮）平行或与木射线成垂直的纵切面。在该切面上，能显露纵向细胞（导管）的长度方向及横向细胞或组织（木射线）的高度和宽度方向。在这个面上，年轮呈抛物线状，或"V"字形的花纹；木射线呈

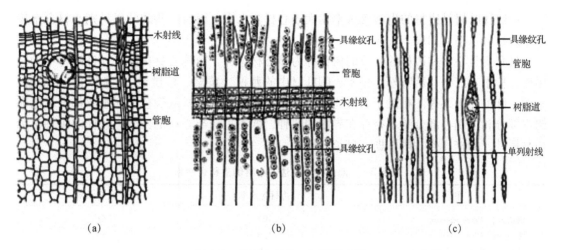

图 2-2 松树木材的三切面示意图
（a）横切面 （b）径切面 （c）弦切面
（李正理、张新英,《植物解剖学》, 1983）

纺锤形。

通常，也可以把木材的径切面与弦切面统称为木材的纵切面。

在木材加工中通常所说的径切板和弦切板与上述的径切面和弦切面不完全一样。在切割的时候，原木由于下锯的角度、位置和板材尺寸的不同，可能形成内板面为弦切面，而外板面为径切面，甚至在同一材面的中间部分为弦切面，而两侧为径切面。所以在实际生产中，径切板和弦切板常常难以进行精确的判断，区分一块板材是径切板还是弦切板可以依据以下方法：在板材端面作板厚的中心线，再作年轮切线，若两直线之夹角大于60°，则为径切板；夹角小于30°，为弦切板；夹角介于两者之间的称为半径切板或者半弦切板，这种情况也可以称之为斜切板。

2.2 木材的主要宏观特征

木材的主要宏观构造是指在肉眼或者放大镜下所能观察到的木材构造特征，包括边材和心材、生长轮或年轮、早材和晚材、管孔、轴向薄壁组织、木射线、波痕、树脂道等特征。

2.2.1 心材、边材

（1）概念

从树干的横切面和径切面上可以看到，部分树种的木材的材色较均匀一致，部分树种的材色存在明显差异，在靠近树皮的边缘部分颜色较浅，而在靠近髓心的中间部分颜色较深。在横切面上位于髓心周围，材色较深，水分含量较少的木材叫作心材。位置上靠近树皮部分，在心材的周围，材色较浅，水分含量较高的木材叫作边材。从木材鉴定的角度，边材和心材的木质部结构差异不大。

一般针叶树材边材的生材含水率均大于心材含水率，而有一些阔叶树材则心材含水率大于边材含水率，如表2-1所示。

具有明显心材和边材的区分的树种称为显心材树种，简称心材树种，如针叶材中的马尾松、杉木、红松、落叶松、柏木，阔叶材中的刺槐、黄檗、核桃楸（胡桃楸）、水曲柳、紫檀、麻栎、板栗等。相对于心材树种而言，有些树种的木材从颜色和含水率都看不出靠树皮部分和近髓心部分的木材存在界限的树种，即无边材与心材的区分，这样的树种称为边材树种，如桦、杨、鹅耳枥、槭类、椴等。

表2-1　部分树种的边、心材的生材含水率　　　　　　　　　　　　　　　%

树　种	边材含水率	心材含水率
鱼鳞云杉 Picea jezoensis	197	51
挪威云杉 Picea abies	130	55
日本落叶松 Larix kaempferi	83	55
北美乔松 Pinus strobus	195	110
库页冷杉 Abies sachalinensis	175	59
辽杨 Populus maximowiczii	79	205
水曲柳 Fraxinus mandshurica	53	71
鸡毛松 Podocarpus imbricatus	157	149
小叶栲 Castanopsis carlesii	76	108
越南山龙眼 Helicia cochinchinensis	83	107

（申宗圻，《木材学》，1993）

此外，还有一部分树种如云杉、冷杉、水青冈等，树干中心部分与外围部分的材色无区别，看不出边材和心材的界限。但是这两个部分木材的含水量不同，中心水分较少的部分称为熟材，这一类树种称之为隐心材树种或者熟材树种。

（2）心材的形成

心材是生活的树木中不含有生活细胞、不储藏淀粉的内部木材，其细胞内含大量的树胶、侵填体及沉积物。边材由具有生理活动功能的细胞组成，而心材是由边材不断转化而来，心材的形成是一个复杂的化学变化和生物化学变化的过程。

树木生长过程中，由于形成层逐年向内产生次生木质部（木材），使形成层、韧皮部与髓心逐年增大距离，导致最先生成的木材细胞逐渐缺氧，引起生活细胞呼吸作用停止，最终死亡。接着淀粉和水分消失，酚类化合物的氧化和聚合，胞腔沉积物的堆积直接导致输导组织的堵塞；生成的单宁等色素物质，使木材显示出特有的心材颜色，与其边材产生明显的区别。

成熟树木的边材在形成的最初数年内起机械支持作用，同时输导并储存养料，经过一段时期以后，边材的生活细胞开始发生变化逐渐形成材色较深的心材。与此同时，由形成层分生出含有生活薄壁细胞的新木质部替代已丧失生机的部分而成为新的边材。年复一年，心材的直径不断扩大，而边材的位置也就逐渐向外推移。

心材是由边材转变而来的，是树木生长过程中的一种正常现象。心、边材转化年龄因树种而异，不同树种，转变时间有早有晚，边材有宽有窄，如刺槐的心材在头几年就开始形成，而松属、落叶松属，要在10～20年才开始形成。而边材向心材转化所需的时间，因树种和生长条件的不同而有较大的差异。在这一过程中伴随着有各种木材抽提物形成，如树脂、色素、单宁、淀粉及侵填体等，它们使心材的颜色加深。边材向心材的转化对任何树种来说都是必然的，但心材颜色的加深并不是所有树种都会发生的，因为某些树种的心材抽提物为无色或浅色。

(3) 心、边材的明晰度

一个树种心材的颜色及心、边材界限的明晰度，对木材鉴别有着重要的作用。如木莲的心材青绿色，红豆杉的心材红褐色，野漆的心材深黄色、边材黄白色，心、边材的界线截然分明，对这些树种木材的识别有重要的参考价值。

可以根据心、边材之间界限的明晰度将心材树种分为下列4种：

① 区别很明显 如红豆杉、落叶松、黄连木、楝木、苦木、蚬木、油楠、格木、花榈木、红豆树、刺槐、银桦和降香黄檀等。

② 区别明晰 如油松、马尾松、香椿、黄檗和乌榄等。

③ 区别略明晰 如鸡毛松、陆均松、香樟、黄樟、香叶树等。

④ 区别不明晰 如香榧、三尖杉、竹柏、竹松、刺楸、青冈栎、糙叶树、鹅耳枥、红桦、光皮桦、枫香、楠木、重阳木、悬铃木、厚皮香等。

(4) 心材的大小

在心材树种中，心材的大小或边材的宽窄是鉴别木材的重要特征之一，一般按照心材在树木横切面上所占的比例进行测定。在常用的经济木材中，心材最大的树种是黄檗和刺槐等，最小的是柿木，而松木、落叶松、黄连木和核桃木等居于中等。

心材树种的边材转变为心材有一定的起点年限，测定心材的时候，应同时测定其树龄，以不排除生长速度的影响。所以，测定一株树木心材和边材的比例得出的数值不是绝对的，只能在一定程度上反映出心材或边材占主体。

(5) 伪心材和内含边材

心材树种和边材树种是有规律地反映着树种间的差别，因此可以作为识别木材种类的依据之一。但在根据边材和心材的特征对木材进行识别的时候，应注意在有些树种中伪心材和内含边材等现象的存在。如苹果和桃、杏等老树，其木材的中心部分常出现有类似心材的褐色"伪心材"；边材树种中的云杉、桦木和熟材树种中的山杨等的边材树种，当遭受真菌侵害时，使木材变棕色或红棕色，出现类似心材的颜色，称为伪(假)心材。伪心材的特点是不论其在树干的横切面或纵切面都表现为不规则的分布和不均匀的色调，因而只要留心观察便不难判定其真假。

在有些心材树种，由于真菌侵害，有时其心材部分可能出现一环或一部分材色较浅而与边材相似的木材叫作内含边材，可见于桧木等。伪心材和内含边材均属木材缺陷，识别木材时要注意区别。此外，生活的树干由于受到伤害，其局部边材的颜色会变深而像心材，这个受伤部分叫作受伤边材。

2.2.2 生长轮(年轮)

(1) 生长轮和年轮

树木在一个生长期间内由形成层向内分生的一层次生木质部，就是肉眼所见的一层木材,称为生长层。在木材的横切面上这些生长层围绕髓心成环轮状,称为生长轮。

生长轮的形成是缘于气候变化造成木质部的不均匀生长现象。生长在寒、温带的树木,形成层分裂活动与气候四季变化相一致,即春季开始活动,当年秋末冬初暂时中止,翌年又重复上述过程。于是形成层所分生的次生木质部,一年之中仅一层,其生长轮即年轮。而生长在热带的树木,一年间的气候变化很小,四季温差小,树木四季几乎无间断生长,仅与热带地区的雨季和旱季交替相符合。即树木生长与雨季和旱季相关,一年内可能形成数个生长轮。因此,年轮对于温带或寒带的树木是适用的,而称热带树木的生长轮为年轮是不恰当的,但在生产上和生活习惯以年轮代替生长轮。

(2)生长轮(年轮)的形状

生长轮在木材的三切面上的分布状况各有明显的特征,一般对木材进行识别有着重要的参考作用。生长轮在横切面上呈同心圆状,在径切面表现为平行的线条,而在弦切面上则呈抛物线状或倒"V"字形花纹。

多数树种的生长轮在横切面上呈流畅的封闭同心圆状,如杉木、红松等。少数树种的生长轮呈弯曲波浪状,如红豆杉、榆、苦槠、鹅耳枥等;蚬木似蚌壳的环纹,这种现象反映了个别树种的生长特性,所以生长轮在横切面上的形状是识别木材的特征之一。

有的时候树木在生长过程中,由于气候或者真菌侵蚀等原因导致局部结构受到影响,生长轮不能形成完整的环,而在一点或多点闭合于老的生长轮,成不连续的轮,称为不连续生长轮(断轮),这种情况常见于柏木、蚬木等树种。在温带及北的地区树木生长一年形成一个生长轮,测算树龄时不连续生长轮应当作年轮记数。

(3)生长轮(年轮)的明显度

生长轮中通常包括早材带和晚材带两部分,轮界线是指第一个生长轮的晚材带与第二个生长轮的早材带的界限。年轮明显度即轮界线的明显程度,可分为:

①明显,如杉木、红松、落叶松等针叶材和榆、槐等环孔材的年轮明显可见;

②略明显,如冷杉、柏木、银杏和许多散孔材的年轮就略明显或者可见;

③不明显,如枫香和杨梅等树种的年轮则不明显。

(4)假年轮

树木在生长季节内,由于遭受病虫、火灾、霜冻或干旱等危害,致使生长暂时中断,经短时期的恢复,又会重新生长。因此,在同一生长周期内,将形成两个或更多的年轮,这样的生长轮不等于年轮,其界线不明显,同时也不完整的圈层,称为假年轮。常出现假年轮的树种有马尾松、杉木、柏木等,在热带和亚热带木材常有假年轮出现,如陆均松、鸡毛松、粗榧等。真、伪年轮的区别在于,后者并不呈完整的圆圈状,或其界线不如前者明显,有时会慢慢消失在真年轮之中,如图2-3所示。

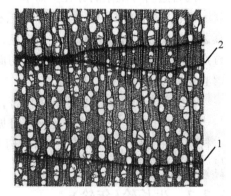

图2-3 假年轮

1. 正常年轮　2. 假年轮

(刘一星、赵广杰,《木材学》,2012)

(5)年轮的宽度和均匀性

年轮的宽度是随树种、树龄和生长条件等因素的变化而改变的，如泡桐、任豆、臭椿的年轮很宽，而黄杨、罗汉松、红豆杉等在良好的生长条件下年轮也较窄。速生树种（如杨树、泡桐等）在适宜气候、土壤等条件下，可有很宽的年轮，其宽度可达 1~2cm，10~20 年即可使用木材。

年轮宽度不仅可以测定树木的生长状况，推测其所在地的以往气候，雨量变迁，而且也可以用年轮的宽度（即 1cm 内的年轮数目）来估测或初步判定木材的物理力学性质。年轮宽度的测定是在横切面上，垂直年轮作一条线，量取垂直线上的年轮宽度。年轮宽度的垂直分布，大约越靠近树木基部年轮越狭，越靠近树梢年轮越宽；从年轮的水平分布，大约越靠近髓心，年轮越宽，越靠近树皮，年轮越狭。

有些树种在同一横切面上的年轮的宽度也有差异，这种特性可用年轮均匀度来表示，如云杉年轮均匀，柏木年轮不均匀，而银杏年轮宽度略均匀。

以年轮为研究对象的树木年代学是一种通过树木探测自然历史现象的科学，发现树木的年轮具有重要的科学价值，可记录树木生活史中的气象资料、监测污染，并对探讨地方病的成因有一定作用，所以树木年轮不仅和木材的识别与性质有密切关系，而且对科研、生产同样有重要的价值。

2.2.3 早材和晚材

（1）概念

在针叶树材或阔叶树材的环孔材中可看到，每一个生长轮都是由早材和晚材所组成的，早材位于生长轮内侧，晚材位于外侧，这两部分木材的颜色、质地和结构都存在差别。

形成层的活动受季节影响很大，温带和寒带树木在一年的早期形成的木材，或热带树木在雨季形成的木材，由于环境温度高，水分足，细胞分裂速度快，细胞壁薄，形体较大，形成的木材颜色较浅、组织较松、材质较软，称为早材。到了温带和寒带的秋季或热带的旱季，树木的营养物质流动缓慢，形成层细胞的活动逐渐减弱，细胞分裂速度变慢并逐渐停止，形成的木材细胞腔小而壁厚、材色深、组织较致密，称为晚材。

（2）早材至晚材的过渡

在一个生长季节内生长的木质部细胞，因早晚材细胞大小，胞壁薄厚及宏观下色度、质地等不同，在它们之间形成了明显或不明显的分界线，如图 2-4 所示。凡分界明显者称为早晚材分界明显，或早材至晚材过渡为急变，如松属木材中的硬松类（油松、马尾松、樟子松等），阔叶树材的环孔材（如水曲柳、榆）；早材和晚材之间界限不很明确，早材到晚材缓慢过渡，早材到晚材的过渡为渐变（缓变），如针叶树材的软松类（如红松、华山松），阔叶树材的散孔材和部分半环孔材（如杨）；早晚材之间的过渡介于急变和缓变之间的情况为稍急变，如水杉等。

（3）晚材率

在早晚材分界明显、早晚材过渡为急变的针叶树材中，晚材在一个年轮内所占的比例，对衡量材性和在同种木材间相互比较中有较大价值。凡晚材占的比率高者为晚材率大，木材强度相应亦高。测定晚材率的方法，是在木材的横切面上先量取一定数量的年轮径向宽度，再测出这一范围年轮中晚材的径向宽度，算出晚材在总宽度中所占的百分率，

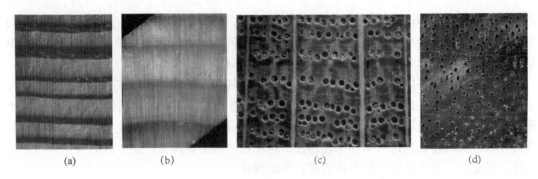

图 2-4 早、晚材的过渡类型
(a)针叶材：急变 (b)针叶材：缓变 (c)阔叶材：急变 (d)阔叶材：缓变
(徐峰、刘红青,《木材比较鉴定图谱》,2016)

即晚材率。树干横切面上的晚材率，自髓心向外逐渐增加，但达到最大限度后便开始降低。在树干高度上，晚材率自下向上逐渐降低，但到达树冠区域便停止下降。

晚材率是识别木材的依据之一，一般晚材率越高，木材的强度越大，其计算公式如下：

$$P = b/a \times 100\%$$

式中：P 为晚材率(%)；a 为年轮的宽度；b 为年轮中晚材的宽度。

晚材率的大小可以作为衡量针叶树材和阔叶树环孔材强度大小的标志。针叶树年轮均匀的树种则强度高，因针叶树晚材宽度多为稳定，年轮增加晚材率降低，强度下降；而阔叶树中环孔材早材宽度固定，年轮增宽增加的是晚材宽度，晚材率增大，木材强度增大。因此，材质改良中晚材率可作为林木良种选育的指标之一。

年轮的明显度和早晚材过渡都是由早、晚材的结构差异所引起的。前者为年轮间特征，后者为年轮内特征，两者既有区别又有关联。如早晚材急变的树种，年轮必定明显，而年轮明显时，早晚材未必急变。

2.2.4 木射线

在木材横切面上，分布有颜色较浅或略带有光泽的线条，从髓心向树皮呈辐射状排列的组织称为射线，射线的功能是起到横向的输导和储藏养分。位于形成层以内木质部的射线称木射线；位于韧皮部的射线称韧皮射线。起源于初生组织向外延伸的木射线称为初生木射线，它可以自髓心到树皮；起源于形成层的木射线称次生木射线，它达不到髓心。大部分木射线属于次生木射线。

木射线是木材中唯一呈射线状的横向排列的组织，它在立木中主要起横向输导和储藏养分的作用，横向排列的木射线与其他纵向排列的组织(如导管、管胞和木纤维等)极易区别。

所有树种的木材都有射线，只是粗细、宽窄不同而已。针叶树材的射线都很细，一般肉眼下看不清楚，对鉴定木材作用较小；阔叶树材射线的宽度、高度、数量和类型等因树种不同而异，成为阔叶树材识别的重要特征之一。例如银桦的射线较宽、较高，在材表或弦切面上呈现出网眼状(俗称网状纹)；鹅掌柴的射线较窄、较短，在材表或弦切面上呈现灯纱眼状（俗称灯纱纹）；而荷木的射线在肉眼下看不见。因此，木射线的宽度、高度和数目是识别阔叶材的重要特征之一，它与管孔、轴向薄壁组织被称为识别阔叶材的三要素。

2.2.4.1 木射线的形态

同一条射线在木材的 3 个切面上表现出不同的形状（图 2-5），在横切面上呈辐射状，为一狭条沿着径向穿过生长轮，显示其长度和宽度；在径切面上为水平带状或线形或块状，显示其长度和高度；在弦切面上木射线呈线条状或纺锤形或斑点状，显示其宽度和高度。射线的高度（纺锤形的高度）和宽度（纺锤形的宽度）以弦切面测定为准，但在横切面上来观察时，其最宽的宽度也可见。

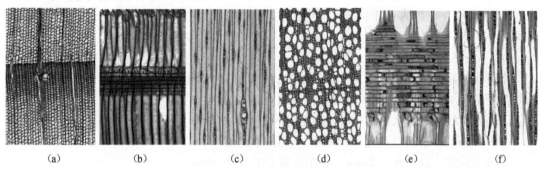

图 2-5　木射线在三切面上的形态
(a)~(c) 针叶材 *Pinus monticola*　(d)~(f) 阔叶材 *Liquidambar formosana*
(a)横切面　(b)径切面　(c)弦切面　(d)横切面　(e)径切面　(f)弦切面
（图片引自 Insidewood）

2.2.4.2 木射线的宽度、高度

射线的高度、宽度和长度在木材识别上以宽度应用较多，高度次之，长度则很少用。表达射线的宽度有两种方式。

(1) 射线宽度和管孔弦向径比较

在木材横切面上，以最大射线宽度与最大管孔弦向直径比较，通常分为 3 种情况：

①最大木射线小于管孔直径，多数树种都是这种类型，如格木；

②最大木射线相当等于管孔直径，如蕈树、鹅掌柴等少数树种；

③最大木射线大于管孔直径，如木麻黄、山龙眼、冬青、青冈属等少数树种。

(2) 横切面的木射线宽度

在木材的宏观识别中，以横切面的射线宽度为分级标准，通常粗分为 3 级：

①细木射线　宽度在 0.05 mm 以下，肉眼下不见至可见。如所有的针叶材和阔叶材中的杨木、柳木等。

②中等木射线　宽度 0.05~0.2 mm，肉眼下可见至明晰，弦切面呈细纱纹或网纹。如冬青、槭树等。

③宽木射线　宽度在 0.2 mm 以上，肉眼下明晰至极显著，有光泽，弦面呈纺锤形。如栎木、青冈栎等。

(3) 木射线的分布类型

针叶材木射线均细，阔叶材中有些树种仅有细或中等木射线，而有些树种具宽和细两类木射线。一般也有3种情况：

①射线分为两种大小，在两根较宽的射线之间夹有多条更细小的射线，一般叫作栎型射线（指栎木和青冈栎的射线不是最宽，就是最窄即单列射线，而没有中间类型，所以有"栎型射线"之称）；与之相仿的有杜英科（杜英属、猴欢喜属）、灰木科等树种。

②射线大小一致或近一致，基本上都是甚窄的射线，如樟科、槭树科的部分树种等。

③射线大小不一致，分几个宽度，这是大多数阔叶树材所具有的。

此外，同一射线的宽度也有变化，在横过生长轮处加粗，或不穿过生长轮也有局部膨大（变宽）现象。在放大镜下观察，呈现一段粗些一段细些的现象，可在灰木等木材中见到。

(4) 木射线的高度

木射线的高度也是在弦切面上测定。各种树种的木射线高度变化很大，一般木材的木射线高度都在1mm以上，肉眼均可见。一般分为：

①高木射线　高度大于10mm，如在桤木中可达160mm、栎木中50mm。

②中等高度木射线　高度2~10mm，如悬铃木等。

③矮木射线　高度小于2mm，如在黄杨木中不足1mm。

在显微观察中，一般用细胞的个数来计算木射线的宽度和高度。

(5) 木射线的数目

在木材的横切面上计数每5mm的木射线数量，对木材鉴定有一定的意义。其方法在原木横切面上覆以透明胶尺，与木射线直角相交，沿生长轮观察木射线的疏密度和均匀度，测定5mm内的射线数目，取平均值。

①少　每5mm内少于25根，如刺槐、鸭脚木。

②中　每5mm内有25~50根，如樟木、桦木。

③多　每5mm内有50~80根，如冬青、黄杨。

④甚多　每5mm内有80根以上，如杜英、七叶树。

(6) 木射线叠生

木射线叠生是指木射线（高度和宽度）比较一致，排列整齐而呈层次，并在木材弦切面上出现波浪形的横向条纹，称波痕或波纹。常见于梧桐科、红豆树属、黄檀属、蚬木等树种。

2.2.5 管孔

阔叶材中除昆栏树、水青树等少数树种外，有一类特有的轴向输导组织，称为导管。组成导管的每一个细胞，称为导管分子。导管在木材的横切面上呈孔穴状，称为管孔；在木材的纵切面上呈细沟状，称为导管槽或管线。导管直径远大于其他细胞，通常在木材的横切面上肉眼下可见，所以阔叶材又称有孔材。相应的，针叶材不具备导管这个结构，所以针叶材又称无孔材。

有无管孔是区别针叶材和阔叶材的重要标志之一。而在阔叶材中管孔的分布、排列方式和内含物等也因树种而异,因此它又是识别阔叶材的重要特征。

2.2.5.1 管孔的大小与数量

(1) 管孔的大小

管孔的大小是衡量木材结构粗细的最重要的依据,如在国家公布的红木标准中对每种木材的管孔直径都有明确的规定。一般来说,管孔小,则结构细;管孔大,则结构粗。管孔的大小是依其弦向直径来定的,因为弦向直径的变化比较有规律,而且也便于与射线的宽窄作比较。通常分为下列几类:

①极小　弦向直径小于 100 μm,肉眼下不可见至略可见,放大镜下不明显至略明显,木材结构甚细,如木荷、卫矛、黄杨、山杨、樟木、桦木、桉树等。

②小　弦向直径 100~200 μm,肉眼下可见,放大镜下明晰,木材结构细,如楠木。

③中　弦向直径 200~300 μm,肉眼下易见至略明晰,结构中等,如核桃(胡桃)、黄杞。

④大　弦向直径 300~400 μm,肉眼下明晰,木材结构粗,如檫木、大叶桉。

⑤极大　弦向直径大于 400 μm,肉眼下很明显,木材结构甚粗,如泡桐、麻栎等。

大小为极小和甚小级别的管孔在肉眼下是不可见的,只能借助于显微镜等工具观察。略小的管孔在肉眼下可见,中等及以上的管孔在肉眼下观察比较明显。

(2) 管孔的数目

管孔的大小和数量有密切关系,一般管孔大,则数量少,管孔小,则数量多。管孔数目是在横切面上单位面积内管孔的数目,如遇复管孔时则按构成复管孔的实际管孔数计算。管孔数目的多少,往往为一个科、属树种的特征,对木材的识别与鉴定也有一定帮助。

管孔数量常区分为下列 6 类:

①甚少　1 mm^2 内少于 5 个,如榕树。

②少　1 mm^2 内有 5~10 个,如黄檀。

③略少　1 mm^2 内有 10~30 个,如核桃。

④略多　1 mm^2 内有 30~60 个,如鹅耳枥。

⑤多　1 mm^2 内有 60~120 个,如桦木、拟赤杨、毛赤杨。

⑥甚多　1 mm^2 内多于 120 个,如黄杨木。

2.2.5.2 管孔的组合方式

管孔的组合是指相邻管孔的连接形式,常见的管孔组合有以下 4 种形式(图 2-6):

单管孔:指一个管孔周围完全被其他细胞(木纤维或薄壁细胞)隔开,不相互连接而单独存在,如壳斗科、黄檀、石楠、槭木等树种。

复管孔:指 2 个或 2 个以上的管孔紧靠在一起,连接处呈扁平状,好像一个管孔被分隔开的形态,如枫杨、毛白杨、红楠、椴树。常见的类型是径列复管孔,即管孔径向排列,在它们之间具有扁平的弦向壁。径列复管孔中管孔的数目不同,2 个以上至许多个,2~4 个为短径列,5 个以上为长径列。径列复管孔常见于秋枫和幌伞枫等树种,天料木属

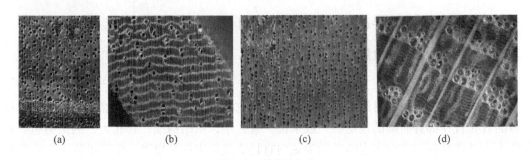

图 2-6 管孔的组合
(a)单管孔 (b)复管孔 (c)管孔链 (d)管孔团
(徐峰、刘红青,《木材比较鉴定图谱》,2016)

和安息香科树种几乎全为径列复管孔。

管孔链:数个单管孔沿着径向排列成一串呈链状,每个管孔仍保持原来的形状,如冬青属的一些树种的管孔。

管孔团:多数管孔(最少3个)聚集在一起,成一集团状的不规则组合。常见于桑树、榆树、榉树等树种的晚材带内。

在各种树种中,有的树种全部或者几乎全部都是单管孔,有的则不只是一种管孔的组合类型。更普遍的是具有2种或者2种以上的类型,以某一种类型为主,兼有另一类型。如槭树、苦楝等树木则以单管孔为主,同时又有径列复管孔,而苦楝还有管孔团的类型。

2.2.5.3 管孔的分布和排列

管孔在一个生长轮内,从轮始到轮末管孔的大小、分布和排列,因树种不同而异,对阔叶材的识别具有重要的意义。

(1) 管孔的分布类型

根据一个年轮内管孔的分布情况,阔叶树材一般可概括为环孔材、散孔材、半散孔材三大类型,如图 2-7 所示,这 3 种管孔的分布类型通常作为识别阔叶树材的第一个主要特征。

①环孔材 在一个生长轮内早材管孔明显大于晚材管孔,并沿年轮方向呈环状排列,

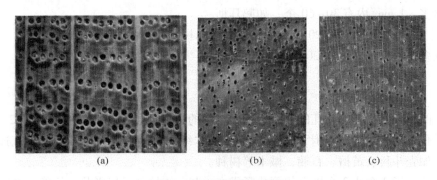

图 2-7 管孔的分布类型
(a)环孔材(柞木 *Quercus mongolica*) (b)散孔材(塔布四鞋木 *Tetraberlinlia tubmaniana*)
(c)半环孔材(山核桃 *Carya cathayensis*)
(徐峰、刘红青,《木材比较鉴定图谱》,2016)

有 1 至多列，如水曲柳、檫树、刺槐、栲树、黄檗、榆木等。

②散孔材　在一个生长轮内早材和晚材管孔大小无明显差异，分布均匀或比较均匀，这类木材管孔的直径大小因树种不同而异，管孔在全年轮中的分布多数呈星散状，亦有呈辐射状(如青冈栎)、切线状(如银桦)、交叉状(如桂花)等特殊形式分布的，如桦木、椴树、枫香、槭、杨、柳木、山龙眼、木兰、鹅掌楸、冬青、桢楠等树种。

③半散孔材　也称半环孔材，是上述 2 种类型之间的中间形式，指在一个生长轮内管孔分布介于环孔材和散孔材之间，即从早材至晚材的管孔逐渐变小，但早材开始部分的管孔略大，如枫杨、乌桕、香樟、核桃(胡桃)、核桃楸(胡桃楸)等。

在某些温带树种中，如壳斗科水青冈属树种的晚材中，最后形成的管孔比次年形成的早材管孔小得多，其管孔分布类型存在争议。在 IAWA 中认为其大多数生长轮的管孔直径或多或少是均匀的，该类型仍属于散孔材，而在《中国木材志》中将它列为半散孔材。

环孔材和半散材树的生长轮(年轮)显著，轮界线较易确定，散孔材的生长轮(年轮)不很明显，特别是生长在热带(或亚热带)地区的树种，有些则难以确定。在进行木材识别的时候，环孔材和散孔材很容易区分，而半散孔材的管孔分布介于中间，是一种过渡类型，在实际应用中具有一定的难度。需要注意的是，生长缓慢的环孔材其生长轮狭窄，只有很少的晚材，切勿将生长缓慢环孔材的密集早材带与管孔弦列相混淆，或者将这种木材描述为散孔材。

木材管孔的分布类型就木材构造特征来说其表现比较稳定，因而可以作为判定木材树种的依据或重要参考。实践经验表明，如果运用木材管孔式的类型作为编制木材检索表的基础，就可以为检索工作带来比较准确和方便的效果。

木材管孔的分布类型同时还反映了木材构造特点和材性之间的关系，这对合理利用和节约木材也是有着重要的意义。散孔材因其早、晚材管孔的大小无显著差异和在年轮内分布均匀或比较均匀，假若木射线不发达或影响很小，而可以不加考虑的话，那就这种散孔材在横纹受压时，其强度情况弦向和径向无明显差异。但是，如为典型的环孔材而木射线并不很发达，其强度情况则弦向大于径向。

木材的管孔排列还反映着植物亲缘关系和进化过程。例如，管孔分散的树种是较管孔成群结合的类型更原始，即散孔材较环孔材更原始。

(2)管孔的排列

管孔排列方式主要是针对环孔材中晚材部分的管孔和散孔材生长轮内管孔的观察分类，以便更好地识别木材。

①环孔材　在环孔材中早材管孔按径向列数的多少可分为：1 列(如刺楸)至数列(如檫木 2~4 列)；按弦向疏密程度可分为：密集(如刺槐)、稀疏(如树参)、连续(如锥栗)、不连续(如米槠)等。环孔材晚材管孔排列方式在木材识别时有重要价值，分为下列 4 类(图 2-8)。

星散型：晚材管孔多数单独分散，均匀或比较均匀地分布于年轮内，如白蜡、水曲柳、檫木等。

斜列型(倾斜型、丛聚型)：晚材管孔呈倾斜状排列或若干个相聚成丛，如刺槐、黄连木和朴树、臭椿等。

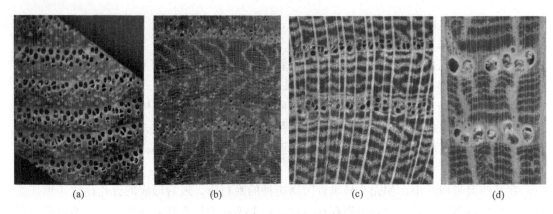

图 2-8　环孔材晚材管孔的排列方式

(a)星散型(水曲柳 *Fraxinus mandschurica*)　(b)倾斜型(化香 *Platycarya strobilacea*)
(c)弦列型(美洲朴 *Celtis occidentalis*)　(d)径列型(栎木 *Quercus alba*)

(徐峰、刘红青,《木材比较鉴定图谱》,2016;《insidewood》)

弦列型:晚材管孔在晚材带呈短切线状排列,如刺楸、榆木等。

径列型:晚材管孔单行或多行径向排列,辐射状,如栓皮栎、辽东栎和麻栎等。

②散孔材　管孔在散孔材中的排列方式有 4 种类型,如图 2-9 所示。

分散型:生长轮内的管孔基本上是单独分散或少数为 2 个连接呈均匀或比较均匀地分散排列。分散型的树种在散孔材中是最多的。如散孔材中的红桦、旱柳、椴木、悬铃木和泡花树等。

斜列型:管孔多数呈几个相结合成集团状的倾斜排列分布于生长轮内,如木兰、楠木等。

弦列型:管孔呈弦向排列,与年轮方向平行,如银桦、山龙眼等。

径列型:管孔多数为径向排列,如鹅耳枥、千金榆和毛白杨等。

管孔的大小和数量有密切关系,一般管孔大,则数量少,管孔小,则数量多。管孔数目的测计限于分布均匀的散孔材及环孔材的晚材带进行;如遇复管孔时则按构成复管孔的

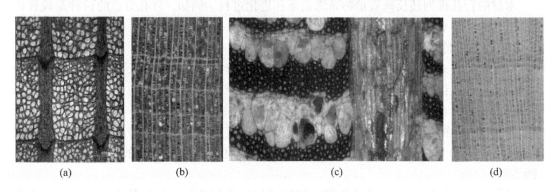

图 2-9　散孔材管孔的排列方式

(a)分散型(悬铃木 *Platanus occidentalis*)　(b)斜列型(木兰 *Magnolia virginiana*)
(c)弦列型(山龙眼 *Banksia integrifolia*)　(d)径列型(鹅耳枥 *Carpinus betulus*)

(图片引自 insidewood)

实际管孔数计算。计算管孔的数目是在横切面上计算 1 mm² 内的管孔数；管孔数目的多少，往往体现了一个科、属树种的特征，但这一特征在木材识别上应用比较少。

2.2.5.4 管孔的内含物

管孔的内含物是指在管孔内存在的侵填体、树胶以及一些无定形沉积物。这些物质是由于导管内压力降低，相邻接的木射线、轴向薄壁组织的原生质，在纹孔膜的包被下通过壁上的纹孔挤入导管腔而形成的。

(1) 侵填体

侵填体是在某些阔叶环孔材中，如刺槐、麻栎、榉木、檫木等心材管孔中常出现的一种泡状填充物，来源于邻近的射线或轴向薄壁组织细胞，通过导管管壁的纹孔腔，局部或全部地将导管堵住。导管腔内没有侵填体的木材称为开孔材，如红栎；导管腔内充满侵填体的木材称为闭孔材，如白栎。

许多木材中，紧靠着导管轴向的和射线的薄壁组织细胞，在导管变得不活动以后，可经过纹孔腔形成突起，充满在导管的腔内，这种突入生长的结构称为侵填体。侵填体在导管已成熟，内容物消失以后，紧靠导管的射线细胞（薄壁细胞），沉积形成了一种含有疏松的纤丝、多糖和果胶质的保护层，将导管封闭。这时纹孔膜被酶解消失。这种非木质化的保护层通过纹孔突入导管，并不断增长，在导管腔内形成了囊状膨胀的侵填体（图 2-10）。随后，射线细胞的细胞核和部分细胞质都移入到侵填体。侵填体贮有后含物，并可发育出次生壁，或甚至于分化成石细胞。

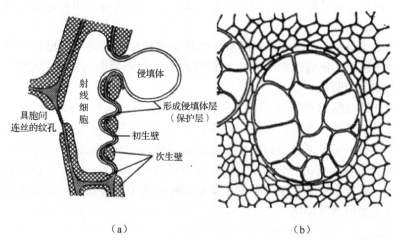

图 2-10 侵填体

(a) 侵填体的形成　(b) 横切面导管中的侵填体

(李正理、张新英，《植物解剖学》，1983)

侵填体的有无或多少在木材识别上具有重要作用，特别在同属木材间。如麻栎和栓皮栎木材很难区别，前者心材具有发达的侵填体，后者心材则常缺乏或偶有少量侵填体。一些不同属而宏观特征相似的木材，如刺槐和檫木，前者心、边材管孔几乎全为侵填体所堵塞，檫木则不然，仅心材导管内具发达的侵填体。美国将其栎木分为两大类——红栎和白栎,其唯一的依据就是导管内有无侵填体。

侵填体充塞了导管,减低了木材的透性,在木材防腐处理、工艺加工和木材利用上也具有一定意义。如过去做酒桶、水桶等选用具有侵填体的麻栎(欧洲称为橡木酒桶),而不选用无侵填体的栓皮栎。因为侵填体多的木材,管孔被堵塞,降低了气体和液体在木材中的渗透性。由此可知,具有侵填体的木材是难以进行浸渍处理的,增加了木材干燥和防腐的困难,但其耐久性能也比不具侵填体的木材显著提高。此外,它们在心材和创伤边材以及受病害时,都可阻塞导管,防止病情的扩大。

检查侵填体的有无应在良好的光线下进行,观察侵填体应在劈开面上进行,其效果比刨光的材面好,如栗木和刺槐等效果显著。还有最简便的方法就是用嘴对木材端进行(纵向)吹气,如侵填体发达的刺槐心材,长仅 3 cm 的短木吹气也不透。相反,如桉木等无侵填体的心材,虽材长数尺,吹气还是可透的。

(2)树胶和其他沉积物

有些阔叶树材的导管内存在树胶、矿物质或其他沉积物,这些物质不像侵填体那样有光泽,呈不规则的暗褐色点状或块状填充在导管内。树胶呈褐色或红褐色胶块状,光泽弱或无光泽,如苦楝、红椿等。热带木材导管中常具白垩质沉淀物,如桃花心木(*Swietenia mahagoni*)、柚木(*Tectona grandis*)等,这些特征在木材的鉴别中都有一定的作用。

2.2.6 轴向薄壁组织

薄壁组织是储存养分的生活细胞,随着边材向心材的转化,生活功能逐渐衰退,最终死亡。存在于韧皮部的薄壁组织称韧皮薄壁组织;木材薄壁组织通常分轴向薄壁组织和径向薄壁组织(木射线)。

轴向薄壁组织是指由形成层纺锤状原始细胞分裂所形成的薄壁细胞群,即由沿树轴方向排列的薄壁细胞所构成的组织。在木材横切面上,轴向薄壁组织较其他组织的颜色浅,如果用水湿润则更为明显。

薄壁组织在针叶树材中不发达(约占木材体积的 1%)或根本没有,仅在杉木、陆均松、柏木、冷杉、罗汉松等少数树种中存在;因含有深色树脂,所以叫作树脂细胞,但肉眼和放大镜下通常不易辨别;呈褐色小斑点,有时排列成不规则的带状。

多数阔叶材有较丰富的轴向薄壁组织,占木材体积的 2%~15%。在横切面上呈现各种类型的分布,其分布形态和量的多少是识别阔叶材的主要特征之一;树木进化程度高的树种含有较多的轴向薄壁细胞。

2.2.6.1 明显度

根据木材中轴向薄壁组织的量的多少和明显程度,可分为:不发达,在放大镜下不见或不明显,如针叶材和桦木、木荷、枫香、母生、冬青等树种;发达,肉眼或放大镜下可见或明显,如枫杨、乌桕、香樟、柿树等;很发达,肉眼下可见或明显,如泡桐、黄檀、麻栎、梧桐、铁刀木等。

2.2.6.2 轴向薄壁组织类型

根据横切面上轴向薄壁组织与管孔的连生情况,将轴向薄壁组织分为离管型和傍管型两大类型。

(1) 离管型

离管薄壁组织是指薄壁组织和导管之间夹有其他组织，使多数薄壁组织基本上离开导管而不与管孔相连，一般在宏观观察中分为以下4种类型，如图2-11所示。

①星散状　轴向薄壁组织量少而分散，在木纤维之间不规则分布，肉眼下一般不见，只有在显微镜下才能看到，如梨木、枫香、木荷等树种。

②切线状(星散聚合状)　轴向薄壁组织几个或单行弦向相连，肉眼或放大镜下呈浅色短线，如枫杨、栎木、核桃。根据弦线的长短、间距，可进一步细分为短切线状(如麻栎)和网状(如柿树)。

③轮界状　轴向薄壁组织呈浅色细线位于两个年轮交界的轮界线处，肉眼下略明晰。存在于年轮起点称为轮始，如柚木；存在于年轮终点称为轮末，如木兰、杨木等。

④离管带状　轴向薄壁组织相连成与生长轮相平行的同心带状或宽线状排列，肉眼下略明显，如黄檀、花榈木等。

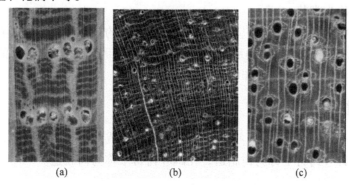

图 2-11　离管型薄壁组织类型

(a)切线状　(b)离管带状　(c)轮界状

(图片引自 insidewood)

(2) 傍管型

从木材的横切面观察，傍管型轴向薄壁组织是薄壁组织围绕在管孔周围，即与管孔连生。根据其形态又可分为以下5种类型，如图2-12所示。

①稀疏环管状　轴向薄壁组织星散环绕于管孔周围或依附于导管一侧，在肉眼下不明显，如拟赤杨、枫杨、核桃和七叶树等。

②环管束状　轴向薄壁组织紧围管孔成一圆圈，宏观下在管孔周围呈一浅色环，如香樟、楠木、檫木和白蜡等。

③翼状　轴向薄壁组织围绕管孔周围并向两侧延伸，形似眼睛或鸟翼，如泡桐、檫木、臭椿和合欢等。

④聚翼状　翼状轴向薄壁组织相互弦向连接在一起，而成不规则形状。如刺槐、泡桐、皂荚、红豆树等。

⑤傍管带状　轴向薄壁组织聚集呈与年轮平行的弦向宽带或窄带状，如花榈木、榕树、铁刀木、黄檀等。有些树种的轴向薄壁组织不易分清是傍管带状或是离管带状，或两

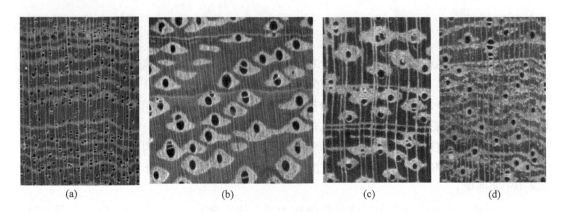

图 2-12　傍管型薄壁组织类型
(a)环管束状和带状　(b)翼状　(c)聚翼状　(d)傍管带状
(徐峰、刘红青,《木材比较鉴定图谱》,2016)

者都有,则可统称为带状。

在各种树种中,轴向薄壁组织与管孔组合一样,有的只有1种类型,有的则有2种或2种以上的类型,一般以某一种类型为主兼有另一类型。但在每个树种中的分布情况是有规律的,如麻栎具有离管切线状和傍管环管束状。

2.2.7　胞间道

胞间道是木材中的一种组织,是由分泌细胞环绕而成的狭长细胞间隙,是树脂道和树胶道的统称。在针叶树材中称为树脂道,在阔叶树材中称为树胶道。

2.2.7.1　树脂道

某些针叶材的胞间道中充满树脂,故称树脂道。树脂道一般分布于晚材或早、晚材带交界处,常星散排列;在木材的纵切面上,树脂道呈现为深色短线条。大的树脂道在肉眼下明晰可见,小的在放大镜下可见。具有树脂道的针叶树材又称为有脂材,相对而言不具备树脂道的针叶树材则叫作无脂材。

针叶材中,树脂道常见于松属、落叶松属、云杉属、黄杉属、银杉属和油杉属等6属木材中。根据树脂道在树干中的分布,树脂道分为轴向树脂道和横向树脂道。

(1)轴向树脂道和径向树脂道

轴向树脂道(纵向树脂道)在横切面上为浅色小点,或氧化后转为深色,大的似针眼,多见于晚材,一般星散分布,间或也有切线状分布的,如云杉。在纵切面上,呈深色纵向的线条状。径向树脂道(也称横向树脂道)出现在纺锤形木射线中,非常细小,在木材弦切面上呈褐色小点,肉眼下不易见。在木材识别中,通常所说的树脂道,是指轴向树脂道。径向树脂道因仅存在于横行的木射线中央,故只能在纵切面才可观察到。由于可见的概率小,所以在宏观识别木材时很少应用。

轴向树脂道与树干平行,而径向树脂道分布于木射线中,有些树种只有一种,而有些树种两者兼有。在上述6属木材中,只有油杉属没有径向树脂道,其他5属两者兼有,是正常的生理机能。轴向、径向树脂道常常相贯通形成树木体内的树脂道网络，所以采割松脂时，树脂可以自然流出。

(2) 正常树脂道和创伤树脂道

根据树脂道的发生情况，树脂道有正常树脂道与创伤树脂道之分，如图 2-13 所示。正常树脂道是一种充满着树脂的小沟槽，在木材横切面上观察，一般为灰白色或浅色(新鲜材面)，也有呈浅褐色(旧的切面)的小点。树脂在秋季形成，所以正常树脂道在年轮内多见于晚材或晚材附近，呈星散分布。

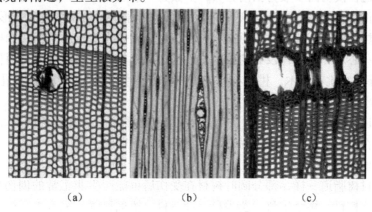

(a)　　　　　　　　(b)　　　　　　　　(c)

图 2-13　树脂道的类型

(a) 轴向树脂道(*Pinus monticola*)　(b) 径向树脂道(*Pinus monticola*)　(c) 创伤树脂道(*Cedrus libani*)

(图片引自 Insidewood)

具有正常树脂道的树种多见于松科 6 属，其中松属木材的树脂道形体大、数量多，如马尾松、华南五针松、南亚松、海南五针松等木材，可采割松脂；落叶松属次之，数量亦少；云杉属和黄杉属更小更少；油杉属仅具轴向树脂道，而没有径向树脂道，且极稀少。所以，树脂道也是这 6 个属的一个重要分类特征。

创伤树脂道(也称受伤树脂道或不正常树脂道)是在树木生长过程中，受机械损伤、菌类侵染、干旱、火灾等影响而形成的树脂道，也有轴向和径向之分。轴向创伤树脂道在横切面上常常由 3 个以上的树脂道呈连续的弦向短线状排列，它与正常树脂道的部位不同，多位于早材。创伤树脂道可以发生在有正常树脂道的树种中，也会发生在一些无正常树脂道的树种中，如雪松属、冷杉属、铁杉属、雪松属等树种本无树脂道，但在其受气候因子影响或损伤后可生成创伤树脂道。二者区别在于创伤树脂道形体较大，常数个连接在一起呈弦向排列。

具有正常树脂道的针叶树，树脂道是其木材的正常结构特征。因此，可据其有无、多少、大小来区分针叶树材，在针叶树材的识别上具十分重要的意义。而树脂道在木材利用方面则是兼有利弊。例如，树脂道的存在，可用活树采取松脂；同时由于树脂道的存在，木材(如马尾松、油松等)易于燃烧且热力较高。另一方面，木材由于树脂的存在对油漆较为不利，用松脂较多的木材(如马尾松、油松等)制作家具和用具，遇热较易发生"出油"(溢脂)现象。

2.2.7.2 树胶道

在某些阔叶材树种的木材中，储藏树胶或油类物质的胞间道，称为树胶道。根据来源和分布，树胶道也有轴向、径向及正常、创伤树胶道之分，在同一树种中极少兼有纵、横两种树胶道。

(1) 轴向树胶道

轴向树胶道在横切面多数为弦向分布，少数为单独星散分布，树胶道由于形体小而易与管孔相混。正常轴向树胶道为龙脑香科或豆目（即苏木科、含羞草科和蝶形花科）某些树种的特征，对热带树种有特征性的意义，而且在识别上也有一定的价值。如柳叶桉常具有树胶道，而桃花心木和卡雅楝没有树胶道，而这3种木材的商品名称人们通俗地都叫桃花心木（柳桉叫菲律宾桃花心木、桃花心木叫美洲桃花心木、卡雅楝叫非洲桃花心木）。

(2) 径向树胶道

径向树胶道常见于漆树科（漆树、黄连木等）、橄榄科、五加科的鸭脚木（鹅掌柴）等木材中，一般在肉眼或放大镜下不易看见，在显微镜下明晰。

(3) 创伤树胶道

同针叶树材树脂道一样，部分阔叶树材在受伤后也能产生非正常的创伤树胶道，常存在于金缕梅科、楝科、桃金娘科、芸香科、杜英科、梧桐科等，枫香、木棉、猴欢喜等树种可具有轴向受伤树胶道，在横切面上呈长弦线状排列，肉眼下易见。

2.3 木材的次要宏观特征

识别木材除了观察其主要的宏观构造特征之外，还可以通过看、嗅、尝、触等方法观察木材的非构造特征，为木材的识别提供参考。如颜色、光泽、重量、硬度、结构、纹理、花纹、气味、滋味、髓斑等，这些木材的非构造性特征是木材的次要特征，一般称为辅助特征。

2.3.1 颜色和光泽

(1) 颜色

木材的颜色称为材色。木材细胞壁的主要结构和成分本身无明显的颜色，但因木材细胞腔中沉积的内含物（如色素、单宁、树脂、树胶及油脂等）渗透到细胞壁中，致使木材呈现各种颜色。如松木为鹅黄色至略带红褐色；红豆杉为紫红色；桧木为鲜红色而略带褐色；楝木为浅红褐色；香椿木为鲜红褐色；漆木为黄绿色；云杉、樟子松、杨等为白色至黄白色，等等。材色反映了树种的特征，对木材识别具有重要的意义，尤其是心材树种的心材颜色更为重要。

树木生长初期的颜色较浅，经过一定时期后，慢慢形成心材后颜色变深。同一树种不同的立地条件、不同的类型及不同的部位，材色也是不同的。健康生长的正常木材色浅，而一些受压木的材色较深，如云杉（正常）木材色浅，而云杉的应压木则材色较深（浅褐色）。

材色常因木材的干湿、有无缺陷、风化和氧化时间的长短而发生变化，变异性较大。如厚皮香新伐材呈黄色，久之变红色；黄杞刚采伐时横切面呈黄色，干燥后变为灰褐色；花榈木心材刚锯开时呈鲜红褐色，久之变为暗红褐色。木材的颜色遭受变色菌的侵蚀后产生改变，产生青变、红斑和杂斑等，如马尾松边材常为青变，水青冈变为淡黄色，桦木变为淡红褐色。正常木材的颜色和非正常木材的颜色，其区别的基本特点是前者色调均匀而有规律，后者则不均匀和不规则，两者容易区别。

材色深的木材比较耐腐，材色浅的木材容易腐朽但用于造纸效果较好。产生于木材中各种颜色的色素能够溶解于水或有机溶剂中，通过处理可从中提取各种颜色的染料，用于纺织或其他化学工业，增加其利用价值。在现代建筑和室内装饰中，根据各种树种悦目的材色对人类视觉产生的优良感观效果，直接用作室内装饰和制作工艺美术品及家具，可产生良好的装饰效果。一些脱色、漂白处理的木材，可用于造纸等轻工业。

在生产现场用肉眼识别木材的实际工作中，材色仍是一种识别木材的有效特征，如翻白叶和几种柿木都具有波痕这一特征，但翻白叶的材色为浅红褐至红褐色，日久则材色变浅；柿木呈黄褐或黄褐微红或者浅红褐色，常夹杂黑色条纹（部分树种心材为黑色）。根据波痕和木材的颜色很快就把它们区别出来。

实践经验表明，材色的辨认及其运用是木材鉴定中普遍存在的困惑，主要是因为每个人的认识和判别常不一致，所以在依据材色识别木材时除了根据经验以外，应以气干材新切面为准，并尽量参考木材的原色照片作为色谱，以材色特征在木材鉴定中充分发挥其作用。

(2) 光泽

木材的光泽是材面（纵切面）对光线吸收和反射的结果，即材面对光线反射的光亮度。凡对光线反射能力强的，材面就光亮悦目，反之则暗淡无光。随着树种的不同，木材对光线的反射能力也不相同，如柳杉的光泽强，杉木的光泽较弱；云杉和冷杉构造上很相似，但云杉有绢丝光泽，而冷杉材面光泽较淡。因此，光泽也可以作为识别木材的一种辅助特征。

光泽的强弱与心材渗透物的性质、与光线射至板面上的角度、木材的切面都有一定的关系。如具有侵填体的檫木心材常有较强的光泽；通常径切面的光泽较弦切面强，因为径切面上具有许多反光的射线斑纹；另外，油性物质较多的心材，其光泽会减弱，而木材在腐朽阶段时也会失掉光泽。

木材表面的光泽会因长期暴露在空气中或真菌侵染的影响而减弱乃至消失，前者仅限于表面，后者可能会深入内部。因此，观察木材的光泽，应以新刨切的正常木材纵切面为准。

2.3.2 气味和滋味

木材本身无滋无味，但因木材细胞内含有树脂、树胶、单宁、挥发性油类及其他化学物质，使木材有一种特殊的气味和滋味，可作为识别木材树种的一种特征。如松木有清香的松脂气味；柏木、侧柏、圆柏（Sabina）等有柏木香；杉木有杉木香气；香樟有樟脑气味；栎木有涩味；黄连木有苦味等。

但木材的气味和木材的颜色一样,变化也比较大,每个人的感觉不一样,特别是在空气中堆放很久的木材,表面上的气味会消失。所以在鉴定其有无气味时,要以新切削面闻得的气味为准。

木材的气味不仅在识别木材方面具有意义,而且在利用方面也有一定的意义,如用樟木制作衣箱、书柜有防虫的效果,樟木也是提取樟油或樟脑的原料。檀香木具有馥郁的香味,可制作玩具、雕刻品、扇子及其他装饰品,而且蒸馏檀香木材可得檀香油,也是制造肥皂(俗称檀香皂)和制药工业方面的珍贵原料。海南特产的降香黄檀(海南黄花梨)材质优良,具有名贵香气,是世界上最贵的木材之一。但从另一方面说,木材的气味也为其利用带来了一定的局限性,如樟木等具有气味的木材,就不宜作储藏食物或饮料的盛器或容器,如茶叶桶、米箱、水桶、酒桶和油桶等。

木材的特殊滋味,是由于木材的细胞里含有可溶性的物质,有些木材具苦味和涩味,如苦梓、苦木、黄连木都有苦味,板栗和栎木有涩味。这些物质沉淀或积聚于木材细胞内或细胞壁上,但和木材细胞的结构无关。如栎木和栗木的涩味便是由于木材细胞内所含的鞣质(单宁)所造成的,如将木材的鞣质用水浸提,木材便不再有涩味。

木材的气味和滋味一般是新伐倒的木材味道较干材显著,边材部分较心材部分显著,这可能是木材细胞内的有味物质成溶液状态而存在于边材所致。因此木材内多数的有味物质是可以用水作为溶液进行抽提的。但是,对于树木这个大家族来说,只有少数树种有味道。

2.3.3 纹理、结构和花纹

(1)结构

木材结构是指组成木材的各种细胞的大小和差异程度。针叶树材结构以管胞弦向平均直径、早晚材变化缓急、晚材带大小、空隙率大小等表示。晚材带小、缓变,如竹叶松、竹柏等木材结构细致,叫细结构;晚材带大、急变的木材,如马尾松、落叶松等木材粗糙,叫粗结构。针叶材结构分级如下:

①很细　晚材带小,早材至晚材渐变,射线细而不见,材质致密,如柏木、红豆杉等。

②细　晚材带小,早材至晚材渐变,射线细而可见,材质较松,如杉木、竹柏等。

③中　晚材带小,早材至晚材渐变或急变,射线细而可见,材质疏松,如铁杉、福建柏、黄山松等。

④粗　晚材带小,早材至晚材急变,树脂道直径小,如广东松、落叶松等。

⑤很粗　晚材带大,早材至晚材急变,树脂道直径大,如湿地松、火炬松等。

阔叶树材结构以导管的弦向平均直径和数目、射线的大小等来表示。细胞大则为结构粗糙,如泡桐等;细胞小则为结构细致,材质致密,如桦木、椴木、槭木;细胞大小一致则为结构均匀,如阔叶材中的散孔材;细胞大小差异明显则为结构不均匀,如阔叶材中的环孔材。阔叶树材结构分级如下:

①很细　管孔在肉眼下不可见,在10倍放大镜下略见,射线很细或细,如卫矛等。

②细　管孔在肉眼下不可见,在10倍放大镜下明显,射线细,如冬青、槭木。

③中　管孔在肉眼下略可见，射线细，如桦木。

④粗　管孔在肉眼下明显，射线细，如樟木；管孔在肉眼下不可见或可见，射线宽，如水青冈。

⑤甚粗　管孔在肉眼下很明显，射线细，如红锥；管孔大，射线宽，如水曲柳、青冈。

（2）纹理

木材纹理简称木纹，指木材纵向组织（管胞、纤维、导管等）的排列方向，木材的纹理从径向劈开的木材或者剥了树皮的原木很容易观察。可分为以下三大类（图2-14）：

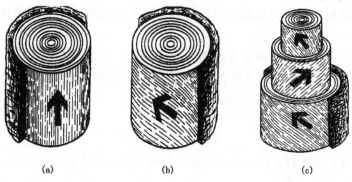

图 2-14　木材纹理
(a)直纹理　(b)斜纹理　(c)交错纹理
(徐有明，《木材学》，2006)

①直纹理　排列方向与树干基本平行，如红松、杉木和榆木等，这类木材强度高、易加工，但花纹简单。

②斜纹理　木材的纵向组织与树干轴向成一定角度，排列方向与树干不平行，如圆柏、枫香和香樟等。

③交错纹理　树木在生长过程中，纵向组织排列方向错乱，左螺旋纹理与右螺旋纹理分层交错缠绕，在其径向锯板上出现带状花纹，在针叶材上较罕见，常见于枫香、桉属、榕属等。交错纹理材在劈裂时出现与一般的木材性质相反的表现，即弦劈较为容易，而一般的木材是径劈更容易。

交错纹理和斜纹理木材会降低木材的强度，也不易加工，刨削面不光滑，容易起毛刺。但这些纹理不规则的木材能够刨切出美丽的花纹，用它做细木工制品的贴面、镶边，涂上清漆，可保持本来的花纹和材色，有天然独特的装饰效果。

（3）花纹

广义来说，材面上任何图样或特殊斑纹都叫花纹。狭义上木材花纹与木材构造有密切关系，指年轮、管孔、管线、木射线、轴向薄壁组织、材色、节子、纹理等所产生的各种图案。花纹是各种组织排列情况的反映，也是木纹性质的标志，并可作为装饰材，使木制品更美观。木材的花纹，一般分为以下几个类型：

①"V"形花纹　在原木的弦切面或旋切单板上，由于生长轮早、晚材带管孔大小不同或材色不同，形成"V"形花纹，如槐等。

②银光花纹　具有宽木射线或聚合木射线的树种，在径切面上由于宽木射线斑纹受反射光的影响而显示的花纹，如水青冈、栎木、山龙眼等。

③鸟眼花纹　原木局部的凹陷形成圆锥形，其图案近似鸟眼，称鸟眼花纹。

④树瘤花纹　树瘤是树木的休眠芽受伤或其他原因不再发育，或由病菌寄生在树干上形成的圆球形凸出物，木纹曲折交织，多见于核桃木、榆木和桦木等。

⑤树丫花纹　枝丫的薄木花纹由于木材细胞排列相互成一定角度近似鱼骨，故又称鱼骨花纹。

⑥虎皮花纹　由具有波浪状或皱状纹斑而形成的花纹。如槭木的径切面呈现虎皮花纹，因经常选择这种木材作为乐器用材，故而又称琴背花纹，这些花纹具有高度的装饰价值。

⑦带状花纹　由于木材中的色素物质分布不均匀，在木材上形成许多颜色不同的条带。如香樟，其木材经常出现红色或者紫红色的条带；降香黄檀的材色分布不均匀，也会在材面上出现不规则的材色深浅不同的条带。

2.3.4　材表特征

原木剥去树皮后的木材表面，称为材表。各种木材构造特征在材表上的有所反映，不同树种的木材常具有独自的材表特征，并有一定规律，容易掌握，有助于木材原木识别。

①平滑　材表饱满光滑。多数树种属于平滑，如山茶科、木兰科的一些树种，特别是大部分针叶树材，如杉木、红松等。

②槽棱　是由宽木射线折断时形成的。宽木射线如果在木质部折断，材表上出现凹痕，呈槽沟状；如果在韧皮部折断，则在材表上形成棱，如石栎属、青冈属、鹅耳枥属等树种。

③棱条　由于树皮厚薄不均，树干增大过程中受树皮的压力不平衡，材表上呈粗大的半圆形突起条纹，称棱条。横断面树皮呈多边形或波浪形的材表上可以见到棱条。

④网纹　木射线的宽度略相等，且为宽或中等木射线，排列较均匀紧密，其规律形如网格的称为网纹，如山龙眼、水青冈、密花树等。

⑤灯纱纹（细纱纹）　细木射线在材身上较规则的排列，呈现形如气灯纱罩的纱纹，称为灯纱纹或细纱纹，如冬青、猴欢喜、八角枫、鸭脚木（鹅掌柴）等。

⑥波痕　木射线或其他组织（如薄壁组织）在材身上作规律的并列（迭生），整齐地排列在材身的同一水平面上，与木纹相垂直的细线条，称为波痕或叫叠生构造，如柿木、梧桐、黄檀等。

⑦条纹　材身上具有明显凸起的纵向细线条，称为条纹，又称细枝，常见于阔叶材中的环孔材和半散孔材，如甜槠、山槐等。

⑧尖刺　由不发育的短枝或休眠芽在材身上形成的刺，称为尖刺，如皂荚、柞木等。

2.3.5　重量、硬度

木材的重量和硬度属于木材物理、力学性质的范畴，但通常情况下，也可用于鉴别某些外貌特征相似的木材。木材的重量与硬度二者是相互联系的，一般木材重量大的，木材的硬度也相应的高,重量较轻的木材质地则松软。如梨木和赤杨在材色、木纹和细致度等外貌特征方面都很相似,但梨木重硬而赤杨比较轻软;红桦和香桦的外部特征很相近,但香桦硬而重,红桦较轻且软。因此,木材的重量和硬度可用于木材的识别,一般分为以下3类:

①轻-软木材　气干密度小于 0.5 g/cm³,端面硬度在 5000N 以下的木材,如泡桐、鸡毛松、杉木等。

②中等木材　气干密度 0.5~0.8 g/cm³,端面硬度 5001~10000N 的木材,如枫桦等。

③重-硬木材　气干密度大于 0.8 g/cm³,端面硬度在 10000N 以上的木材,如蚬木、荔枝。

木材的硬度是指木材抵抗另外一个固体穿入的能力。严格地说,要对木材硬度进行精确判断,须用力学试验机测定。现场对木材进行识别与鉴定时,可用指甲或小刀刻划而大致确定木材的硬度,软木材可划出深痕,硬木材无划痕或不显著,而中等硬度的木材常出现浅痕。如椴木、杨木材质较软,而麻栎、蚬木质地坚硬。

2.3.6　髓斑

髓斑指木材横切面上常见到一些不规则的浅色或深色的月牙状斑点,在纵切面上为深褐色的粗短条纹。髓斑不是木材的正常构造,由形成层遭昆虫(如潜叶蝇幼虫)危害后受伤处形成的愈伤组织构成,并逐渐为新生的木质部所包围,从而留下了锈色痕迹,常见于杉木、柏木、桦木等树种。

髓斑本身强度很低,对木材来说会降低木材的强度性质,但因髓斑很小,所以对一般的用途来说影响较小而被允许,但对航空或仪器用材或其他严格要求材质的用途来说,髓斑被视为木材缺陷而加以限制。同时,大量的髓斑出现于木材的板材上也会降低板材的品质等级。

由于髓斑是昆虫危害树木的结果,因而局部组织出现细胞紊乱的现象,也就是部分组织的异常。但常发生在某些特定的树种中,如杉木、柏木、桦木、椴木、枫杨、槭、柳、樱属等,因而在木材识别上有参考意义。

有些树种的立木受伤后,在木质部出现各种颜色的斑块,称为色斑。如交让木受伤后形成紫红色斑块,泡桐受伤后形成蓝色斑块。

2.3.7　其他特征

(1)内含韧皮部

一般情况下,在树木生长时,形成层向内分生木质部,向外分生韧皮部。但是,在某些阔叶树木材的次生木质部中具有韧皮束或韧皮层,称为内含韧皮部。它主要存在于热带树种中,为识别热带材的特征之一。

较常见的内含韧皮部分布类型是多孔型,又称为岛屿型,形成层在树木的直径生长中一直活动,而木质部中包藏着韧皮束,多见于沉香属、紫茉莉属的木材中。

内含韧皮部在形成后的相当长时间内具有功能,如生长在沙漠的藜科多年生植物,它们的内含韧皮部连接系统对它们适应于干旱环境具有重要价值,尤其是该科植物的内含韧皮部可以存活多年，即使在茎外组织大部分干掉后仍然能为植株提供营养。

(2) 油细胞或黏液细胞

油细胞或黏液细胞是指双子叶植物材的射线或轴向薄壁组织中的一种特殊细胞，含有油质或黏液，较薄壁组织中的其他细胞的形体特别膨大，呈椭圆形或圆形。此两种特殊细胞除内含物不同外，形态相似，在未经化学成分分析前，很难判断是含油质或是胶质，因此，在应用上两者同时并称。

油细胞或黏液细胞多见于樟科、木兰科、白桂皮科、莲叶桐科、肉豆蔻科、千屈菜科、番荔枝科的一些木材。有的树种特别显著，如广东钓樟新削的横切面上，在肉眼或放大镜下呈黄绿色斑点；刨花润楠、绒楠的木材刨薄片浸水，得到的无色透明黏液就是来源于木材中的黏液细胞。含黏液细胞多的木材，在锯伐时，其锯屑常黏成团状，影响加工进程。在纤维板生产中，当木片蒸煮进入磨盘磨浆时，黏液溢出与木片黏连，致磨盘无法正常转动，导致生产停止。因此，含黏液细胞多的木材，不能单一作纤维板的原材料，而必须与其他不含黏液细胞的原料混合使用。

含油细胞多的木材，如香樟的干材、锯材、枝材以及叶，均可提取香精油，樟脑等，供工业使用。同时，凡含油细胞多的木材，不易被虫蛀和木腐菌危害，其天然耐久性强。此类木材做家具不仅具香气，而且防虫蛀，但不能做茶叶盒或其他食品容器。

2.4 树皮的宏观构造特征

树皮一般占整株树木体积的7%~20%。由于不同植物木栓形成层的发生、分布及树皮组成成分的积累情况不同，树皮常表现出不同的形态。树皮的颜色、形态、厚度、端面结构和质地等，对识别原木具有重要的参考意义。

2.4.1 外树皮

外树皮是在树干或树枝的外面，或一块块从树枝上落下来的部分，实为木栓层及木栓层以外的枯死部分。包括新生的木栓层到木栓层外方的枯死细胞部分，这一部分的细胞全为死细胞，质地硬而干，所以又叫硬树皮、干树皮、死树皮。

外树皮的颜色、外观形态、厚度、质地、气味、滋味以及剥落等情况，对于原木的识别具有重要参考价值。

2.4.1.1 颜色

树皮表面的颜色也因树种而异，多以灰褐色或暗褐色为主，但随树种、树龄、部位等不同而有所差异。有的树种的树皮颜色能比较有规律地反映树种的特点，常见的颜色有灰白色，如白桦、白皮松、白檀等；灰绿色，如悬铃木；灰褐色，如刺槐、银杏；深灰色，如响叶杨；青灰色，如新疆杨；暗灰色，如钻天杨；青绿色，如梧桐、青榨槭等；黄褐色，如黄檀、黄樟；红褐色，如杉木、柳杉、红椿；黑褐色，如柿树等。也有些特殊颜色的树皮，如金黄色长白松、似獐子皮色的樟子松等。

树皮的颜色反映在老皮和嫩皮上，常区别明显，一般所说的树皮的颜色，通常是指老树皮的颜色。此外，一些树种树皮剥落前后颜色也有变化，如柠檬桉剥落前树皮为红褐色，剥落后则为粉白色；白桦树皮剥落前粉白色，剥落后为褐色。

2.4.1.2 形态

树皮根据外观形态，分为不开裂和开裂两大类。

(1) 不开裂

树干在直径生长过程中，从幼龄至老龄树皮始终不开裂。不开裂树皮又分为以下4种情况：

①光滑（或近光滑）　外树皮不粗糙，几乎见不到明显的皮孔和皮沟，手摸有光滑感，如紫薇、山茶、柠檬桉、冬青等树种。

②粗糙　树皮不开裂，但因有瘤状突起或大而密集的皮孔而显得粗糙，如朴属、青冈属、石栎属等树种。

③皱褶　树皮因收缩而形成纵向皱纹，但不开裂，如梧桐、铁冬青等。

④斑驳痕　系树皮脱落而留下的痕迹，如豹皮樟、广东琼楠、新木姜子等。

(2) 开裂

外皮随着木质部的直径生长，从外侧依次破坏而开裂。外树皮形态和开裂的方式，主要有以下几个类型：

①纵裂　树干在加粗过程中，多数树种的皮产生开裂现象，开裂的隙称为裂沟，无隙的部分为裂脊。根据裂沟的走向可分为以下3个类型：

——平行纵裂：外皮裂沟间几乎与树干平行，裂脊近等宽，如南酸枣、苦楝、椴木、粗榧、红椿等。

——交叉纵裂：外皮大部分裂沟突棱相互交叉，如白蜡、鹅掌楸、白榆和五角枫等。

——网状纵裂：外皮裂沟呈纵裂菱形并成网形，如刺槐和核桃等。

根据裂沟的深浅可分为以下3个类型：

——微裂：裂沟不明显，但又可见到浅的裂沟，如赤杨叶、深山含笑等。

——浅纵裂：浅沟状开裂，常不及树皮厚度1/3，或者深度不到5 mm，如野鸦椿等。

——深纵裂：外皮呈深沟状开裂常达到树皮厚度的1/3或者1/2，如檫木、柳树、樟树和小叶栎等。

②横裂　外皮呈横向开裂，如红桦、光皮桦和山樱桃等。

③纵横裂　也称块状裂，纵向裂沟与横向裂沟的宽度和深度均相等，近直角相交，裂脊形成不规则的方块状，如柿树、刺楸、栾树、豆梨、泡桐等。

④鳞片状裂　树皮的裂沟方向没有一定规则，裂片边缘常呈弧线形，形状呈鳞片状，如马尾松、刨花润楠、云杉等。

(3) 质地

质地指外皮的坚硬、松软和脆韧情况。根据外皮的质地可分为松软（如银杏、栓皮栎、黄檗、龙眼）、柔韧（如亮叶桦、福建山樱）、酥脆（如杜鹃、三角枫）、坚硬（如青冈栎、白榆、麻栎）等情况。

(4) 皮孔

皮孔是周皮形成时在原来气孔部位，由木栓形成层产生大量的疏松组织，即补充组织突破周皮，从而使树皮表面呈凸出状形成的，是在外皮形成后树体与外界环境进行气体交换的通道。宏观上，在光滑的树枝上或树皮表面的粗糙突起状的小裂孔，肉眼看上去是一些褐色或白色的圆形、椭圆形、方形、菱形、长条形等各种形状的突起的斑点。皮孔的颜色、形状、大小、数量及分布等因树种而异，所以可以根据皮孔对树木进行识别。

大多数针叶材的皮孔不明显，只有冷杉较多，且呈圆形；许多阔叶材的皮孔十分明显，多数树种的皮孔呈圆形或卵圆形，只有少数树种特殊。有的为圆形，如皂荚和岩栎等；有的为椭圆形，如泡桐和臭椿等；有的为横生或纺锤形，如光皮桦和吴茱萸等；有的为横列长线形，如白桦、红桦等；还有的为菱形或方形，如毛白杨和青榨槭。

不同树种其皮孔的大小、多少均有差异，樱桃有显著横生皮孔，红花荷具有数量多、绿豆大小的白色皮孔，山杨为纵列皮孔；白桦树皮上具横生棕黄色皮孔，长达 2cm；暴马丁香的枝条上皮孔灰白色，常有 2~4 个横向连接；臭冷杉树皮上具疣状皮孔，味道芳香，是其独有的特点。

(5) 剥落

在树木的生长中，外树皮的先开裂后脱落的过程叫作剥落。外皮的剥落方式和木栓形成层的排列方式有密切关系。因树皮像次生木质部的早材和晚材一样形成细胞大小不同的生长层，木栓组织的破坏发生在交界面上，如围绕着茎呈均匀的层次，则形成薄纸状剥落（桦木）。而柳杉、扁柏等在弦面排列的木栓形成层，由于在一定的间隔内相继有规则地产生，则形成纵向带状剥落。如木栓形成层局部产生不规则的重叠，而周皮却很均匀，则形成鳞片状剥落（鱼鳞云杉、马尾松、油松等）。通常针叶树材外树皮自然剥落较为普遍，阔叶树材外树皮的剥落不如针叶树材明显。

各种树木外树皮剥落的形态是不同的，一般表现为：

① 条状　因纤维较长，外皮脱落呈条状，长度数倍于宽度，如杉木、柏木和红豆杉等。

② 块状　脱落外皮呈块状，长度与宽度基本相等，如柿树、黄山松。

③ 鳞片状　脱落外皮形状不规则，有如鳞片，如松科树种和肉桂。

④ 纸片状　脱落外皮很薄，似纸片，如楠木、梭罗树、桦木。

⑤ 条片状　外皮呈长而宽的片状脱落，如黄连木、黄檀等。

⑥ 刺突　在不同树木的树皮上的刺突，对于原木的识别有着特别的意义。如皂荚和椤木石楠外皮具细长的枝刺，刺楸、楤木等在树皮的表面有鼓钉形皮刺，这是树木不发育的叶子所形成的刺状物；在石栎、青冈等树木的表面有瘤状突起，形成许多高低大小不一的坚硬小瘤。

2.4.2　内树皮

树皮中位于内侧由韧皮部到木栓形成层这一段树皮叫内树皮，因含有皮层、栓内层等生活组织，也叫活树皮。同时，内树皮也是树木储藏养分的场所，也是向下运输有机养分的通道，因含水量较高且质地较软，又叫软树皮。

(1) 颜色

内树皮因受外树皮的保护，颜色比较简单和少变，常以乳白色、红、黄褐色为主，剥离后一般为褐色；兼有红、黄、棕、白等色，如灰红色的红椿，棕黄色的红楠，黄白色的枫杨等。

(2) 质地

韧皮纤维是极长的厚壁组织。如红杉的长达 6~8 mm、两端渐尖呈纺锤状的厚壁细胞，有规则地沿切线方向排列。韧皮纤维的数量因树种不同而变化很大。如花旗松的树皮纤维含量高达 35%~48%。韧皮纤维发达的其拉伸强度很大，可用于造纸、制绳索。如桑树、椴树、榆树、木棉、刺桐、柚木、朴树皮都是造纸的原料。有的树种韧皮纤维只有韧皮部内才有。有的硬脆容易折断，如桉树、蓝果树。有的很柔韧，难以折断，如竹柏等。

树皮质地与含水量、纤维的长短粗细有关，而且内皮和外皮的质地差异较大。衡量内皮质地主要根据纤维的长短、粗细，且纤维的发达程度直接影响树皮的剥离难易程度，可以分为两种类型：

①非纤维型树皮　内皮纤维不多或不发达，表现为质地硬脆，剥离困难，如冬青、槭木。

②纤维型树皮　内皮纤维发达或比较发达。这里的发达一般指纤维占内皮的一半以上，或者厚度多于 3 mm，如构树、青檀、水杉、水松等。

此外，纤维较长的如甜槠、椴树，纤维短的如柏木、红豆杉，纤维粗的如石栎、栲树，纤维细的如杜英等。

(3) 石细胞形态及排列

石细胞是韧皮部的机械组织，常与韧皮纤维结合在一起，亦有单独存在的；它与韧皮纤维不同，它不是由形成层直接形成的，而是在薄壁细胞增厚时细胞先发生不规则分裂时，有的呈分枝或长度增长。石细胞排列或集聚从横断面观察，有的呈星散状、环状、径列等；有的分布于整个树皮；有的分布于树皮的外部、中部或内部。形态也多样，片状、粒状，大小不等。与韧皮纤维、纤毛和木栓质等显然不同，其颜色常较附近组织为浅，呈灰白色，但也有带红色的，见于厚皮香属等；还有带黑色的，见于朴属等。

石细胞种类、排列在各树种中均不一样，为原木识别的特征之一。如木兰科中含笑属的树皮含有较多石细胞，而木莲属则很少有石细胞，韧皮纤维发达；樟科桢楠一般未见石细胞而在润楠属的树皮内则可观察到石细胞。

从横切面观察，其形式可区别为下列几种类型：

①粗粒型　石细胞为圆形或近似圆形，直径在 1 mm 以上，其排列常较密集，见于香花木姜子等；近似椭圆形，呈稀疏不规则地分布，见于琼楠和灯台树等；还有断面近于方形的，见于白兰等。

②细粒型　石细胞大小似细沙粒，直径大多在 1 mm 以下，常呈密集分布，见于核桃木等。

③竖条型　石细胞与树皮垂直向外延伸呈竖列条状，见于桃树和福建山樱桃等。

④横条型　石细胞与年轮方向一致呈条状横列，见于木蜡树和紫楠等。

⑤年轮型　石细胞呈薄片状与韧皮纤维相间形成层次分明的交替重叠，形似年轮，在

树皮的纵切面也可以看到纵列的层次，见于大果木姜、白蜡树、香樟、龙眼、刨花润楠和八角枫等。

⑥混合型　树皮内同时具有2种或2种以上而呈混合排列，见于苦槠、米槠、青冈和石栎等。

(4) 断面结构

树皮的断面结构是指内皮横切面上所表现的图案，这类图案主要是由韧皮射线和韧皮纤维所形成，因而在韧皮纤维发达的树皮内是比较易见的。常见的有以下几种：

①长矛形　又称辐射形，常见于栎类、青冈和石栎等。

②锯齿形　又称三角形，齿尖向外，多呈等腰三角形的横切齿状，如山龙眼、核桃木、罗浮泡花树和梧桐等。

③火焰形　如泡花树和蜜花树等。

④兰花形　如苦木、木棉和黄连木等。

2.4.3　树皮的厚度

树皮的厚薄是指没有外力损伤时树皮的横切面厚度，一般树皮与树干的比例在6%~25%之间。不同树种间树皮的厚度有差异，同一树种的不同部位也有不同，多树干的下部较厚，近梢部薄。树种间的厚度差异具有特征性的意义，如栓皮栎、刺槐、黄檗很厚，多在30 mm以上；鹅耳栎、紫薇比较薄，约1 mm。在现场识别木材时，不但要考虑树皮的厚薄，而且要考虑内、外皮的厚薄。根据树皮的厚度一般可分5个级别：

①厚度在16 mm以上者为很厚，如栓皮栎、刺槐和黄檗等。

②厚度在13~16 mm者为厚，如核桃、甜槠和麻栎等。

③厚度在7~12 mm者为中，如枫杨、槐树、板栗和野核桃等。

④厚度在3~6 mm者为薄，如光皮桦、七叶树和臭椿等。

⑤小于或等于3 mm者为很薄，如紫薇、冬青和鹅耳枥等。

2.4.4　树皮的气味和滋味

有些树木伐倒之后，新鲜的树皮具有特征性的气味。在现场识别原木的时候，树皮的气味、滋味有很大帮助。气味如樟木有樟脑气，柏木有柏木香气，光皮桦有癣药水气，松木有松脂味，香桦具有芳香味，肉桂具有桂皮香，岭南黄檀有辛臭的味道，而长眉红豆有腥气。

有些树木的树皮有各种滋味或者味道，如苦木、黄连木、黄檗的内皮有苦味，山苍子具辛辣味，板栗具酸味。

2.4.5　其他附属结构和特征

在不同树木的树皮上还有其他的附属结构和特征，对于原木的识别有着特别的意义。一些树木的树皮细胞会分泌有颜色、质地和化学性质迥异的树液，或者具有晶体，包括以下几种情况：

①胶质丝　杜仲、卫矛、丝棉木等树皮折断时可见银白色的胶质丝。

②树液　树皮上的树液有多种颜色，如大戟科、漆树科、桑科为乳白色；楝科、茜草科、山龙眼科为红色树液。梧桐、榆木、莽草等树皮遇水有黏液流出。

③白色纤毛　用肉眼观察木荷、银木荷、厚皮香、红楠等树皮断面有白色纤维状的细毛，放大镜下为两端钝尖的晶体，这就是草酸钙结晶体，称白色纤毛。

综上所述，在对树木进行识别的时候，树皮是不能忽视的重要结构。

思考题

1. 名词解释：年轮、边材、心材、早材、晚材、树脂道。
2. 木材有哪些主要宏观构造特征？
3. 木材有哪些次要宏观构造特征？对木材识别有何意义？
4. 何为木材的三切面？如何对各切面进行识别？
5. 心材树种、边材树种、熟材树种有何差异？
6. 年轮与生长轮有何异同？
7. 管孔的分布、管孔的排列及管孔的组合类型有哪些？各类型有何特征？
8. 侵填体有何特点？侵填体发达的木材适合做何种木制品？

第 3 章

木材的显微构造

【难点与重点】重点了解木材细胞壁的层次结构和显微构造、树皮的基本构造,理解细胞壁上的基本结构特征,掌握针、阔叶材组成的分子差异和识别要点。难点是掌握针叶材的管胞、木射线、轴向薄壁组织和树脂道等木材细胞在三切面上的显微形态与结构特征,细胞壁纹孔类型与形态特征;阔叶材导管、木纤维、轴向薄壁组织、木射线和树胶道等木材细胞在三切面上的显微形态与结构特征。

木材的构造影响着木材的性质,也是木材分类与识别的重要依据。在掌握木材宏观构造特征的基础上,进一步学习木材细胞壁的壁层结构,木材各种细胞的组成的微观构造,掌握木材显微特征识别的方法,对于木材的鉴定学习是非常重要的。

3.1 木材细胞壁结构

木材是由细胞组成的,在显微构造水平上,细胞是构成木材的基本形态单位。木材细胞在生长发育过程中经历分生、扩大和胞壁加厚等阶段而达到成熟。成熟的木材细胞多数为空腔的厚壁细胞。对于木材识别利用研究,不但要了解细胞的生成,更重要的是应该了解木材细胞壁的超微结构、壁层结构以及细胞壁上的特征,进而了解针、阔叶树材的微观构造特征及其差异。

3.1.1 木材细胞壁的物质构成

木材细胞壁主要是由纤维素、半纤维素和木质素 3 种成分构成。

纤维素以分子链聚集成束和排列有序的微纤丝状态存在于细胞壁中,起着骨架物质作用,相当于钢筋水泥构件中的钢筋。半纤维素以无定型状态渗透在骨架物质之中,起着基体黏结作用,故称其为基体物质,相当于钢筋水泥构建中捆绑钢筋的细铁丝。木质素是在细胞分化的最后阶段木质化过程中形成,它渗透在细胞壁的骨架物质和基体物质之中,可使细胞壁坚硬,故称其为结壳物质或硬固物质,相当于钢筋水泥构件中的水泥。

3.1.2 木材细胞壁的结构

(1) 木材细胞壁的层次结构

木材细胞壁的各部分常常由于化学组成的不同和微纤丝排列方向的不同,在光学显微镜下,通常可分为胞间层(ML)、初生壁(P)和次生壁(S)3层(图3-1)。

① 胞间层 胞间层是细胞分裂以后,最早形成的分隔部分,后来就在此层的两侧沉积形成初生壁。此层很薄,它是两个相邻细胞中间的一层,为两个细胞所共有。实际上,通常将胞间层和相邻细胞的初生壁合在一起,称为复合胞间层。它主要由木质素和果胶物质所组成,纤维素含量很少,所以高度木质化,在偏光显微镜下呈各向同性。

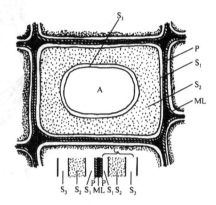

图 3-1 木材细胞壁壁层结构
A. 细胞腔 P. 初生壁 S. 次生壁
ML. 胞间层 S_1. 次生壁外层
S_2. 次生壁中层 S_3. 次生壁内层
(刘一星、赵广杰,《木材学》,2012)

② 初生壁 初生壁是细胞分裂后,在胞间层两侧最早沉积并随细胞继续增大时所形成的壁层。初生壁在形成的初期,主要由纤维素组成,随着细胞增大速度的减慢,可以逐渐沉积其他物质,所以木质化后的细胞,初生壁木质素的浓度特别高。初生壁通常较薄,一般为细胞壁厚度的1%左右。当细胞生长时,其微纤丝沉积的方向非常有规则,通常呈松散的网状排列,这就限制了细胞的侧面生长而只有伸长生长,随着细胞伸长,微纤丝方向逐渐趋向与细胞长轴平行。

③ 次生壁 次生壁是细胞停止增大以后,在初生壁上继续形成的壁层。这时细胞已不再增大,壁层迅速加厚,使细胞壁固定而不再延伸,一直到细胞腔内的原生质体停止活动,次生壁也就停止沉积,细胞腔变成中空。在细胞壁中,次生壁最厚,占细胞壁厚度的95%或以上。次生壁主要由纤维素或纤维素和半纤维素的混合物组成,后期常含有木质素和其他物质。虽然木质素总量比初生壁高,但因次生壁厚,木质素浓度比初生壁低,因此它的木质化程度不如初生壁高,在偏光显微镜下呈高度的各向异性。

次生壁的形成几乎都是在细胞特化时形成的,这些成熟细胞种类很多,而且形态上有多种多样的变化,因此次生壁的结构变化也较复杂。木材中的管胞、导管和木纤维等重要组成分子的细胞壁均有明显的次生壁,所以次生壁是木材研究时的重要对象。

(2) 木材细胞壁的各级构造

利用各种物理和化学的方法,特别是近代电子显微镜的应用,能够对木材细胞壁的超微结构有比较明确的了解。图3-2显示了细胞壁的各级构造以及由最小单元构成细胞壁的过程。

由许多吡喃型 D-葡萄糖基以 1-4-β 苷键联接形成线型分子链(纤维素大分子链);再由纤维素分子链聚集成束,构成基本纤丝(微团);基本纤丝再组成丝状的微团系统——微纤

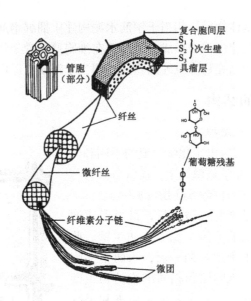

图 3-2　木材管胞细胞壁微细结构
(成俊卿,《木材学》, 1985)

丝;然后再经过一系列的组合过程:微纤丝组成纤丝,纤丝组成粗纤丝,粗纤丝组成薄层,薄层又形成了细胞壁的初生壁、次生壁 S_1、S_2 和 S_3 层,进而形成了木材的管胞、导管和木纤维等重要组成分子。

(3) 木材细胞壁各层的微纤丝排列方向

细胞壁上微纤丝排列的方向各层均不一样。一般初生壁上的微纤丝多呈不规则的交错网状,而在次生壁上则往往比较有规则(图 3-3)。

① 初生壁的微纤丝排列　初生壁基本上由纤维素微纤丝组成。当细胞生长时,初生壁微纤丝与细胞轴成直角方向堆积,随着细胞壁的伸展而改变其排列方向,初生壁的微纤丝排列逐渐发生变化,可看到微纤丝交织成疏松的网状。后来细胞逐渐成熟,表面生长接近最终阶段时形成的初生壁又趋向横向排列。初生壁中微纤丝排列总体上呈无定向的网状结构。

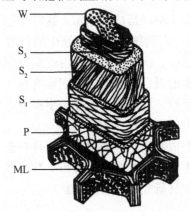

图 3-3　电子显微镜下管胞壁的分层结构模式

ML. 胞间层　P. 初生壁　S_1. 次生壁外层
S_2. 次生壁中层　S_3. 次生壁内层　W. 瘤层

(刘一星、赵广杰,《木材学》, 2012)

② 次生壁的微纤丝排列　次生壁微纤丝的排列不像初生壁那样无定向,而是相互整齐地排列成一定方向。各层微纤丝都形成螺旋取向,但是斜度不同。在 S_1 层,微纤丝有 4~6 薄层,一般为细胞壁厚度的 10%~22%,微纤丝呈"S""Z"形交叉缠绕的螺旋线状,并与细胞长轴呈 50°~70°。S_2 层是次生壁中最厚的一层,在早材管胞的胞壁中,其微纤丝薄层数为 30~40 层,而晚材管胞可达 150 薄层或以上,一般为细胞壁厚度的 70%~90%;S_2 层微纤丝排列与细胞长轴呈 10°~30°,

甚至几乎平行。在 S_3 层，微纤丝有 0~6 薄层，一般为细胞壁厚度的 2%~8%，微纤丝的排列近似 S_1 层，与细胞长轴呈 60°~90°，呈比较规则的环状排列。

木材细胞壁纤丝角的大小，不仅与微纤丝所在的细胞层次以及细胞壁的厚薄有关，而且与细胞长度、株内部位等有关。

3.1.3 木材细胞壁上的结构特征

细胞壁上的许多特征是为植物生长需要而形成的，它们不仅为木材识别提供依据，而且也直接影响木材的加工利用。木材细胞壁上的主要结构特征有纹孔、内壁加厚、瘤状层、眉条和径列条等。

3.1.3.1 纹孔

纹孔是指木材细胞壁增厚产生次生壁过程中，初生壁上局部没有增厚而留下的孔陷。在活立木中，纹孔是相邻细胞间水分和养料的通道；木材加工利用时，纹孔又对木材干燥、胶黏剂渗透及化学处理剂浸注等有较大影响。同时纹孔是木材细胞壁上重要的结构特征，在木材的显微识别上有重要作用。

（1）纹孔的组成

纹孔主要由纹孔膜、纹孔环、纹孔缘、纹孔腔、纹孔室、纹孔道及纹孔口等部分组成（图 3-4）。

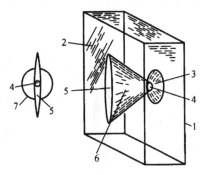

图 3-4 纹孔的组成

1. 胞间层　2. 次生壁　3. 纹孔室　4. 纹孔外口　5. 纹孔内口　6. 纹孔道　7. 纹孔环

（徐有明，《木材学》，2006）

①纹孔膜　分隔相邻细胞壁上纹孔的隔膜，实际上是两个相邻细胞的初生壁和胞间层组成的复合胞间层。

②纹孔环　在纹孔膜周围加厚的部分。

③纹孔缘　在纹孔膜上方，纹孔的开口周围形成的拱形凸起。

④纹孔腔　由纹孔膜到细胞腔的全部空隙。

⑤纹孔室　纹孔膜与拱形环绕纹孔缘之间的空隙部分。

⑥纹孔道　由纹孔腔通向纹孔室的通道。

⑦纹孔口　纹孔室通向细胞腔的开口，称纹孔口。纹孔口又分纹孔内口和纹孔外口，由纹孔道通向细胞腔的开口叫纹孔内口；由纹孔道通向纹孔室的开口称为纹孔外口。

(2) 纹孔的类型

根据纹孔的结构,可以把纹孔分为单纹孔和具缘纹孔两大类。

①单纹孔 当细胞次生壁加厚时,所形成的纹孔腔在朝着细胞腔的一面保持一定宽度。单纹孔的特点是纹孔腔宽度无变化;纹孔膜一般没有加厚,只有一个纹孔口,多呈圆形。单纹孔是薄壁细胞上存在的纹孔类型(图3-5)。

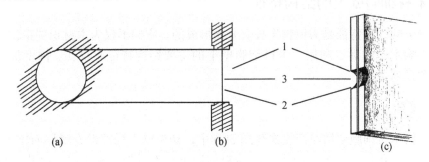

图 3-5 单纹孔
(a)正面图 (b)剖视图 (c)轴侧投影
1. 纹孔口 2. 纹孔膜 3. 纹孔腔
(刘一星、赵广杰,《木材学》,2012)

②具缘纹孔 是指次生壁在纹孔膜上方形成拱形纹孔缘的纹孔。具缘纹孔的特点是纹孔腔宽度有变化。具缘纹孔的构造比单纹孔构造远为复杂。具缘纹孔主要存在于各种厚壁细胞的胞壁上(图3-6)。

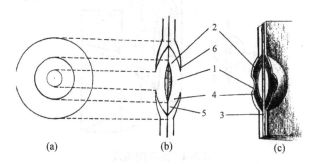

图 3-6 具缘纹孔
(a)正面图 (b)剖视图 (c)轴侧投影
1. 纹孔口 2. 纹孔塞 3. 纹孔环 4. 纹孔腔 5. 塞缘 6. 纹孔缘
(刘一星、赵广杰,《木材学》,2012)

在针叶树材中,轴向管胞壁上具缘纹孔的纹孔膜中间形成初生加厚,其微纤丝排列呈同心圆状,加厚部分被称为纹孔塞。针叶材管胞的纹孔塞通常是圆形或椭圆形的轮廓。针叶材其他种类细胞的胞壁上具缘纹孔通常不具有纹孔塞。

在阔叶树材中,具缘纹孔的细微结构与针叶树材的基本相似,但其纹孔膜通常没有纹孔塞;纹孔室与纹孔腔相通有较窄的纹孔道;纹孔膜不形成加厚状,纹孔膜周围没有辐射状的网状结构,膜上也没有明显的孔隙。

(3) 纹孔对

纹孔多数成对，即细胞上的一个纹孔与其相邻细胞的另一个纹孔构成对，即纹孔对。纹孔有时通向细胞间隙，而不与相邻细胞上的纹孔构成对，这种纹孔称为盲纹孔。典型的纹孔对有 3 种(图 3-7)。

①单纹孔对　是单纹孔之间构成的纹孔对。存在于薄壁细胞之间，某些特殊的厚壁细胞之间。

②具缘纹孔对　是两个具缘纹孔所构成的纹孔对。存在于管胞、纤维状管胞、导管分子和射线管胞等含有具缘纹孔的厚壁细胞之间。

③半具缘纹孔对　是具缘纹孔与单纹孔相构成的纹孔对。存在于含有具缘纹孔的厚壁细胞和含有单纹孔的薄壁细胞之间。

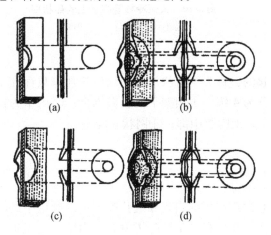

图 3-7　纹孔对示意图

(a)单纹孔对　(b)具缘纹孔对　(c)半具缘纹孔对　(d)闭塞纹孔

(徐有明，《木材学》，2011)

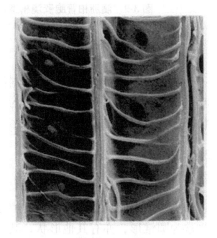

图 3-8　银杉管胞壁螺纹加厚

(徐有明，《木材学》，2011)

3.1.3.2　内壁加厚

(1) 螺纹加厚

在细胞次生壁内表面上，由微纤丝局部聚集而形成的屋脊状突起，呈螺旋状环绕着细胞内壁的加厚组织，称为螺纹加厚。螺纹加厚围绕着细胞内壁呈 1 至数条"S"状螺纹(图 3-8)。

螺纹加厚的宽度、间距及形状随树种而异。螺纹加厚出现于有些针叶材的管胞、射线管胞中，也可存在于某些阔叶材的导管、木纤维、导管状管胞等厚壁细胞中。有时也偶见于薄壁细胞中。螺纹加厚通常出现于整个细胞的长度范围，亦有仅存在于细胞末端的，如阔叶材中有些树种仅导管末端有螺纹加厚。

螺纹加厚的有无、显著程度、形状等均可作为鉴别木材的参考依据。

(2) 澳柏型加厚

在针叶树材澳洲柏、金钱松、榧树和穗花杉管胞壁的径切面上，仅在纹孔口上下边缘各有一条括弧状的加厚条纹，称为澳柏型加厚(图 3-9)。

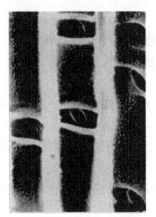
图3-9 澳洲柏管胞壁澳柏型加厚
（徐有明,《木材学》,2011）

图3-10 长苞冷杉管胞壁上的瘤状层
（徐有明,《木材学》,2011）

（3）锯齿状加厚

射线管胞内壁的次生加厚为锯齿状突起的，称为锯齿状加厚。锯齿状加厚只存在于针叶树材松科木材中。锯齿状加厚的程度可分为4级：①内壁平滑至微锯齿；②内壁为锯齿状，齿高达2.5 μm；③齿高超过2.5 μm，至细胞腔中部；④网状式腔室。

3.1.3.3 胞壁的其他特征

（1）瘤层

瘤层指细胞壁内表面微细的隆起物，通常存在于细胞腔和纹孔腔内壁。瘤层中的隆起物常为圆锥形，亦有其他形状，其变化多样。瘤层存在于针叶树材管胞内壁，是识别针叶树材的特征之一（图3-10）。

（2）径列条

径列条是细胞弦向壁的一侧横过细胞腔而至另一侧弦向壁的棒状结构。一般在同一高度贯穿数个细胞，形成一直线，与细胞壁接触部分稍膨大一些。径列条常见于针叶树材的管胞（图3-11）。

图3-11 水杉管胞壁的径列条
（徐有明,《木材学》,2011）

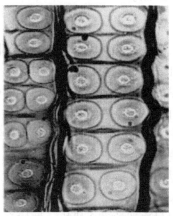
图3-12 马尾松管胞壁的眉条
（徐有明,《木材学》,2011）

(3) 眉条

在针叶树材管胞径面壁上的具缘纹孔上、下边缘有弧形加厚的部分,称为眉条。眉条的功能是加固初生纹孔场的刚性(图 3-12)。

(4) 螺纹裂隙

螺纹裂隙是应压木中一种不正常的构造特征,其管胞内壁上具有一种贯穿次生壁并且呈螺旋状的裂隙,称为螺纹裂隙。螺纹裂隙常见于弯曲的针叶树干中。

螺纹裂隙与螺纹加厚的区别在于螺纹加厚多见于正常材,螺纹裂隙多见于应压木;螺纹加厚与轴线的夹角大于 45°,螺纹裂隙与轴线的夹角小于 45°,裂纹的距离也不等;螺纹加厚限于内壁,螺纹裂隙延至复合胞间层。

3.2 针叶材的显微构造

针叶材的显微构造也和外貌特征一样,其特点是组成简单,排列规则。其最显著的特征就是缺乏导管,管状分子是不穿孔的,主要由管胞组成。针叶树材的主要组成分子为:轴向管胞、木射线、轴向薄壁组织和树脂道。

3.2.1 轴向管胞

轴向管胞是指针叶树材中轴向排列的厚壁细胞。它包括狭义轴向管胞(简称管胞)、树脂管胞和索状管胞 3 类,后两者为极少数针叶树材中具有,前者为所有针叶树材都具有,为针叶树材最主要的组成分子,占木材总体积 90% 以上。通常轴向管胞是指前者。

轴向管胞两端封闭,内部中空,细而长,胞壁上具有纹孔,同时起到输导水分和机械支撑的作用,是决定针叶树材材性的主要因素。

3.2.1.1 管胞的形态及变异

(1) 管胞的形态、特征

管胞在横切面上沿径向排列,相邻两列管胞位置前后略交错,早材呈多角形,常为六角形,晚材呈四边形。早材管胞两端为钝阔形,胞腔较大,胞壁较薄,横断面呈四边形或多边形;晚材管胞两端为尖楔形,胞腔小壁厚,横断面为扁平的四边形(图 3-13)。管胞平均长度为 3~5 mm,宽度 15~80 μm,长宽比为 (75~200):1。晚材管胞比早材管胞长。管胞在横切面上呈径向排列,多数树种排列整齐,少数树种如银杏、粗榧则不整齐。管胞细胞壁的厚度由早材至晚材逐渐增大,在生长期终结前所形成的几排细胞的壁最厚、腔最小,故针叶树材的生长轮界线均明显。早晚材管胞厚度变化有的渐变,如冷

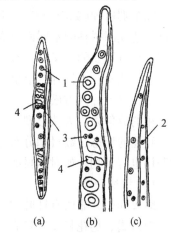

图 3-13 针叶树材管胞

(a) 早材管胞 (b) 早材管胞的一部分 (c) 晚材管胞的一部分

1. 径面壁上的纹孔 2. 弦面壁上的纹孔
3. 通过射线管胞的纹孔 4. 窗格状纹孔

(徐有明,《木材学》,2011)

杉；有的急变，如落叶松。这一点和其宏观构造特征是一致的。

早材的管胞上有带着圆形纹孔内口的圆形具缘纹孔，晚材的管胞（或纤维管胞）有比较退化的具缘纹孔，带有卵形的纹孔内口（图 3-13）。这种纹孔在构造上的差别是与晚材细胞的壁厚增加一起发生的。分布于早材的管胞为输导组织，晚材管胞为机械组织。

管胞的大小、形态和分布对木材材性及加工利用重要的影响，管胞的直径是衡量材性的指标之一。管胞直径（主要是其弦向直径）直接影响木材结构的均匀与否和纹理的粗细程度；管胞的胞壁厚度，即壁腔比直接影响木材的密度、强度和柔韧性；管胞的尺寸，其长宽比直接影响在生产中作为原料生产出来的纸张、纤维板的交织强度等。

（2）管胞的变异

管胞长度的变异幅度很大，因树种、树龄、生长环境和树木的部位而异。但这些变异也有一定规律，在不同树高部位内的变异，由树基向上，管胞长度逐渐增长，至一定树高便达最大值，然后又减少。由于针叶树材成熟期有早有晚，管胞达到最大长度的树龄也不同。

3.2.1.2 管胞壁上的特征

（1）纹孔

管胞壁上的纹孔是相邻两个细胞水分和营养物质进行交换的主要通道。对于针叶树材，轴向管胞之间的纹孔，以及轴向管胞与射线薄壁细胞之间的纹孔对木材鉴别有重要意义。早材管胞，在径切面上，纹孔大而多，一般分布在管胞两端，通常 1 列或 2 列；在弦切面上，纹孔小而少，没有识别价值。而晚材管胞，纹孔小而少，通常 1 列，纹孔内口呈透镜形，分布均匀，径切面、弦切面都有。

除个别树种（如南洋杉），所有针叶材的管胞壁都具有纹孔。纹孔的大小、形式、数目和排列情况因树种的不同而具有较大的差异。因此，管胞壁上纹孔的特点在木材的识别和鉴定上具有重要的意义。一般早材径面壁上具缘纹孔为多列时，其木材结构较粗糙，如落羽杉、金钱松、水松等。落羽杉的纹孔为对列，南洋杉的纹孔为互列；雪松属的纹孔缘曲折呈蛤壳状，称为雪松型，是雪松属木材的典型特征。铁杉的纹孔边缘上具有褶皱和极细至颇粗的放射条称为铁杉型纹孔，是铁杉属木材的特征。

纹孔的形态、数目和分布等情况，不仅在木材的鉴定上具有意义，而且对木材的性质和利用也有影响，如对木材的干燥和防腐处理等都有一定的影响。

（2）螺纹加厚

螺纹加厚并非所有针叶树材都具有，在黄杉属、银杉属、红豆杉属、白豆杉属、榧树属、粗榧属、穗花杉属等具有，为这些木材轴向管胞的稳定特征。但是在这些针叶树材中，并非所有轴向管胞都具有螺纹加厚，红豆杉属、白豆杉属、榧树属、粗榧属是早、晚材管胞壁上都具有；黄杉属是在早材管胞壁具有；落叶松属、云杉属的一些树种和金钱松的木材中，螺纹加厚大部分分布于晚材管胞内壁。

螺纹的倾斜度随树种和细胞壁的厚度而变异，一般胞腔狭窄而壁厚则螺纹的倾斜度大；反之，螺纹比较平缓。因此在一个年轮中，晚材管胞的螺纹加厚比早材管胞的倾斜度大。

(3) 澳柏型加厚

在针叶树材澳洲柏、金钱松、榧树属及穗花杉的管胞壁径切面上,仅在纹孔口上下边缘各有一条括弧状的加厚条纹,称为澳柏型加厚。

(4) 螺纹裂隙

在应压木中,有些管胞壁上具有一种贯穿胞壁的螺旋状裂隙,称为螺纹裂隙。螺纹裂隙是非正常材的构造特征,而是应压木的内部解剖特征。

3.2.1.3 树脂管胞

在木射线与薄壁组织相邻的管胞中,由边材转变为心材时,细胞腔内常有树脂沉积在胞腔中,这种管胞称为树脂管胞。树脂管胞内的树脂多为层状,紧靠细胞外层较厚,中间较薄或中空,纵切面呈"H"形。树脂管胞为南洋杉科管胞的特征,也出现在雪松和北美红杉等树种的木材中。

3.2.1.4 索状管胞

索状管胞是指轴向成串的管胞中某个管胞,每串细胞均起源于一个形成层的原始细胞,是介于轴向管胞和轴向薄壁细胞之间的细胞。其特征是形体短,长矩形,纵向串连,细胞径壁及两端都有具缘纹孔,腔内不含树脂。常见于树脂道的附近或生长轮的外围,与轴向薄壁细胞混生,见于云杉属、黄杉属、落叶松属及松属的树脂道内。由于索状管胞组织不固定,对木材鉴定无重要价值。

3.2.2 木射线

木射线存在于所有针叶树材中,为组成针叶树材的主要分子之一,但含量较少,约占木材总体积的7%左右。在显微镜下观察,针叶树材的木射线细胞全部为横向排列,呈辐射状。大部分木射线由射线薄壁细胞组成,在边材部分的活的薄壁细胞起贮藏营养物质,径向输送水分和营养物质的作用。在心材部位,薄壁细胞为死细胞。有的树种的射线也具有厚壁细胞,称为射线管胞,如松科的松属、云杉属、落叶松属、雪松属、铁杉属、黄杉属等树种的木射线均有射线管胞。

3.2.2.1 木射线的种类

根据针叶树材木射线在弦切面上的形态,可分为单列木射线和纺锤形木射线2种。

(1) 单列木射线

仅由1列或偶尔2列射线细胞组成的射线,称为单列木射线。如冷杉属、杉木属、柏木属、红豆杉属等不含径向树脂道的针叶材树种几乎都是单列木射线[图3-14(a)]。

(2) 纺锤形木射线

多列射线或在木射线的中央,由于径向树脂道的存在而使木射线呈纺锤形,称为纺锤形木射线。常见于具有径向树脂道的树种,如松属、云杉属、落叶松属、银杉属和黄杉属[图3-14(b)]。而在裸子植物的苏铁科、麻黄科、买麻藤科的树种中,它们的纺锤形木射线是由多列射线构成的[图3-14(c)]。

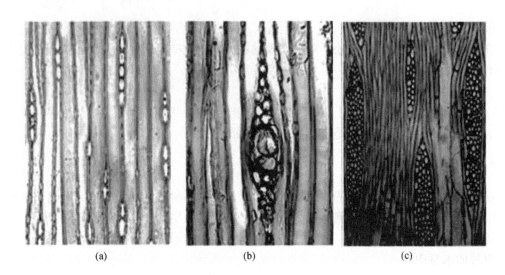

图 3-14　木射线种类
(a)单列木射线　(b)具径向树脂道的纺锤形木射线　(c)多列射线的纺锤形木射线
(徐有明,《木材学》,2006)

单列射线的高度(常用细胞个数和长度来表示,以前者为常用),在木材鉴定上具有重要意义。例如柏木的木射线很短,一般常在 1~3 个细胞高,而云杉和冷杉的射线则较高,一般可达 20 个细胞左右。

3.2.2.2　木射线的组成

针叶树材的木射线,主要由射线薄壁细胞组成。但在松科某些属的木材中尚具有厚壁的射线管胞共同组成木射线。射线管胞是木材组织中唯一呈横向生长的厚壁细胞。

(1)射线管胞

射线管胞是木射线中与木纹成垂直方向排列的横向管胞。它是松科木材的重要特征。但松科的冷杉属、油杉属、金钱松属则无射线管胞,而柏科的扁柏属间或有射线管胞。射线管胞多数为不规则形状,长度较短,仅为轴向管胞长度的 1/10,细胞内不含树脂,胞壁上纹孔为具缘纹孔,但小而少。其通常为 1 列至数列,位于木射线薄壁组织的上下边缘或中部。

射线管胞内壁形态在木材鉴定和分类上有重要价值。在径切面射线管胞内壁有锯齿状加厚,如马尾松、油松、黑松、赤松、樟子松等松属树种称为硬松类。而内壁平滑,如红松、华山松、白皮松等松属树种称为软松类。有些树种射线管胞内壁具螺纹加厚,如云杉属、黄杉属、落叶松属等(图 3-15)。

一般认为比较进化的针叶树材不存在射线管胞。射线管胞从形成层分生之后迅速失去内含物而死亡。射线管胞有无齿状加厚及齿的大小等是识别松科树种的主要特征之一。松科除冷杉属、油杉属、金钱松属的树种外,其他各属均具射线管胞。有时冷杉、杉木、扁柏等不具射线管胞的树种因受外伤也可能形成受伤射线管胞。而银杏科和红豆杉科等木材则完全没有射线管胞。

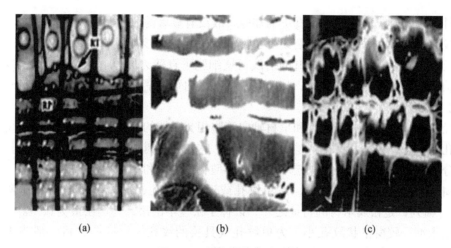

图 3-15 射线管胞内壁形态

(a)射线管胞位于射线上缘　(b)射线管胞内壁平滑至微锯齿　(c)射线管胞内壁锯齿状加厚

(徐有明,《木材学》,2011)

(2)射线薄壁细胞

射线薄壁细胞是组成针叶树材木射线的主体,为横向生长的细胞组织。射线薄壁细胞形体较大,矩形、砖形或不规则形状,壁薄,胞腔内常含有树脂。射线薄壁细胞的胞壁纹孔为单纹孔,射线薄壁细胞与射线管胞相连接的纹孔为半具缘纹孔对。

在径切面观察,射线薄壁细胞水平壁的厚薄及有无纹孔为识别木材的依据之一。水平壁较薄的是南洋杉科、罗汉松科、柏科少数属、松科松属及金钱松属、杉科水松属及水杉属等木材的特征[图 3-16(a)]。水平壁较厚是榧树属、粗榧属、松科的云杉属、冷杉属、落叶松属、黄杉属等木材的特征。云杉、落叶松、黄杉、铁杉、雪松、油杉及金钱松等因射线薄壁细胞具有真正次生壁,故水平壁上有显著的纹孔[图 3-16(b)]。而杉科、南洋杉

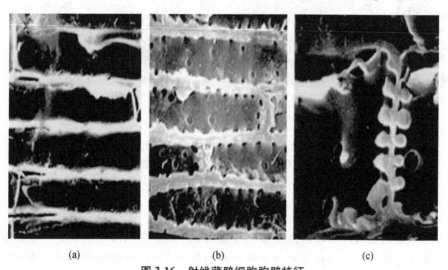

图 3-16 射线薄壁细胞胞壁特征

(a)水平壁无纹孔　(b)水平壁单纹孔　(c)垂直壁节状加厚

(徐有明,《木材学》,2011)

科及松科的松属射线薄壁细胞无真正的加厚,故没有显著的纹孔。

射线薄壁细胞的垂直壁平滑是银杏、粗榧、松、红豆杉、侧柏等属木材的特征;而落叶松、云杉、冷杉、铁杉等属木材的射线薄壁细胞垂直壁为肥厚。松科及其中的软松类,以及刺柏属、柏木属的部分树种,其射线薄壁细胞的垂直壁具节状加厚[图3-16(c)]。

(3)交叉场纹孔

在径切面,由射线薄壁细胞和早材轴向管胞相交区域的纹孔式,称为交叉场纹孔。交叉场纹孔的形态、数量及其排列是因树种而异,它是针叶树材识别最重要的特征。交叉场纹孔可分为5种类型:窗格状、松木型、云杉型、杉木型和柏木型(图3-17)。

①窗格状 具有宽的纹孔口,系单纹孔或近似单纹孔,形大呈窗格状。通常为1~3个纹孔,横列,是松属木材的特征之一,以樟子松、华山松、马尾松最为典型。

②松木型 较窗格状纹孔小,为单纹孔或具狭的纹孔缘,纹孔数目一般为1~6个。常见于松属木材,如白皮松、湿地松、火炬松等。

③云杉型 纹孔具有狭长的纹孔口,略向外展开或内含,形状较小。是云杉属、落叶松属、黄杉属、粗榧属等木材的典型特征。在南洋杉科、罗汉松科及松科的雪松属木材中云杉型纹孔与其他类型纹孔同时出现。

④杉木型 为椭圆形至圆形的内含纹孔,其纹孔口略宽于纹孔口与纹孔缘之间任何一边的侧向距离。与柏木型纹孔的区别是纹孔与纹孔缘的长轴是一致的。杉木型纹孔不仅存在杉科,也见于冷杉属、崖柏属、油杉属,并能与其他类型纹孔同时存在于黄杉属、罗汉松属、雪松属、落叶松属、落羽杉属等木材。

⑤柏木型 纹孔口为内含,纹孔口较云杉型稍宽,其长轴从垂直到水平,纹孔数目一般为1~4个。柏木型纹孔为柏科木材的特征,但也可见于雪松属、铁杉属及油杉属的木材中。

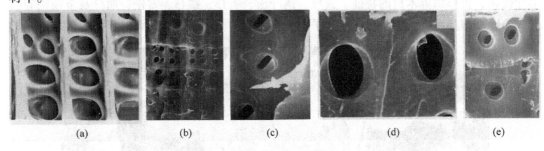

图3-17 交叉纹孔的类型

(a)窗格状 (b)松木型 (c)云杉型 (d)杉木型 (e)柏木型

(周崟、姜笑梅,《中国裸子植物木材解剖学及超微构造》,1994)

3.2.3 轴向薄壁组织

轴向薄壁组织是由许多轴向薄壁细胞聚集而成。组成轴向薄壁组织的薄壁细胞是由纺锤形原始细胞分生而来,由长方形或方形较短的和具有单纹孔的细胞串连起来所组成。在木质部的薄壁组织称木薄壁组织,因其轴向串连又称轴向薄壁组织,在横断面仅见单个细胞,有时也称为轴向薄壁细胞。

轴向薄壁细胞在针叶树材中仅少数科、属中单独具有，含量甚少或无，平均占木材总体积不足1.5%，仅在罗汉松科、杉科、柏科中相对含量较多，为该类木材的重要识别特征。在松科木材中，除雪松属、铁杉属、冷杉属、油杉属及金钱松属等有时含有少量轴向薄壁细胞，或具树脂道树种在树脂道周围具有外，其余均不具有。在南洋杉科和红豆杉科的红豆杉属木材几乎完全不见。

(1) 轴向薄壁细胞形态特征

轴向薄壁细胞胞壁较薄，细胞短，两端水平，壁上为单纹孔，细胞腔内常有深色树脂。横切面为方形或长方形，常借内含树脂与轴向管胞相区别。纵切面为数个长方形细胞纵向相连成串，其两端2个细胞端部尖削。

(2) 轴向薄壁组织类型

根据轴向薄壁细胞在针叶树材横切面的分布状态，可分为3种类型。

①星散型　指轴向薄壁细胞呈不规则状态散布在生长轮中，如杉木。

②切线型　指轴向薄壁细胞2至数个弦向分布，呈断续切线状，如柏木。

③轮界型　指轴向薄壁细胞分布在生长轮末缘，如铁杉。

3.2.4 树脂道

树脂道是由薄壁的分泌细胞环绕而成的腔道，是具有分泌树脂功能的一种组织，为针叶树材重要的构造之一。树脂道约占木材体积的0.1%~0.7%。根据树脂道的发生和发展可分为正常树脂道和创伤树脂道，但并非所有针叶树材都具有正常树脂道，仅在松科的松属、云杉属、落叶松属、黄杉属、银杉属和油杉属6个属中具有。根据树脂道的走向，又可将树脂道分为横向树脂道与轴向树脂道（图3-18）。

(1) 正常树脂道

①树脂道的形成　树脂道是生活的薄壁组织的幼小细胞相互分离而成的。轴向和横向

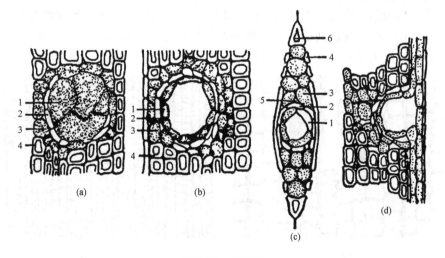

图3-18　树脂道

(a)没有树脂而有拟侵填体　(b)树脂腔内充满树脂　(c)径向树脂道　(d)轴向树脂道与横向树脂道相连
1. 泌脂细胞　2. 死细胞　3. 伴生薄壁细胞　4. 管胞　5. 细胞间隙　6. 射线管胞

(刘一星、赵广杰，《木材学》，2012)

泌脂细胞分别由形成层纺锤形原始细胞和射线原始细胞分裂的细胞，这2种情况均有子细胞的簇集，子细胞未能以正常方式成熟为轴向细胞和射线细胞。每个子细胞进行有丝分裂产生许多排列成行的小细胞，平行于形成树脂道的轴。随后在靠近细胞簇中心细胞间的胞间层分离，在其中心形成一个胞间腔道，称为树脂道。

②树脂道的组成　树脂道由泌脂细胞、死细胞、伴生薄壁细胞和树脂腔所组成。

在细胞间隙的周围，由一层具有弹性且分泌树脂能力很强的泌脂细胞组成，它是分泌树脂的源泉。在泌脂细胞外层，另有一层已丧失原生质，并已充满空气和水分的木质化的死细胞层，它是泌脂细胞生长所需水分和气体交换的主要通道。在死细胞层外是活的伴生薄壁细胞层，在伴生薄壁细胞的外层为厚壁的管胞。伴生薄壁细胞与死细胞之间，有时会形成细胞间隙。但在泌脂细胞与死细胞之间，却没有这种细胞间隙存在。

泌脂细胞的特征随树种而异，松属为薄壁，其余5属为厚壁，其中云杉属厚壁与少量薄壁泌脂细胞共存。泌脂细胞个数也常作为区别属的特征之一，如松属、黄杉属常由6个左右、云杉属7~9个、落叶松属12个以上组成；受伤树脂道泌脂细胞数多于正常树脂道，最高可达30个以上。

③树脂道的大小　在具有正常轴向树脂道的6属中，松属树脂道最多也最大，其直径为60~300 μm，油杉为最小。树脂道平均长度为50cm，最长可达1m，它随树干的高度而减小；当生长轮较宽、轴向管胞较大时，树脂道直径较大。

④横向树脂道　上述具正常轴向树脂道的6属中，除油杉属之外，都具有横向树脂道。横向树脂道存在于纺锤形木射线之中。它与轴向树脂道相互沟通，形成完整的树脂道体系。

(2) 受伤树脂道

在针叶树材中，凡任何破坏树木正常生活的现象，都可能产生受伤树脂道(图3-19)。针叶树材的受伤树脂道也可分为轴向和横向2种，但除雪松外很少2种同时存在于同一木材的。轴向受伤树脂道在横切面上呈弦列分布于早材部位，通常在生长轮开始处较常见。而正常轴向树脂道为单独存在，多分布早材后期和晚材部位。横向受伤树脂道与正常横向

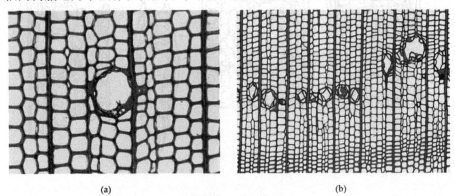

图 3-19　正常树脂道与受伤树脂道

(a)正常树脂道　(b)受伤树脂道

(刘一星、赵广杰，《木材学》，2012)

树脂道一样,仅限于纺锤形木射线中,但形体更大。横向受伤树脂道可能与正常横向树脂道一同出现于木射线中或出现于无正常树脂道的树种中。

3.2.5 针叶树材中的内含物

(1)结晶体

结晶体是树木生活过程中新城代谢的副产物,它的化学成分主要为草酸钙,常见的晶体为单晶体或簇晶体。主要存在于轴向薄壁细胞和射线薄壁细胞中,还有存在于轴向管胞内的。如在我国针叶树材中,银杏的轴向薄壁细胞和射线薄壁细胞内均含有巨型晶体——簇晶,为银杏木材所特有的特征。金钱松具长方形晶体;丽江云杉、杉松、紫果冷杉、白皮松等具短柱状晶体;苏铁、买麻藤具菱形晶体;雪松具正方形晶体。在马尾松、油杉的管胞内具菱锥形晶体。

(2)淀粉粒

在某些针叶树材中的轴向薄壁细胞和射线薄壁细胞内含有淀粉粒。在杉科、柏科木材中较为普遍,在松科的银杉属、铁杉属、油杉属,苏铁科的苏铁属也较为普遍。

3.3 阔叶树材的显微构造

阔叶树材是来自于木本被子植物的木材,其组成分子种类多,微观构造特征排列较针叶树材复杂,排列不整齐,材质不均匀。阔叶树材中,除少数树种如水青树(*Tetracentron sinense*)、昆栏树(*Trochodendron aralioides*)外,都具有导管,又称为有孔材。

构成阔叶树材的细胞构造主要有导管、木纤维、木薄壁细胞、木射线等,有些树种还有树胶道、油细胞和结晶体等。其中,导管占20%,木纤维占50%,木射线占17%,轴向薄壁组织占2%~5%,各类细胞的形状、大小和壁厚差异明显。

3.3.1 导管

导管为阔叶材特有的结构,由一串轴向细胞合生形成的无定长的有节的纵向管状组织,约占木材总体积的20%。导管是由管胞演化而成的一种进化组织,功能是输导水分和矿物质。导管在木材横切面上呈孔状,称为管孔。构成导管的单个细胞称导管分子,在发育初期具初生壁和原生质、不具穿孔,以后随其面积逐渐增大,但其长度无变化或变化极小,当体积发育到最大时,产生次生壁与纹孔,同时两端形成穿孔。

3.3.1.1 导管分子

(1)导管分子的形状和大小

①导管分子的形状 导管分子为轴向厚壁细胞,但细胞腔大,壁较薄,胞壁上的纹孔为具缘纹孔,常见的有鼓形、纺锤形、圆柱形和矩形等形状,其中纺锤形的导管分子是原始的特征。同一树种的导管分子形状虽相近,但全为单一形状的极少,一般都有2种或2种以上的形状混杂在一起。一般早材部分的导管分子多为鼓形,晚材部分的导管分子多为

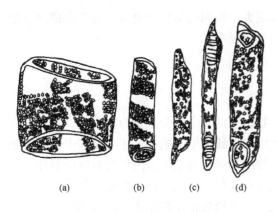

图 3-20 导管分子的形态
(a)鼓形 (b)圆柱形 (c)(d)纺锤形
(刘一星、赵广杰,《木材学》,2012)

圆柱形或矩形,通常早材管孔形状比较固定;导管分子如在木材中单生,形状则一般呈圆柱形或椭圆形,如图 3-20 所示。

随着树种的不同,导管分子的形状也会不同,则管孔形状存在一定差异,如杨属、柳属的大致呈圆形或广椭圆形;栲、栎木等属略呈圆形,有时多呈扁平圆形;木荷属、蚊母树属多呈多边形。

②导管分子的大小和长度 导管分子的大小指长度和直径,二者之间存在一定的关系,直径越大则长度越小,直径越小则长度越大。导管分子的大小随树种而不同,同株内随早晚材所在的部位有异。

导管的直径以管孔口的弦向直径为准,一般可以区别为大、中、小 3 类。通常将管孔弦向直径小于 100 μm 者为小,100~200 μm 者为中,大于 200 μm 者为大。如环孔材中麻栎,其早材导管分子直径可达 500 μm。管孔除甚小(25~40 μm)和极小(<25 μm)外,均在宏观下可见。一般热带树种由于气温高,水分上升快,因而导管直径大的较多。

导管直径在同一树种中因树龄、生长环境和取材部位而异,即使在同一部位的早、晚材也不一致,但在一定变化范围内,其差异不大,所以可作为木材识别的重要标志。多数木材的早材管孔比晚材的大,但极少数树种的早、晚材管孔差异极小或相等,甚至早材管孔小于晚材的,如蔷薇科的珍珠梅属。桤木的管孔在年轮中部的直径大,而向早材或晚材直径逐渐减小。

导管分子长度在同一树种中因树龄、部位而异,不同树种因遗传因子等影响差异更显著。短者可小于 175 μm,长者可大于 1900 μm。通常长度小于 350 μm 为短,350~800 μm 为中,大于 800 μm 为长。环孔材的早材导管分子较晚材短,散孔材则长度差别不明显。树木生长缓慢的导管分子短。较进化树种的导管分子较短,而较原始树种的导管分子较长。

(2)管孔的数量

木材横切面单位面积上的管孔数在同一树种中往往由于树龄、立地条件、气候和取材的部位不同而有差异;然而各种树种(除极不正常者外)的导管数仍有一定幅度范围,可作为木材识别的参考依据。

管孔数计算主要适用于散孔材,而不宜用于环孔材和辐射孔材。计算环孔材的管孔数,仅限于晚材,或早、晚材分别计数。当观测时遇有聚集的复管孔或小导管群与管胞难以区别时,为便利计,可作为一个单位计数。管孔的数量分级如下:

级别	管孔数(个/mm^2)
甚少	5 以下
少	5~10
稍少	10~30

稍多	30~60
多	60~120
甚多	120 以上

阔叶树材横切面上管孔数目，一般散孔材的管孔数多，辐射孔材的管孔数较少，环孔材的晚材管孔数也比散孔材的少。热带材的管孔数少的居多。如黄杨的管孔数为140~170个/mm^2、香樟的管孔数为10~25个/mm^2、黄檀的管孔数为4~8个/mm^2、白柳桉的管孔数为1~4个/mm^2、紫檀的管孔数为1~3个/mm^2。

(3) 管孔的分布与组合

①管孔的分布　导管分子的横切面为管孔。根据管孔的分布，可将阔叶材分为环孔材、散孔材、半环孔材等类型，详见本书的第2章。

②管孔的组合　分为以下4种（图3-21）。

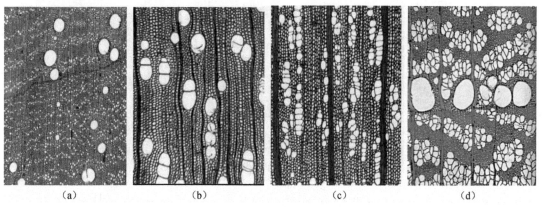

图3-21　管孔的组合
(a) 单管孔（栎木 *Quercus gilva*）　(b) 复管孔（桦木 *Betula lenta*）
(c) 管孔链（冬青 *Ilex canariensis*）　(d) 管孔团（榆木 *Ulmus americana*）
（图片引自 Insidewood）

单管孔：指管孔单独分布在木材中，不与其他管孔发生任何联系，四周由其他组织所包围的管孔，如桉属（*Eucalyptus* spp.）的大多数管孔为单管孔。一般认为50个管孔中，复管孔不超过1个时，按照单管孔对待。

复管孔：指为2至数个管孔相邻成径向或弦向排列，在两端的管孔仍为圆形外，中间部分的管孔连接处为扁平状的一组管孔，如桦木。

管孔链：指一串互相连接的单管孔，沿径向排列，但各自仍保持原来的形状的管孔，如冬青。

管孔团：指多数呈圆形或不规则形状的管孔聚集在一起呈集团状，如桑树、榆树。

(4) 导管分子的穿孔

两个导管分子之间底壁相通的孔隙称为穿孔，底壁连接部分的细胞壁称为穿孔板，穿孔边缘叫作穿孔缘。穿孔板的形状随它的倾斜度而不同，如穿孔板与导管分子的长轴垂直则为圆形。随着穿孔板倾斜度的大小，穿孔有各种形态，如卵圆形、椭圆形及扁平形。

穿孔是导管分子在发育过程中，纹孔膜的消失而形成各种类型。穿孔的类型不仅是鉴定树种和分类的依据，同时也是判断树木亲缘关系的重要参考资料。

根据纹孔膜消失的情况，穿孔可分为两大类型（图3-22）：

①单穿孔 穿孔板上具有一个圆或略圆的开口。导管分子在原始时期为一个大的纹孔时，当导管发育成熟后，导管分子两端的穿孔板全部消失而形成的穿孔称为单穿孔，绝大多数的树种其导管分子为单穿孔。单穿孔为比较进化树种的特征，如青杨、刺槐、栎木和核桃木等木材。

②复穿孔 导管分子两端的纹孔在原始时期，为许多平行排列的长纹孔对，当导管分子发育成熟，纹孔膜消失后，在穿孔板上留下很多开口。复穿孔也可分为3种类型：

梯状穿孔：指穿孔板上具有平行排列扁而长的复穿孔，如枫香、光皮桦。

网状穿孔：指穿孔板上具有网状复穿孔，如虎皮楠属、杨梅属。

筛状穿孔：指穿孔板上具有一小群圆形小孔的复穿孔，如麻黄属，又叫麻黄状穿孔。

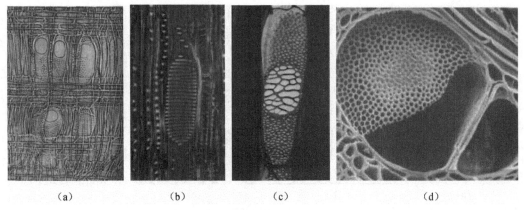

图3-22 穿孔板的类型

(a)单穿孔 (b)复穿孔：梯状穿孔 (c)复穿孔：网状穿孔 (d)复穿孔：筛状穿孔（麻黄）

(*IAWA List of Microscopic Features for Hardwood*, 2011；徐有明,《木材学》, 2011)

在同一树种中，若单穿孔与梯形穿孔并存，则早晚材导管也有显著的差别，早材导管多为单穿孔，而晚材导管多为梯状穿孔，如水青冈、樟木、楠木、含笑等树种。

(5) 导管的纹孔式

导管与木纤维、管胞、轴向薄壁组织间的纹孔，一般无固定排列形式。而导管与射线薄壁细胞，导管与导管间的纹孔形式、大小和排列常随树种不同而异，因此在木材鉴定上具有重要意义。

①导管间纹孔排列形式 有3种（图3-23）。

梯状纹孔：为长形纹孔，它与导管长轴成垂直方向排列，纹孔的长度常和导管的直径几乎相等，如木兰等。

对列纹孔：为方形或长方形纹孔，上下左右呈对

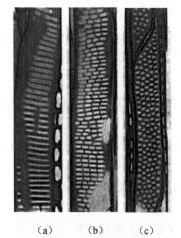

图3-23 导管间纹孔

(a)梯状纹孔 (b)对列纹孔 (c)互列纹孔

(刘一星、赵广杰,《木材学》, 2012)

称的排列，形成长或短水平状对列，如鹅掌楸。

互列纹孔：为圆形或多边形的纹孔，上下左右交错排列。若纹孔排列非常密集，则纹孔呈六边形，类似蜂窝状；若纹孔排列较稀疏，则近似圆形。阔叶树材绝大多数树种均为互列纹孔，如杨属、香樟。

②导管-射线间纹孔　导管与射线细胞间的纹孔为半具缘纹孔对，其排列、大小的差异为识别树种的特征。其形态主要为以下几个类型：

同管间纹孔：几乎与导管之间的纹孔式相同，常见于梧桐科、蝶形花科、茜草科树种。

单纹孔：大小同管间纹孔，常见于杨柳科的树种。

梯状纹孔：常见于木兰、八角、含笑等属。

大圆形纹孔：常见于桑科、龙脑香科。

刻痕状排列（栅状）：多见于壳斗科。

单侧复纹孔式：一个纹孔与相邻细胞的2个或2个以上的纹孔相互对列，在樟科和木兰科中常见。

(6) 螺纹加厚

导管壁上螺纹加厚是导管分子次生壁上的特征。在阔叶树材的环孔材中，螺纹加厚一般常见于晚材导管，散孔材则早晚材导管均可能具有螺纹加厚。有的树种全部导管都具螺纹加厚，如冬青、槭树等。有的树种仅在导管的尾端具有螺纹加厚，如枫香。

导管分子内壁上的螺纹加厚为阔叶树材鉴定的重要特征之一（图3-24）。例如槭树与桦木的区别，前者具螺纹加厚，后者则无。榆属、朴属及黄檗等树种，晚材小导管常具螺纹加厚。热带木材常缺乏螺纹加厚。

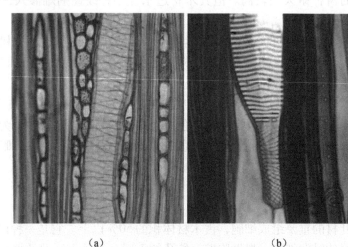

(a)　　　　　　　　　　(b)

图 3-24　螺纹加厚

(a)螺纹加厚遍及整个导管　(b)导管尾端具螺纹加厚

(*IAWA List of Microscopic Features for Hardwood*, 2011)

3.3.1.2　内含物

导管的内含物主要有侵填体与树胶2种，其有无及数量多少对木材的识别与利用有一

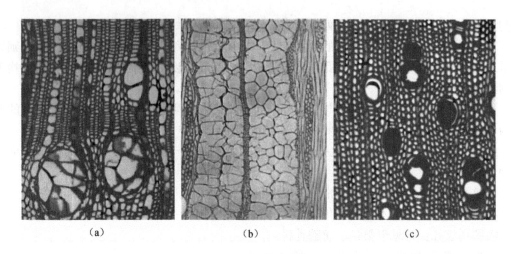

图 3-25 导管内含物
(a)横切面导管内的侵填体　(b)弦切面导管内的侵填体　(c)横切面导管内的树胶
(*IAWA List of Microscopic Features for Hardwood*, 2011)

定的作用(图 3-25)。侵填体常见于寒温带及亚热带、具有大导管、尤其环孔材树种的心材,而树胶则多见于热带树种的心材部分。

侵填体是由导管周围薄壁细胞或射线薄壁细胞在具有生活力时,经过导管壁上纹孔口进入导管内,填塞导管腔的一部分或全部而形成,如刺槐。北美橡木商品材分红橡和白橡,二者的差异主要是材色不同以及侵填体的有无或数量的多少;红橡类侵填体少或无,白橡类具丰富的侵填体,所以两类木材的用途和价格均不相同。由于侵填体堵塞了导管,所以具有侵填体的树种耐久性较高。但其木材透水性小,改性剂难渗入,影响木材改性效果。

树胶在导管中为不规则块状或隔膜状,填充在导管腔中将导管封闭。树胶颜色多为红色或褐色,但也有其他颜色,如芸香科所含树胶为黄色,乌木所含树胶为黑色,而苦楝和香椿等木材导管内则同时含红色或黑褐色的树胶。

此外,导管的内含物可为无定形有机物质的沉积物,或为结晶的无机盐类如碳酸钙、硅酸钙等。如柚木、印茄属的导管中含黄白色及至白色的物质。这些物质为矿物质和有机物的混合物。例如塔比布木属的导管中含黄色的拉帕醇($C_{15}H_{14}O_3$),在肉眼下观察为黄色条痕。

3.3.2 木纤维

木纤维是阔叶材的重要组成细胞,占木材体积的 50% 以上。它是一种两端尖削,呈长纺锤形,腔小壁厚的纵向细胞。根据胞壁上纹孔的不同,可分为韧型纤维和纤维状管胞两类,如图 3-26 所示。

木纤维是两端尖削,呈长纺锤形,腔小壁厚的细胞。木纤维壁上的纹孔有具缘纹孔和单纹孔两类,是阔叶树材的主要组成分子之一。约占木材体积的 50%。根据壁上纹孔类型,有具缘纹孔的木纤维称纤维状管胞;有单纹孔的木纤维称韧型纤维。这两类木纤维可分别存在,也可同时存在于同一树种中。它们的功能主要是支持树体,承受力学强度的作用。木材中所含纤维的类别、数量和分布与木材的强度、密度等物理力学性质有密切关系。有些树种还可能存在一些特殊木纤维,如分隔木纤维和胶质木纤维(图3-26)。

木纤维长度为500~2000 μm,直径为20 μm左右,壁厚为1~11 μm,热带材一般直径较大。在生长轮明显的树种中,通常晚材木纤维的长度较早材长得多,但生长轮不明显的树种没有明显的差别。在树干的横切面上沿径向木纤维平均长度的变动规律为:髓周围最短,在未成熟材部分向外逐渐增长,达成熟材后伸长迅速减缓,达到稳定。

(1) 韧型纤维

韧型纤维为细长纺锤形,末端略尖削,偶呈锯齿状或分歧状。细胞壁厚,胞腔较窄,外形与纤维管胞略相似。但韧型纤维具单纹孔,纹孔直径小,而纤维状管胞为具缘纹孔,直径大。2种

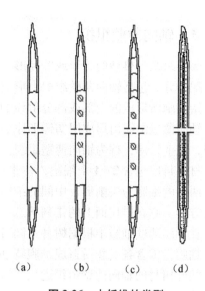

图3-26 木纤维的类型
(a) 韧性纤维　(b) 纤维状管胞
(c) 分隔木纤维　(d) 胶质木纤维
(徐永吉,《木材学》,1995)

类型的木纤维可能同时存在于同种木材中,也可能分别存在于不同树种的木材中。

韧型纤维壁上的纹孔分布均匀,径面壁上纹孔较多,其内壁平滑而不具螺纹加厚。韧型纤维在木材中的含量与木材的容量和强度性质有关。韧型纤维的长度在木材鉴定和工业利用上都具有重要意义。

(2) 纤维状管胞

纤维状管胞细胞壁较厚,胞腔狭小,两端尖削,具有透镜形或裂隙状纹孔口的具缘纹孔,是标准的木纤维细胞。纤维状管胞因树种而异,通常次生壁的内层平滑,间或有螺纹加厚,存在于胞壁的全部或局部。纤维状管胞在一些树种中数量少或无,在山茶科、金缕梅科等树种中极显著,为组成木材的主要成分。

具有螺纹加厚的纤维状管胞仅为少数树种所特有,如黄檗、女贞、冬青等。冬青属木材纤维状管胞细胞壁较薄,具缘纹孔和螺纹加厚都清晰可见。一般具有螺纹加厚的纤维状管胞,往往叠生状排列,以榆科及豆目所属树种最为常见。

(3) 分隔木纤维

分隔纤维是胞腔具有横隔壁的木纤维,一般不具纹孔。为热带材的典型特征,在橄榄科、苦木科、楝科、无患子科等较进化树种上可见,常见于桃花心木、刺楸、石楠、铁力木等。

(4) 胶质木纤维

胶质纤维是指胞腔内壁尚未木质化,呈胶质状的木纤维,即次生壁胶质化的韧型纤维或纤维管胞。胶质木纤维是一种缺陷,常见于非正常生长状态的阔叶树材中,出现在阔叶材偏宽年轮的一侧,是应拉木的特征。

3.3.3 轴向薄壁组织

薄壁组织为典型的砖形或等径形并具单纹孔的细胞所组成的组织,其功用主要是储藏和分配养分。包括轴向薄壁组织由形成层纺锤形原始细胞所形成的薄壁细胞和由形成层射线原始细胞所形成的全部或部分射线的薄壁组织。

轴向薄壁组织由形成层纺锤形原始细胞衍生2个或2个以上的薄壁细胞所组成,细胞尖削,胞壁较薄,称为轴向薄壁组织。一串木薄壁组织束所包含的细胞数目,在叠生构造的木材中每串包含2~4个细胞,在非叠生构造中每串包含5~12个细胞。在这一串细胞中只有两端的细胞为尖削形,中间的细胞呈圆柱形或多面体形,在纵切面观察呈长方形或近似长方形。它在横切面上的排列状态,为显微识别木材的重要特征。

在轴向薄壁细胞中根据树种不同可含油、黏液或结晶,分别称为油细胞、黏液细胞和含晶细胞,因含各类物质造成细胞特别膨大时,又统称为巨细胞或异细胞。

阔叶树材的轴向薄壁组织远比针叶树材的丰富,根据轴向薄壁组织与导管连生与否,分为傍管型和离管型2大类。

(1) 离管型薄壁组织

轴向薄壁组织多数(或基本上)不依附或邻近导管,除女贞、猴欢喜等树种的木薄壁组织少见或不见外,一般分为以下几种类型(图3-27)。

①星散型　薄壁细胞多数离开导管单独分散于纤维之间,如黄杨、枫香、桦木、山茶和杨木等。

②轮界型　在年轮的开始或末尾处出现宽狭不同(即1层至数层)的薄壁组织,见于桂花树和柚木等(轮始),杨树、悬铃木和木兰等(轮末)。

③切线状　指轴向薄壁组织的细胞组成1~3列横向断续的短切线,通常薄壁组织带的距离与木射线之间的距离略相等而交织成网状。如柿树、胡桃科各属。

④离管带型　薄壁组织呈各种宽狭不同,多数呈连续弦向或波状,其排列与年轮方向一致,但与轮界型截然不同。见于枫杨、山核桃等。

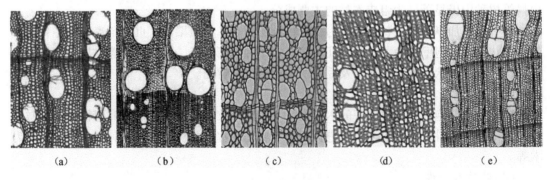

图3-27　离管型薄壁组织类型

(a)星散型(桦木 *Betula lenta*)　(b)轮界型(柚木 *Tectona grandis*)　(c)轮界型(木兰 *Magnolia acuminata*)
(d)切线型(柿树 *Diospyros bipindensis*)　(e)离管带型(枫杨 *Pterocarya stenoptera*)

(图片引自 Insidewood)

(2) 傍管类薄壁组织

傍管类薄壁组织类型分为稀疏傍管状等6种(图3-28)。

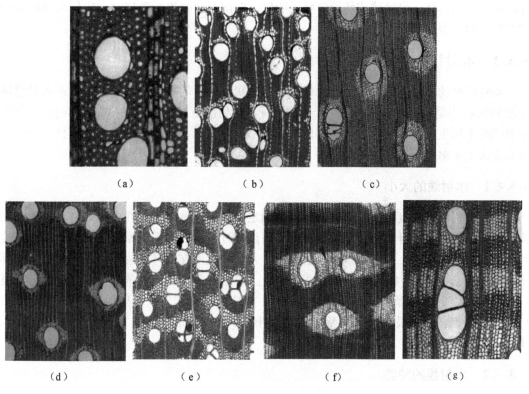

图3-28 傍管型薄壁组织类型
(a)稀疏傍管状 (b)单侧傍管状 (c)环管束状 (d)翼状 (e)(f)聚翼状 (g)傍管带状
(*IAWA List of Microscopic Features for Hardwood*, 2011)
(图片引自 Insidewood)

①稀疏傍管状 在导管周围单独出现,或排列成不完整的鞘状薄壁组织,如木姜子属、楠木属、拟赤杨、木荷等。

②单侧傍管状 仅限于导管的外侧或内侧的傍管薄壁组织,如银桦、香二翅豆、厚皮香、枣树等。

③环管束状:指薄壁组织的细胞完全围绕于导管周围,呈圆形或略呈卵圆形,是最常见的类型,如梧桐、樟树、梓树、大叶桉等。

④翼状 薄壁组织的细胞在导管周围向左右两侧延伸成翼状排列,如格木、泡桐、合欢等。

⑤聚翼状 翼状薄壁组织横向相连,呈不规则的切线或斜带状,如榉树、刺槐、花榈木等。

⑥傍管带状 指环管束状或聚翼状薄壁组织相互连成同心线状,如黄檀;若带状薄壁组织的宽度与所间隔的木纤维带等宽或更宽,即形成傍管宽带状,如铁刀木。

薄壁组织在某一树种中,或仅有单一类型的,如刺楸为傍管型环管状,小花红苞米仅为离管型星散状；也有的树种具2种或2种以上薄壁组织的，如枫香具离管型星散状和星散聚合状，皂荚具傍管型环管状、束状、翼状、聚翼状或傍管带状，木荚红豆具离管型轮界状和傍管型翼状、聚翼状或傍管带状。所以，对阔叶树材进行鉴定时，应仔细观察甄别薄壁组织的类型。

3.3.4 木射线

阔叶树材的木射线比较发达，含量较多，为阔叶树材的主要组成部分，约占木材总体积的17%，也是识别阔叶树材的一个重要特征。木射线有初生木射线和次生木射线，初生木射线源于初生组织；形成层生成的射线向内不延伸到髓，称次生木射线。木材中绝大多数均为次生木射线。

3.3.4.1 木射线的大小

是指木射线的宽度与高度，其长度不能测定。射线宽度和高度在木材显微切片的弦切面上进行测量。宽度计测射线中部最宽处，高度则计测射线上下两端间距离。宽度和高度均可用测尺计算长度，也可以细胞个数表示。木射线宽度在阔叶材鉴别时特别重要，国际木材解剖学会（IAWA）将阔叶树材射线分5类：①宽1个细胞，如紫檀属、栗属等；②宽1~3个细胞，如樟木等；③宽4~10个细胞，如朴木、槭木等；④射线组织宽11个细胞以上，如栎木、山龙眼、青冈栎等；⑤射线组织多列部与单列部等宽，如油桃、铁青木、水团花等。

3.3.4.2 木射线的种类

阔叶树材的木射线较针叶树材要宽得多，宽度变异范围大，一般分为以下4类（图3-29）。

①单列木射线　在弦切面上木射线仅1个细胞宽。几乎所有木材中均能见单列射线，仅具一种单列木射线的阔叶材很少，如杨柳科和七叶树科、紫檀属等木材。

②多列木射线　在弦切面木射线排列成2列或以上，为绝大多数阔叶树材所具有。如

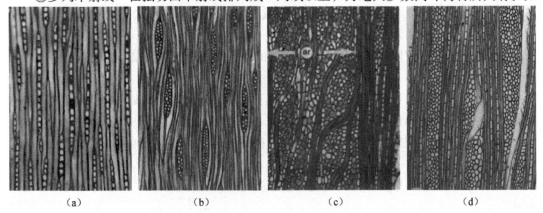

图 3-29　木射线的类型
(a)单列木射线　(b)多列木射线　(c)聚合木射线　(d)复合木射线
(*IAWA List of Microscopic Featuresfor Hardwood*, 2011)

核桃属、槭木属等。

③聚合木射线　许多单独的射线组织相互聚集一起，在肉眼下似单一的宽射线，显微镜下各小射线由不包含导管在内的其他轴向分子所分隔。如鹅耳枥、桤木、石栎等。

④复合木射线（栎型）　构成的分子全为射线薄壁细胞，指同时具有单列射线和极宽射线的木射线，且两者区分明显，如青冈属、麻栎属。

单列射线与多列射线可同时存在于同一树种，如甜槠、栎木；多列射线与聚合射线也可同时存在于同一树种，如桤木等。

3.3.4.3　木射线的组成

阔叶树材的木射线主要由射线薄壁细胞组成，仅极少数具聚合射线的树种射线中才夹杂有木纤维和轴向薄壁组织。

(1) 射线组成细胞

阔叶树材射线薄壁细胞按径切面排列方向和形状分3类：

①横卧细胞　在径切面上观察射线细胞的长轴呈水平(放射)方向排列，与树轴方向垂直。

②直立细胞　射线细胞的长轴呈轴向(纵向)排列，此类细胞可以构成单列射线，或为多列射线的一部分，特别是在射线上下边缘，常称边缘细胞。

③方形细胞　射线细胞在径切面近似方形。

(2) 射线组织

根据射线薄壁细胞类别及组合，可分同形射线和异形射线两类，这是目前射线分类最广泛应用的方法。

①同形射线　射线组织全部由横卧细胞组成的射线(图3-30)。

同形单列：射线组织全为单列射线或偶见2列射线，且全由横卧细胞组成。如杨属、红厚壳、丝棉木、海南椎。

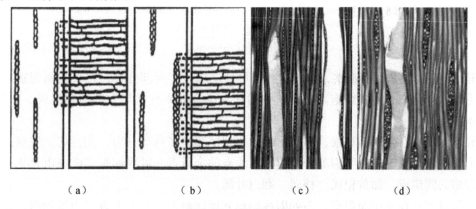

(a)　　　　　(b)　　　　　(c)　　　　　(d)

图3-30　同形木射线

(a)同形单列模式图　(b)同形多列模式图　(c)同形单列(杨木 *Populus grandidentata*)
(d)同形多列(桦木 *Betula lenta*)

(模式图：徐有明，《木材学》，2011)

(图片引自 Insidewood)

同形单列及多列：射线组织 2 列以上射线，全由横卧细胞组成，可能偶尔出现单列。如桦木属、合欢属、槭木、泡桐等。

②异形射线　射线组织由方形或直立射线细胞与横卧射线细胞组成（图 3-31）。

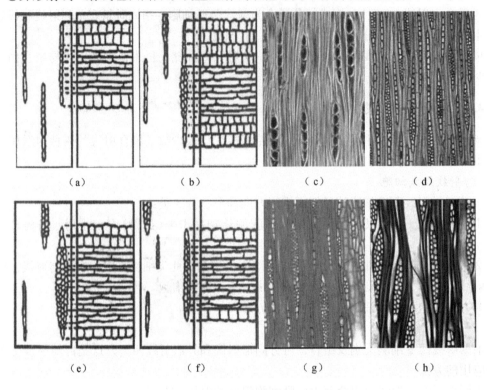

图 3-31　异形木射线

(a)异形单列模式图　(b)异形Ⅰ型模式图　(c)异形单列(紫檀 *Pterocarpus macrocarpus*)
(d)异形Ⅰ型(乌檀 *Nauclea diderrichii*)　(e)异形Ⅱ型模式图　(f)异形Ⅲ型模式图
(g)异形Ⅱ型(青檀 *Pteroceltis tatarinowii*)　(h)异形Ⅲ型(鹅掌楸 *Liriodendron chinense*)
(模式图：徐有明，《木材学》，2011)
(图片引自 Insidewood)

异形Ⅰ型：在弦切面观察，多列射线的单列尾部比多列部分长；在径切面观察，直立与方形细胞部分高于横卧细胞部分；单列射线全由直立或直立与方形细胞组成。如乌檀、九节木等。

异形Ⅱ型：在弦切面观察，多列射线的单列尾部比多列部分短，在径切面观察，直立与方形细胞部分低于横卧细胞部分；单列射线有的全由直立射线细胞组成或由直立与方形射线细胞共同组成，如黄杞属、朴属、翻白叶属。

异形Ⅲ型：在弦切面观察，多列射线的单列尾部通常仅具 1 个方形边缘细胞，在径切面观察，多列射线上下缘通常仅具 1 列方形边缘细胞；单列射线有的全由横卧细胞组成，有的由方形或方形与横卧细胞混合组成。如山核桃、小叶红豆、木兰科等。

③叠生射线组织　在弦切面上射线呈水平方向整齐排列，有的肉眼下亦可识别，即宏观构造一节中所述的波痕（图 3-32），一般具叠生构造的树种，热带产的多于温带，如花梨

木、酸枝木等。

3.3.5 阔叶材的管胞

管胞是针叶树材的主要构成细胞，在阔叶材中不常见，仅少数树种可见。阔叶树材中的管胞具有针叶材管胞的基本特点，如闭管细胞，具纹孔，分工和功能是较针叶材管胞更为专一和细致，但数量较少，因而没有针叶材管胞那么重要。阔叶材管胞分为环管管胞和导管状管胞（图3-33）。

（1）环管管胞

形状不规则而短小的管胞，形状变化较大，两端略钝，有时还具有水平端壁，侧壁具显著具缘纹孔。环管管胞多分布于环孔材的早材导管周围，和导管一起执行疏导作用，在壳斗科、桃金娘科及龙脑香科等木材上常见。

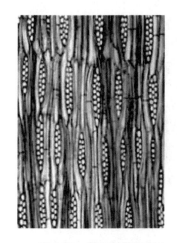

图 3-32 叠生射线组织
（巴西黑黄檀 *Dalbergia nigra*）
（引自 Insidewood）

（2）导管状管胞

在晚材中与导管混生，形状和排列像较原始而构造不完全的导管，但不具穿孔，两端以具缘纹孔相连，具输导作用。导管状管胞侧壁具有较大的具缘纹孔，边缘明显或明晰。纹孔直径等于或大于导管间纹孔直径。常见于榆、朴等属的木材中。

环管管胞与导管状管胞具有的共同特点是，均为闭管管胞，壁厚，侧壁纹孔直径大于或等于导管间纹孔直径。二者之间的区别是环管管胞较长，导管状管胞较短；环管管胞之间为搭接，与针叶材管胞相同，导管状管胞为对接与导管相同。

3.3.6 树胶道

胞间道指不定长度的细胞间隙，通常储藏着由泌脂细胞或泌胶细胞所分泌的树脂或树胶。为识别木材主要特征之一。它不仅存在于针叶树材，也存在于阔叶树材中，以热带木材的龙脑香科为典型代表。阔叶树材的胞间道通常称为树胶道，分为轴向和径向2种，但同时具有2种树胶道的阔叶材极少，仅限于龙脑香科、金缕梅科、豆目等所属的少数树种；轴向树胶道一般少于径向（水平）树胶道（图3-34）。

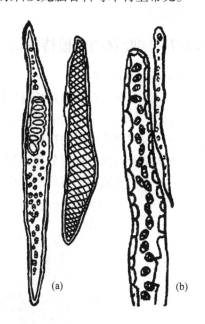

图 3-33 阔叶树材管胞
(a)导管状管胞 (b)环管管胞
（刘一星、赵广杰,《木材学》, 2012）

树胶道又可分为正常与创伤两种。正常轴向树胶道在横切面上散生，是龙脑香科和豆目等类群某些木材的特征；正常横向树胶道存在于木射线中，在弦切面呈纺锤形木射线，如漆树科、橄榄科所属木材。创伤树胶道是由于树木生长过程中受病虫害或外伤而产生，

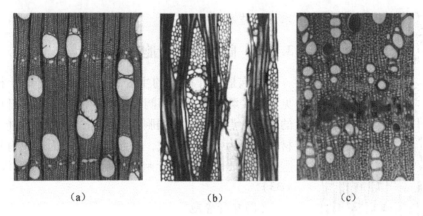

图 3-34 树胶道的类型
(a)轴向树胶道 (b)径向树胶道 (c)创伤树胶道
(*IAWA List of Microscopic Features for Hardwood*, 2011)

在横切面上多成切线状连续排列,形成同心圆状,常见于金缕梅科的枫香和芸香科等所属树种的木材中。

3.3.7 阔叶材的其他特殊构造

(1)内含韧皮部

一般情况下,在树木生长时,形成层向内分生木质部,向外分生韧皮部。但是,在某些阔叶树木材的次生木质部中具有韧皮束或韧皮层,称之为内含韧皮部。主要存在于热带树种中,为识别热带材的特征之一。

较常见的内含韧皮部分布类型是多孔型,又称为岛屿型,形成层在树木的直径生长中一直活动,而木质部中包藏着韧皮束,多见于沉香属(图3-35)、紫茉莉属的木材中。

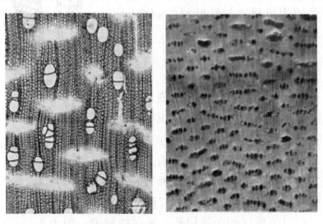

图 3-35 白木香(*Aquilaria sinensis*)的内含韧皮部
(徐峰、刘红青,《木材比较鉴定图谱》,2016)

(2)乳汁管和单宁管

乳汁管是存在于木射线中的变态细胞,是含有乳汁的连续管状细胞,如夹竹桃科的盆架树属和桑科的榕属、箭毒木属等树种可见。

单宁管的形状与乳汁管相似,也存在于木射线中,管道较长,管壁无纹孔,内含铁的化合物,凝聚时呈蜡状深红色,是肉豆蔻科特有的标志特征。

(3) 油细胞和黏液细胞

分泌细胞存于射线或轴向薄壁组织的薄壁细胞中,近似圆形或椭圆形。分泌油分、黏液或胶等。分泌油分的为油细胞,分泌黏液的为黏液细胞,在樟科中两类细胞都存在。

樟科各属的薄壁组织中均具有油细胞,其发达的可成为油囊,如美洲檫树。射线中的油细胞常见于我国阔叶树材的樟科、木兰科、莲叶桐科等各属的树种。其他科属如木兰科的木莲属(其中木莲不具有)、含笑属等,多存在于射线中,而轴向薄壁组织中缺乏。在薄壁组织中多位于每束的一端或两端,如樟属数多而大,檫木属数少而小。油细胞存在与否为识别木材的重要特征之一。除樟科、木兰科之外,油细胞也出现于莲叶桐科、肉豆蔻科、千屈菜科等所属树种中,多在射线中。

黏液细胞一般呈圆形,除内含物外均与油细胞相仿。射线黏液细胞常见于番荔枝科和樟科刨花楠属。

(4) 结晶细胞

结晶细胞是轴向薄壁细胞或射线薄壁细胞含有一个或数个结晶体的细胞。该晶体一般为草酸钙晶体,有的为碳酸钙结晶或二氧化硅,含有硅、石膏、胡萝卜素、黄连素、石碱精等。薄壁细胞或射线薄壁细胞含有晶体常见的几种形态如下:

柱状晶体:长为宽的4倍。两端尖或呈四角棱形。

砂晶:非常细的晶体,呈颗粒状聚集,如茜草科的部分树种。

针晶:晶体呈细长针状,如石梓。针晶聚集成束者,称斜束晶,如五桠果。

簇晶:簇晶体成球状集团,有时含有机质的核心,通过针状物附着于细胞壁,或在细胞中呈游离状态。

热带材多含有二氧化硅,如木兰科含笑属可能存在于薄壁组织、导管、木射线或射线薄壁组织中。

(5) 石细胞

在轴向薄壁组织中系有一种显然不是锐细胞,但具有支持功能的细胞。它具有厚的、强度木质化的次生壁,其形状为多边形,且常为分枝,常见于婆罗洲铁木、相思属。

3.4 树皮的显微构造

树皮体积一般占树木的立木地上部分6%~20%,是树木中执行保护和输导功能的重要结构。在原木识别中树皮形态是重要特征,了解树皮显微结构是研究树皮结构和利用的基础。树皮和木材在显微结构上有很大差异,树皮的显微结构比木材更复杂,并在其生成后由于脱落、挤压等因素而会产生一定的变化。

3.4.1　树皮中的细胞类型

3.4.1.1　周皮的细胞类型

(1) 木栓形成层

木栓形成层是一种次生分生组织，来源于已有过分化的细胞，属于侧生分生组织。由一种原始细胞组成，在横切面上呈长方形，径向轴短，在弦切面上呈规则的多角形。除皮孔发育的地方外，木栓形成层无胞间隙。

木栓形成层和形成层一样，有活动期和不活动期。栎属的一些树种的木栓形成层活动期和形成层是一致的，而相思属有的树种木栓形成层的活动期与不活动期在一年中有 3 次交替，应该有多种因素影响木栓形成层的活动和起始。

(2) 木栓层

木栓层细胞在弦切面上为多角形，横切面上是径向紧密排列成行、无细胞间隙的死细胞。木栓细胞的初生壁由纤维素组成，有时也含有木质素或木栓质，初生壁内面衬有一层栓质，由栓质和蜡质交替的细微薄层组成，在它形成后原生质体消失，栓质层不透水、不透气，有耐酸作用。

(3) 栓内层

栓内层由生活的薄壁细胞组成，和木栓层细胞在同一径向列上。

3.4.1.2　韧皮部的细胞类型

从个体发育角度，韧皮部分为初生韧皮部和次生韧皮部。初生韧皮部由初生分生组织分化而来，而次生韧皮部则起源于维管形成层，有轴(纵)向系统和(径向)射线系统。射线连续地经过形成层与木质部相连接。

韧皮部的发育和结构是和木质部平行的，但是组成细胞的木质化程度低，并随着树径的增加发生变化，而木质部可长期保持原来的形状，因此了解韧皮部结构和特性的难度较大。

韧皮部在树木生长过程中疏导光合作用的产物，其轴向系统主要由运输营养物质的筛分子、伴胞和蛋白质细胞，储藏作用的薄壁细胞组成；此外，还有支持作用的纤维和石细胞，有的还可含有乳汁器和树脂道，如橡胶树产生橡胶的乳汁器，肉桂次生韧皮部中产生的油细胞等。径向系统是韧皮射线，只存在次生韧皮部中，全由薄壁细胞组成，有储藏和运输营养物质的作用。

(1) 筛分子

韧皮部分子有 2 类，筛胞发生在针叶树中，筛管存在于阔叶树中。筛分子的主要形态特征是细胞上具有筛域，是细胞壁上的凹入部分，具小孔。筛分子成熟时的原生质中没有细胞核，其细胞壁通常只具有初生壁，主要由纤维素组成，如图 3-36 所示。

筛分子在韧皮部是一些最为特化的细胞，它们的主要形态特征为细胞壁上具有筛域(变形的纹孔)和成熟时的原生质体中没有细胞核。筛分子通常只具有初生壁，主要由纤维素组成。但是在松柏类的松科植物的筛胞中，有次生的非木质化细胞壁。在不同植物中筛分子壁的厚度各不相同，而且筛分子壁的厚度随着筛分子的成熟而逐渐减薄。筛分子的结构也各不相同，有的壁结构比较均匀，而有的可由两层不同的结构组成。

筛分子可分为两类，筛胞发生于蕨类植物和裸子植物中，单个细胞，形状伸长，其侧壁和有时在端壁上有特化的筛域；筛管存在被子植物中，这是由许多细胞组成纵行的管状结构，每一细胞称为一筛分子。每一细胞的端壁或近端壁，一个或多个筛域更较特化，形成了筛板。

筛分子的最原始形式是薄壁组织细胞。这些细胞由于生理作用而发生改变。其中最显著的变化为细胞核的消失。这种变化的结果，形成了一种特殊的筛胞或筛管，并且同时发育出相互依赖而仍保留有细胞核的薄壁组织细胞——这种细胞在裸子植物中为蛋白质细胞，在被子植物中为伴胞。

(2) 伴胞和蛋白质细胞

①伴胞　阔叶树的筛管分子往往结合有高度特化的薄壁组织细胞，称为伴胞，它在整个生长中都有细胞核。筛管分子和伴胞在个体发育上由同一个分生组织细胞(母细胞)

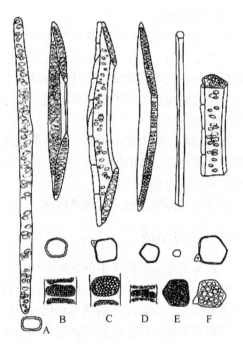

图 3-36　筛胞和筛分子
A. 铁杉的筛胞　B～F. 筛分子
B. 核桃　C. 鹅掌楸　D. 苹果
E. 马铃薯　F. 刺槐
(李正理，《植物解剖学》，1983)

发育，分生组织细胞纵向分裂一次或几次，其中最大的细胞特化形成了筛管分子，其他的则发育成为伴胞(或再经过横的或纵的分裂)。

一个筛管分子常结合有一个或几个伴胞。伴胞有不同的大小，有的可和筛管分子同样长短，有的可以较短，几个伴胞连接成筛管分子的长度。伴胞和筛管之间的细胞壁较薄，并有许多较薄的区域，这种区域是筛管一边的筛域和伴胞一边的初生纹孔场，其中有胞间连丝通过。

②蛋白质细胞　裸子植物中没有伴胞，但是在筛胞附近也有一些染色较深的薄壁细胞。这些细胞与筛胞有生理上和形态上的密切关系，特称为蛋白质细胞。但是个体发育上，这些细胞由韧皮部薄壁组织或韧皮部射线发育来。蛋白质细胞与筛胞密切结合，并且缺乏淀粉，因而可和韧皮的其他薄壁组织细胞相区别。

(3) 薄壁组织细胞

韧皮部中除了伴胞和蛋白质细胞以外，还含有不同数量的薄壁组织细胞。这些细胞可储藏淀粉、脂肪及结晶等。初生韧皮部的薄壁细胞是长形的，成纵向的与维管组织平行。次生韧皮部中薄壁组织细胞分为轴向系统和径向系统。轴向系统的，称为韧皮薄壁组织；径向系统的，组成了韧皮纤维射线。轴向的细胞可能形成薄壁组织束，或单个纺锤状细胞。含有结晶的薄壁细胞可能再分裂成小细胞，每一细胞含有一单个结晶。这些细胞多与纤维或石细胞结合，并有次生加厚的木质化壁。

(4) 厚壁细胞

韧皮部中的厚壁组织细胞主要为纤维和石细胞。

① 纤维　初生韧皮部和次生韧皮部一般都含有纤维。初生韧皮部中，纤维在组织的最外部分；而在次生韧皮部中，纤维在轴向系统中有各种分布形式。纤维可成分隔的或无分隔的，生活的或成熟后不生活的。这些细长、壁厚的纤维，常是工业上重要的纤维原料（例如各种麻类）。

② 石细胞　韧皮部中也常有各种形状的石细胞，它们可与纤维结合或单独存在，并且可存在于次生韧皮部的轴向和径向系统。通常，在韧皮部较老部分中分化的石细胞，多为薄壁组织细胞石化的结果。

纤维与石细胞之间有时很难区别，因此就将这种类型称为纤维-石细胞。

3.4.2　树皮组成

一般维管形成层所产生的韧皮部往往比木质部少，而且老的韧皮部逐渐被挤毁，后来失去作用，并被周皮隔离，与体轴分离。因此，在树干、枝条或根上，虽然木质部是在不断积累和增大，而韧皮部的数量却仍有一定的限制。

韧皮部和所有位于维管形成层外面的组织合称为树皮。在木本植物的根和茎中，韧皮部组成了树皮最里面的部分。多数的针叶树韧皮部生成以后，至少在两个生长季节中起作用，而多数的阔叶树，在形成层产生新韧皮部之前，所有或者大部分前一生长季节中所产生的筛管分子便停止作用。如白蜡树前一年的后期筛管，到春季可再活动一直到叶芽发育和长出幼叶为止；但也有的筛管能活动几年，如椴属。当韧皮部的筛分子不起输导作用时，转成无作用或不活动的韧皮部。但这部分韧皮部中的薄壁细胞，可一直保留活性，继续储藏淀粉，直到被木栓形成层或周皮隔断为止。

(1) 松杉目的韧皮部

裸子植物中有苏铁目、银杏目、松杉目和买麻藤目，全都是木本植物。一般所谓针叶树，指松、杉和银杏，而商用针叶树实际是松杉目。

松杉目树木的韧皮部通常比双子叶植物的韧皮部简单，它的种间变化也比较少。轴向系统中有筛胞和薄壁组织细胞，常常还有纤维，也可能有石细胞。射线是单列的，全由薄壁组织细胞构成，有些种中可含有蛋白质细胞。蛋白质细胞一般是在射线的边缘。这2种系统中可能都有树脂道。

筛胞都是些长的细胞，通常只是在径向面上有许多筛域。薄壁组织细胞或形成束或为单个细胞。松树的韧皮部中一般都没有纤维；红豆杉科、罗汉松科、杉科和柏科的韧皮部中一般都有纤维。当它们具有纤维时，通常纤维都成为单列的弦向带，与薄壁细胞和筛胞组成类似的带状交替排列。

松杉目韧皮部在某一个切面上只是成为一条狭带，差不多只有一个生长层是处在活动状态中，其余的没有什么输导作用。如果没有纤维时，毁坏的筛胞使这种组织现出扭曲的形状，特别是因为射线已现出了波纹的形状，例如松树(图3-37)。薄壁组织细胞在无作用的韧皮部部分变大，并且一直可生活到被周皮隔离以后为止。射线薄壁组织细胞也仍是活跃的，但是其中蛋白质细胞并不活跃，这些细胞在无作用的韧皮部中多被挤毁。

（2）阔叶树的韧皮部

阔叶树的次生韧皮部，在轴向系统和射线系统中的细胞组成、排列和大小，以及无作用韧皮部的特征都各有不同的地方。轴向系统中都具有的成分为筛管、伴胞和薄壁组织细胞，此外还可能具有纤维或石细胞。阔叶树的韧皮部结构，平常可以用毛白杨的次生韧皮部组成来说明（图3-37）。

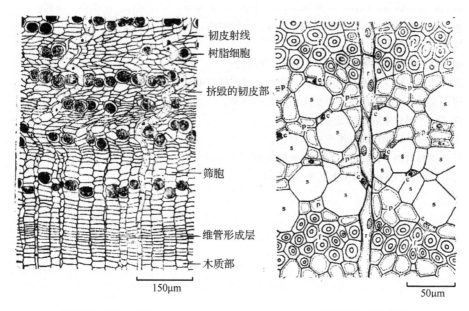

松树的次生韧皮部　　　　　　　　毛白杨次生韧皮部

图3-37　次生韧皮部
（李正理，《植物解剖学》，1983）

韧皮纤维和石细胞的分布和排列形式在阔叶树韧皮部中是重要的结构特征。有的植物没有纤维，例如马兜铃；有纤维时，它们可能是分散的，例如凌霄和月桂；或现出平行排列的弦向带，例如白蜡、木兰和刺槐；有的纤维很多，因此筛管和薄壁组织细胞成为一个一个小团散布在纤维中间，例如山核桃属。有些植物的厚壁细胞往往是石细胞或纤维－石细胞，只是在韧皮部的无作用部分中分化，例如李属。葡萄属的分隔纤维是生活的细胞，有储藏淀粉的作用。

轴向薄壁细胞多呈不规则的分布，有时成束。细胞内常含淀粉、鞣质或各种形状的晶体，有些薄壁细胞形成次生加厚的木质化的细胞壁。

韧皮部射线有单列的，也有多列的，有高的，也有低的，并且在同一组织内可能有不同种类的射线。射线由薄壁组织细胞组成，但是也可能含有石细胞或具结晶体的石化薄壁组织细胞。在韧皮部较老部分中的射线，常因茎或根周围的增大而逐渐扩张。通常只是有些射线逐渐扩张，其余的射线仍像原来从形成层中发生出来时一样宽。例如椴树由于射线薄壁组织细胞的分裂，发育出宽的楔状组织。射线扩张是老韧皮部的一个特征。

随着韧皮部的老化，筛管可能完全挤毁，或者仍旧开放而充满了气体。薄壁组织细胞可能变大，因而挤压了筛管。如果组织因为细胞的毁坏而收缩，射线就随着弯曲起来。薄壁组织细胞在无作用的韧皮部中继续储藏淀粉直到被周皮隔离为止。有作用的韧皮部一般只限于一个生长层；筛分子在春天由形成层发生以后，往往在秋天就停止输导而死亡。

思考题

1. 名词解释：管胞、纹孔、具缘纹孔、螺纹加厚、交叉场、导管穿孔、侵填体、筛管。
2. 木材细胞壁主要由哪几种物质构成？分别有何功能？
3. 纹孔对的类型有哪些？
4. 细胞壁内壁加厚有哪几种类型？各有何特点？
5. 螺纹加厚与螺纹裂隙有何差异？二者对木材识别与木材利用有何影响？
6. 何谓交叉场纹孔？简述常见交叉场纹孔的类型。
7. 简述阔叶树材木射线的类型。
8. 简述阔叶树材轴向薄壁组织的类型。
9. 针叶树材与阔叶树材的解剖构造有何差异？
10. 简述针叶树和阔叶树次生韧皮部结构差异。

第4章

木材的性质和缺陷

【难点与重点】重点了解木材的三大组分——木质素、纤维素和半纤维素的结构、木材的主要物理性质、力学性质、环境学特征和原木缺陷的类型,掌握木材的理化性质在木材鉴定工作中的作用及意义。难点是三大组分的结构、水分和密度对木材性质的影响,以及木材缺陷在木材利用过程中的辩证作用。

木材是由树木生长而形成的一种高分子化的生物材料,在结构和性质上具有与其他材料不同的固有特性。木材的特性取决于木材的构造以及化学组成。木材的性质包括物理性质、化学性质和力学性质及其环境特性等。此外,木材的性质也包括木材的加工性质,包括刨、锯、打眼、油漆、干燥和防腐等。了解木材的性质,对木材的合理加工和利用都是很重要的。

4.1 木材的化学性质

木材是一种组织构造十分复杂而且具有很多特性的生物材料,其特性取决于木材的构造以及化学组成。研究木材的化学组成和性质有助于深入认识和有效利用木材。

4.1.1 木材的化学组成

木材化学成分,有细胞壁物质和非细胞壁物质之分,或称为主要化学成分和少量化学成分,如图4-1所示。木材的主要成分为纤维素、半纤维素、木素,它们是构成木材细胞壁的主要物质;次要成分为抽提物和灰分,主要以内含物形式存在于细胞腔中,也有少量存在于细胞壁中。

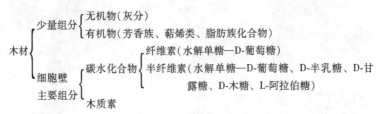

图 4-1　木材的化学成分

(1) 木材的化学成分

由纤维素、半纤维素和木质素 3 种高分子化合物构成细胞壁的物质基础，总量占木材的 90% 以上，一般把纤维素叫作木材的微骨架结构，而半纤维素为填充物质，木质素则是结壳物质。在针叶树材中纤维素含量约为 42%、半纤维素约 27%、木质素约 28%；阔叶树材中则纤维素约为 45%、半纤维素约 30%、木质素约 20%，一般针叶树材中纤维素和半纤维素含量低于阔叶树材的含量，但是木质素高于阔叶树材的含量。

木材次要成分多存在于细胞腔内，部分存在于细胞壁和胞间层中，由于可以利用冷水、热水、碱溶液或者有机溶剂浸提出来，所以又称抽提物。木材抽提物包含多种类型的天然高分子有机化合物，其中最常见的是多元酚类，还有萜类、树脂酸类、脂肪类和碳水化合物类等。木材抽提物与木材的色、香、味和耐久性有关，也影响木材的加工工艺和利用。木材抽提物因树木的种类不同而差异很大，有些抽提物是各科、属等特有的化学成分，可作为某一特定树种分类的化学依据。

(2) 树木的化学组成

由于树种不同，木材的化学组成有很大差别。同一种树木，产地和生长环境不同，化学组成也有差异。在同一株树的边材、心材和早材、晚材，甚至在树干的不同高度处，木材的化学组成也略有差异。针叶树材中，心材比边材含有较多的有机溶剂抽提物、较少的木质素与纤维素；在阔叶树材中，心材与边材差异较小。无论是针叶树材或阔叶树材，边材中乙酰基的含量较心材高。由于晚材管胞的细胞壁厚度大于早材的细胞壁，并且晚材胞间层占的比例较少，细胞壁成分的大多数为纤维素，胞间层物质大多数为木质素。所以，晚材比早材常含有较高的纤维素与较低的木质素。

树干与树枝化学组成差别较大，不论是针叶树材还是阔叶树材，树枝的纤维素含量较少，木质素含量较多，聚戊糖、聚甘露糖较少，热水抽提物含量较多。树皮约占全树的 10%，树皮可分为外皮和内皮，其化学组成也有不同。树皮化学组成的特点是灰分多，热水抽提物含量高，纤维素与聚戊糖含量则较少。某些树种的树皮内含有大量的鞣质（热水抽提物）及较多的木栓质（一种脂肪性物质）和果胶质。树皮由于纤维素含量太低，不适宜用于造纸和建筑材料，主要用于制取鞣质及作燃料。我国的落叶松树皮、油柑树皮、槲树皮及杨梅树皮可以浸提制栲胶。

4.1.2　木材的纤维素

纤维素是地球上最丰富的有机物质，在植物界中广泛分布。棉花中纤维素含量很高，达 95%~99%；苎麻皮中纤维素含量约 80%~90%；禾本科植物如稻草、竹子、芦苇的茎干中约有 40%~45% 的纤维素。木材细胞壁中纤维素占 50% 左右，它以长束状的微纤丝形式存在，是细胞壁的骨架物质；对木材的物理、力学性质有着重要影响。

(1) 纤维素的结构

纤维素属于多糖类天然高分子化合物，由葡萄糖单体聚合而成的，其化学式为 $C_6H_{10}O_5$，由碳、氢、氧3种元素构成，质量分数分别为44.44%、6.17%、49.39%。根据大量研究，证明纤维素的化学结构具有如下特点：

①纤维素大分子仅由一种糖基即葡萄糖基组成，糖基之间以1-4苷键连接（图4-2），在酸或高温作用下，苷键会发生断裂，从而使纤维素大分子降解。

②纤维素链的重复单元是纤维素二糖基，其长度为1.03 nm，每一个葡萄糖基与相邻的葡萄糖基之间相互旋转180°。

③除两端的葡萄糖基外，中间的每个葡萄糖基具有3个游离的羟基，分别位于C_2、C_3和C_6位置上，其中第二、三碳原子上的羟基为仲羟基，第六碳原子上的羟基为伯羟基，它们的反应能力不同，对纤维素的性质具有重要影响。

④纤维素大分子两端的葡萄糖末端基，其结构和性质不同，左端的葡萄糖末端基在第四个碳原子上多一个仲醇羟基，而右端的第一个碳原子上多一个伯醇羟基，此羟基的氢原子在外界条件作用下容易转位，与基环上的氧原子相结合，使氧环式结构转变为开链式结构，从而在第一个碳原子处形成醛基，显还原性。左端的葡萄糖末端基是非还原性的，由于纤维素的每一个分子链只有一端具有还原性，所以纤维素分子具有极性和方向性。

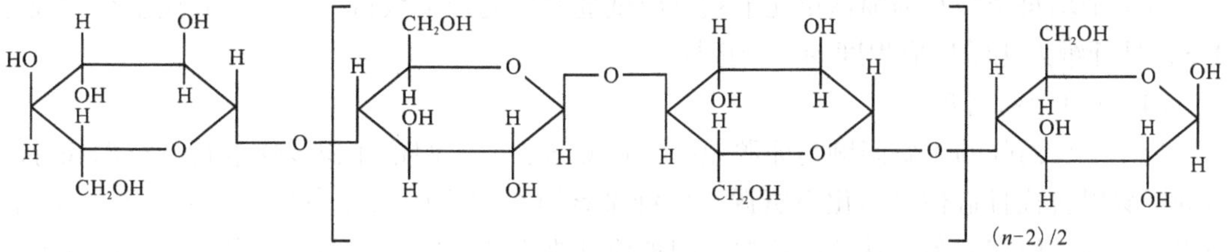

图 4-2　纤维素分子链结构式
（徐有明，《木材学》，2011）

⑤纤维素为结构均匀的线性高分子，除了具有还原性的末端基在一定的条件下氧环式和开链式结构能够互相转换外，其余每个葡萄糖基均为氧环式结构，具有较高的稳定性。

(2) 纤维素的性质

纤维素为白色、无味，具有各向异性的高分子物质，化学稳定性较高，不溶于水、酒精、乙醚和丙酮等溶剂。纤维素大分子之间的结合键主要是氢键、范德华力和碳氧键。纤维素的聚合度与纤维的物理力学性质有关，聚合度越大，分子链越长，化学稳定性越高，越不容易溶解，强度也越高。

纤维素分子聚集的特点是易于结晶。当纤维素分子链满足形成氢键的条件时，纤维素分子链聚集成束。如果彼此间相互平行、排列整齐，就具有了晶体的基本特征，这一区段称为结晶区；不平行排列的区段称为非结晶区或称为无定型区。结晶区和非结晶区并无明显的界限。

纤维素具有吸附水分子的能力。纤维素的吸湿直接影响到木材及其制品的尺寸稳定性和强度。非结晶区内纤维素分子链上的羟基，只有一部分形成氢键，另一部分处于游离状态。游离的羟基为极性基团，容易吸附空气中的极性分子而形成氢键结合。纤维素吸湿仅发生于非结晶区内，吸湿能力的大小取决于非结晶区所占的比例。非结晶区所占比例越大，吸湿能力越强。如果经过处理，纤维素分子上的羟基被置换后，纤维的吸湿性则明显降低。纤维素吸湿后，体积增大称为湿胀；解吸时体积变小，称为干缩。由于水分子能够进入非结晶区或结晶区的表面，引起纤维素分子链的间距增大或减小，从而发生湿胀和干缩现象，这是木材尺寸不稳定的主要原因。纤维素在受到水或其他溶剂的作用后，水或其他溶剂的分子最先进入非结晶区，使纤维素分子链间距增大而发生膨胀。溶剂的极性越强，这种现象发生得越明显。

(3) 纤维素的化学反应

纤维素的化学反应包括纤维素链降解和纤维素羟基反应2种情况，其化学反应能力与纤维素的可及度和反应性有关。可及度是指反应试剂到达纤维内部和纤维素羟基附近的难易程度，是纤维素发生化学反应的前提条件。一般认为，水分子或化学反应试剂只能穿透到纤维素非结晶区，而很难进入结晶区。所以大多数纤维素原料在进行化学反应前进行预处理，采用减压、加压、水、热和溶胀剂处理纤维原料，都可以增加纤维素反应的可及度。纤维素分子链每个葡萄糖基上都有3个活泼的羟基（1个伯羟基、2个仲羟基），它们可以发生酯化、醚化等化学反应。纤维素的化学反应性就是指纤维素分子链上羟基的反应能力，不同的羟基、不同聚合度和结构都是影响纤维素反应性的因素。取代度是指纤维素分子链上平均每个失水葡萄糖单元上被反应试剂取代的羟基数目，纤维素取代度小于或等于3，是纤维素化学反应程度的一个指标。

(4) 纤维素的利用

当今世界面临的主要问题是能源短缺、资源减少，人们正在积极探索新的技术和寻求新的资源以替代日益枯竭的化石资源，而纤维素是可再生的天然高分子材料，资源丰富。采用新技术、研究制备特殊功能性的高附加值纤维素新材料具有现实意义，成为国内外最活跃的研究领域之一。

天然纤维素含有大量羟基，具有一定的吸水性，但是吸水能力有限。通过醚化或者接枝共聚作用，将水溶性或亲水性基团聚合物接枝于纤维素分子链上，可得到高于纤维自身吸水性能几十倍至上千倍的高吸水性纤维材料，它在节水农业、干旱地造林和沙漠治理方面具有广阔的应用前景。纤维素也具有一定的吸附能力，但是吸附容量小，选择性低。纤维素吸附剂的制备首先是将黏胶纤维分散成球状液滴，制成纤维素珠体，然后采用交联剂与纤维素珠体进行交联反应，改变它的溶胀性质，最后采用酯化、醚化方法将磺酸基、羧基、胺基、氰基等具有吸附能力的官能团接枝于纤维素珠体上。球形纤维素吸附剂用于血液分析、酶和蛋白质的分离纯化等。丙烯腈接枝于球状纤维素，再用胺处理，可以得到吸附重金属离子的交换树脂，用于从海水中提取铀、金等贵金属，还可以吸附废水中的有害化学物质，用于环境保护事业。

4.1.3 半纤维素

半纤维素是木材的主要组分之一，是一种分子量较低的非纤维素的碳水化合物，与木素、纤维素一起存在于植物细胞壁内，通常用碱溶液从未经处理或脱去木质素的木材中抽提分离出来,并且通常不包括果胶和淀粉。

(1)半纤维素的结构

半纤维素与纤维素不同,它不是由同一种糖基组成的均一聚糖,而是以不同的几种糖基组成的共聚物,半纤维素就是这样的一群共聚物的总称。半纤维素是由木糖、甘露糖、半乳糖、阿拉伯糖和葡萄糖等多糖基组成的一种聚合物,具有多而短的支链,主链上一般不超过150~200个糖基(图4-3、图4-4)。

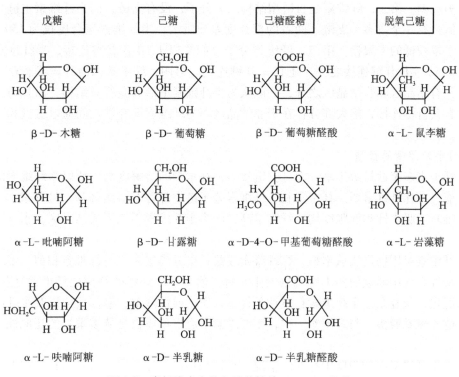

图4-3 半纤维素中的各种单糖的 Haworth 结构
(刘一星、赵广杰,《木材学》,2012)

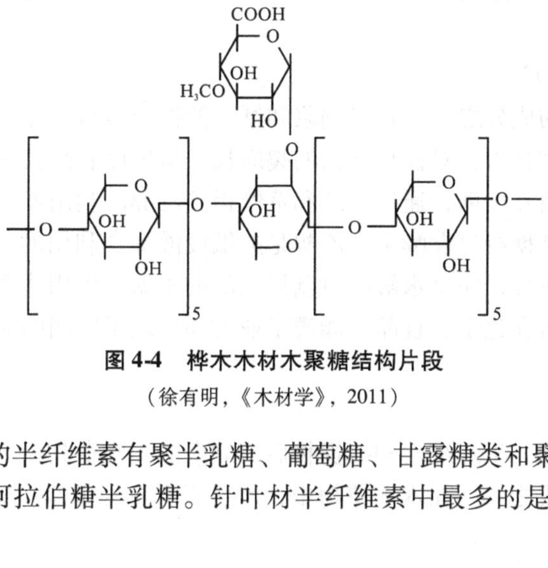

图4-4 桦木木材木聚糖结构片段
(徐有明,《木材学》,2011)

针叶树材中主要的半纤维素有聚半乳糖、葡萄糖、甘露糖类和聚木糖类,落叶松属木材中还存在较多的聚阿拉伯糖半乳糖。针叶材半纤维素中最多的是半乳糖基葡萄甘露聚糖，约占 20%；另外一种半纤维素是阿拉伯糖基葡萄糖醛酸基木聚糖，约占 5%~10%。阔叶材半纤维素主要由 O-乙酰基-4-O-甲基葡萄糖醛酸基-β-D-木聚糖组成，占除去抽提物后木材质量的 20%~35%；聚葡萄糖甘露糖一般在阔叶树材中含量为 3%~5%。

半纤维素和纤维素同属于多聚糖，同为苷键连接，共存于细胞壁内，具有相近的性质，但是两者也有不同，就其结构而言，其区别在于：第一，纤维素是单一葡萄糖基构成的均一多聚糖，而半纤维素是由两种或两种以上不同糖基以及少量醛酸基、乙酰基构成的非均一多聚糖。第二，纤维素是直链型结构的大分子，没有支链，而半纤维素主链是线型结构，但具有一个或多个支链。两者的聚合度差异巨大，半纤维素聚合度仅为 150~200，它是分子量较低的多聚糖。第三，纤维素分子之间均以 1，4-β 苷键连接，半纤维素糖基之间除了 1，4-β 苷键连接之外，还有 α 苷键连接。第四，纤维素以微纤丝状态存在于细胞壁中，有结晶区和非结晶区之分，一般认为半纤维素不形成微纤丝结构，而且与纤维素之间没有共价键连接，绝大部分存在于非结晶区内与纤维素微纤丝之间通过氢键和范德华力结合。

(2) 半纤维素的性质

半纤维素多聚糖易溶于水，而且支链较多，在水中的溶解度高，所以半纤维素的抗酸和抗碱能力都比纤维素弱。纤维素和半纤维素分子链中都含有游离羟基，具有亲水性，但是半纤维素的吸水性和润胀度均比纤维素高，因为半纤维素不能形成结晶区，水分子容易进入。

半纤维素可用抽提法从木材、综纤维素或浆粕中分离出来。与纤维素相似，半纤维素苷键在酸性介质中断裂而使半纤维素发生水解，但是半纤维素的结构比纤维素复杂得多，反应情况也比较复杂。半纤维素在碱性条件下，发生碱性降解、剥皮反应以及半纤维素分子链上的乙酰基脱落。与纤维素一样，半纤维素的剥皮反应也是从多聚糖的还原性末端基开始。

关于半纤维素在细胞壁中存在的情况，根据扫描电子显微镜对云杉木材细胞壁中木质素分布的研究结果表明，木材细胞壁中的木质素和半纤维素一起呈弦向同心薄层的状态聚集的、半纤维素与纤维素之间无化学联结，而半纤维素与木质素之间存在化学键形成木素碳水化合物复合体。

(3) 半纤维素的利用

半纤维素是纸浆的成分之一，它对制浆和纸张的性质有重要影响。所以半纤维素含量高，有利于提高纤维结合力，对提高纸张的裂断长、耐破度和耐折度等有利。因纤维素和半纤维素水解得到己糖和戊糖，通过发酵和蒸馏得到乙醇。利用亚硫酸盐纸浆厂废液中的葡萄糖、甘露糖和半乳糖经过发酵生产乙醇是造纸废液综合利用的主要方向。此外，木聚糖是半纤维素的主要成分，完全水解后可制得结晶的木糖，可用作食品添加剂。随着科学技术的发展，半纤维素在化学、食品、能源工业方面展现了广阔的应用前景。

4.1.4 木质素

木材中除去纤维素、半纤维素和抽提物后，剩余的细胞壁物质为木质素，木质素是高等植物的基本化学组成之一。在木本植物中，木质素含量为 20%~35%，在草本植物中为

15%~25%。木质素在木材中的分布不均匀,一般采集部位越高,木质素含量越低。木质素在植物结构中的分布是有一定规律的,胞间层的木质素浓度最高,细胞内部浓度则减小,次生壁内层又增高。

(1) 木质素的结构

木质素的基本结构单元是苯丙烷,苯环上具有甲氧基。因此,表示元素分析结果以构成苯丙烷结构单元的碳架 C_6—C_3(即 C_9)作为基本的单位来表示。苯丙烷作为木质素的主体结构单元,共有3种基本结构,即愈疮木基结构、紫丁香基结构和对羟苯基结构(图4-5)。

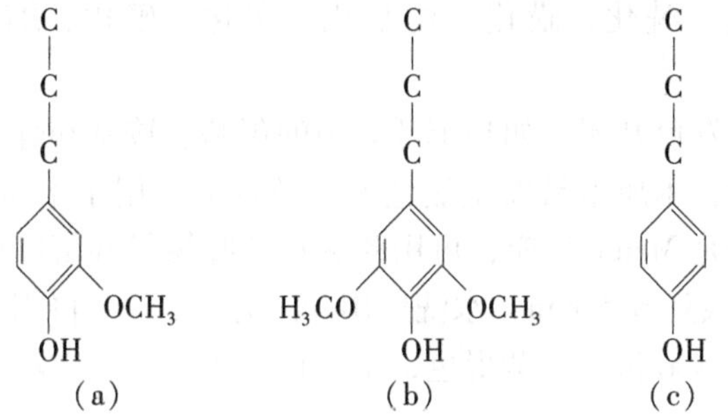

图4-5 木质素的基本结构单元
(a) 愈疮木基丙烷 (b) 紫丁香基丙烷 (c) 对羟苯基丙烷
(刘一星、赵广杰,《木材学》,2012)

针叶树木质素以愈疮木基结构单元为主,紫丁香基结构单元和对羟苯基结构单元极少;阔叶树木质素以紫丁香基结构单元和愈疮木基结构单元为主;含有少量的对羟苯基结构单元;草本植物木质素与阔叶树木质素的结构单元组成相似。

木质素化学结构的复杂性、不均匀性给木质素结构的研究带来了极大的困难。通过磨木木质素、纤维素水解酶对木质素进行分离、萃取和纯化,对样品的分析研究已经证实,木质素分子上具有甲氧基、羟基、羰基等基团。经过定性和定量测定,一般针叶材木质素中甲氧基含量为13.6%~16%,阔叶材木质素中的甲氧基含量为17%~22.2%。木质素中的羟基有2种类型,一种为存在于木质素结构单元侧链的脂肪族上,另一种是酚羟基存在于木质素结构单元的苯环上,小部分以游离酚羟基形式存在,大部分以醚化的形式与其他木质素结构单元连接。木质素中的羰基一部分为醛基,另一部分为酮基,存在于木质素结构单元的侧链上。木质素是由苯基丙烷结构单元组成的,各个单元基环之间的连接方式有2种,一种是醚键连接,一种是碳—碳键连接,其中以醚键连接为主。

(2) 木质素的性质

木质素属于芳香族化合物,一般认为具有非结晶性的三度空间结构高聚物,天然木质素的分子量高达几十万,但是分离出来后的相对分子质量只有几千或几万。木质素本来的颜色应该是白色或无色,但是从木材中分离出来后就呈现出一定的颜色,而且随着分离和制备的方法不同,呈现出的颜色也不同,在浅黄和深褐色之间。

天然木质素由于分子量大、亲液性基团少,基本不溶于水和一般的溶剂。在特定溶剂中的溶解性能,取决于木质素的性质、溶剂的溶解性参数以及溶剂与氢键的结合能。碱木质素可以溶于低浓度碱液、碱性或中性极性溶剂中。木质素在水中一般不发生水解作用,当温度升高之后，木质素或半纤维素能分解出少量的无机酸，降低介质的 pH 值，使得木材原料发生酸性水解。针叶材热塑化温度为 170~175℃，阔叶材为 160~165℃，在此温度下进行纤维分离可以减少动力消耗。就这 3 种组分而言，木质素抗水解能力最强，纤维素次之，半纤维素最容易水解。

木质素是由苯基丙烷结构单元通过醚键和碳—碳键连接而成的高分子化合物，不同形式的连接和基团的存在，使木质素具有一定的化学反应活性。木质素分子结构中存在着芳香基、酚羟基、醇羟基、羰基、甲氧基、羧基、共轭双键等活性基团，可以进行氧化、还原、水解、醇解、光解、酰化、磺化、烷基化、卤化、硝化、缩合和接枝共聚等化学反应。

木质素结构中存在发色基团，如与苯环共轭的羰基、羧基和烯等，还有助色基团，如酚羟基和醇羟基。因此，木质素易发生显色或变色反应，用于木质素的定性和定量分析。木质素重要的显色反应是 Maule 反应，可用此鉴别针叶树材和阔叶树材。该反应是将木材试样用 1% 高锰酸钾溶液处理 5 min，水洗后用 3% 盐酸处理，再用水冲洗，然后用浓氨水溶液浸透，结果针叶树材显黄色或黄褐色，阔叶树材则显红色或红紫色。

4.1.5 木材的抽提物

木材的抽提物是指木材中除构成细胞壁的纤维素、半纤维素和木质素以外，经中性溶剂如水、酒精、苯、乙醚、氯仿、水蒸气，或用稀碱、稀酸溶液抽提出来的物质（如树脂、树胶、单宁、挥发油、色素等）的总称。大量木材抽提物是在边材转变为心材的过程中形成的，其中包含除细胞壁以外，存在于细胞腔中或细胞间隙的淀粉粒、草酸钙等。

木材抽提物的含量及其化学组成，因树种、部位、产地、采伐季节、存放时间及抽提方法而异，譬如含量高者超过 30%，低者小于 1%。针、阔叶树材中树脂的化学成分不同，针叶材树脂的主要成分是树脂酸、脂肪和萜类化合物；阔叶树材树脂成分主要是脂肪、蜡和甾醇。而单宁主要存在于针、阔叶树材的树皮中，如落叶松树皮中含有 30% 以上的单宁。在针叶树材中因树种不同其树脂含量差异很大，如红松木材中含有苯醇抽提物 7.54%，马尾松木材中含有 3.20%，鱼鳞云杉木材中仅含有 1.63%。

总的说来，木材抽提物的含量一般约占绝干木材的 2%~5%，心材比边材含有更多的抽体物，而心材外层又高于心材内层。木材的抽提物对材性和利用均具有一定的影响。木材抽提物因树木的种类不同而差异很大，有些抽提物是各科、属、亚属等特有的化学成分，可以作为某一特定树种分类的化学依据。

（1）木材抽提物与材色的关系

一般认为木材之所以具有不同的颜色，一与木质素有关，二与抽提物有关。木质素中含发色基的结构在木质素大分子中的比例很小，所以原本木质素的颜色很浅。木材的颜色主要受沉积于细胞腔和细胞壁内抽提物的种类和数量的影响，由于心材常含有较多的抽提物，故一般颜色较深。

木材色素是重要的木材抽提物之一，某些树种木材颜色明显，从中可以提取色素。紫檀心材为红色，可以提取紫檀香色素，从美国鹅掌楸木材里可以提取黄色染料鹅楸黄。桑橙素为黄色微晶粉，产于桑科某些木材中；拉帕醇为黄色柱晶，存在于紫葳科某些木材中；树皮中的色素物质以黄酮类化合物最多，主要有槲皮素、香橙素等。某些木材色素本身没有颜色，如果暴露在空气中后发生氧化作用使木材产生颜色或者转变成为其他的颜色，栎属木材、泡桐木材含有单宁物质，在空气中久置后木材表面颜色变深。桑色素为无色针晶，存在于桑树中，而暴露在空气中的木材则为黄色。苏木质素和苏木精为无色针状结晶，存在于苏木中，在碱性条件下氧化，显示红色，利用这种性质，苏木精常用于纤维染色技术中。富含单宁的木材在加工过程中，与铁接触后会发生铁变色，其颜色从浅灰到蓝黑色，随铁与木材接触情况而变化；与铜或者合金接触后产生微红色。

(2) 木材抽提物与气味、滋味的关系

不同树种的木材中所含抽提物的化学成分有差异，而从木材中逸出的挥发物质不同所具有的气味也不同，未挥发的成分具有不同的滋味。

具有香味的木材有檀香木(*Symplocos paniculata*)、白木香、香椿、侧柏、龙脑香、福建柏等。其中檀香木具有馥郁香气，可用来气熏物品或制成工艺美术品，如檀香扇等，其香气来源于抽提物中的主要化学成分白檀精。少数热带木材，如爪哇木棉树，在潮湿的条件下会间或发出臭气；八宝树木材微具酸臭气味；冬青的木材微有马铃薯气味；新伐杨木有香草味；椴木有腻子味等。日本研究者对具有臭味木材进行过分析鉴别证明，在这类木材中均含有粪臭素、丁酸、异戊酸、己酸、辛酸及二氢肉桂酸等。

一般认为，木材气味的来源是木材自身所含有的某种抽提物化学成分所挥发出的气味，以及木材中的淀粉、糖类物质被寄生于木材中的微生物进行代谢或分解而生成的产物具有的某种气味。

部分木材还具有特殊的滋味，如板栗、栎木具有涩味，因为它们都含有单宁。苦木的滋味甚苦，系因其木材中含有苦木素；檫木具辛辣滋味；八角的木材显咸略带辣味；糖槭有甜味等。木材的滋味是由于木材细胞里含有某种可溶性抽提物，如将这些木材用水抽提，木材的滋味便会变清淡或消失。一般新伐材味道较干材显著，边材较心材显著。这是因为新伐材和边材的含水率较高、可溶性抽提物较多的缘故。

(3) 木材抽提物对木材酸碱性质的影响

木材酸碱性质是木材重要化学性质之一，它与木材的胶合性能、变色、着色、涂饰性能以及对金属的腐蚀性等加工工艺密切相关。研究表明，绝大多数木材呈弱酸性，这是由于木材中含有醋酸、蚁酸、树脂酸以及其他酸性抽提物。木材在储存过程中，也不断产生酸性物质。木材的pH值随树种、树干部位、生长地域、采伐季节、储存时间、木材含水率以及测试条件和测试方法等因素的变化而有差异。

木材中含有醋酸根，阔叶树材比针叶树材含量高。醋酸根的含量越高，体系内形成的醋酸就越多，木材的酸性就越强。木材水解时释放出醋酸的快慢因木材树种而异。对同一种木材而言，其释放速度取决于周围的温度和木材自身的含水率。除醋酸外，木材中还含有树脂酸以及少量的甲酸、丙酸和丁酸。木材含有 0.2%~4% 的矿物质，其中，硫酸盐占 1%~10%，氯化物占 0.1%~5%，它们电离、水解后也可使木材的酸性提高。

影响 pH 值的因子较多，一般针叶材树干上部比下部的 pH 值略高；边、心材也有差别，如柳杉、赤松、大青杨、榆木等边材的 pH 值比心材低，山毛榉、扁柏边材的 pH 值比心材稍高。

(4) 抽提物对木材物理、加工性能的影响

木材抽提物对木材的性质、加工工艺、人体健康和木材的合理利用均有一定影响,因而深入研究各种木材抽提物的组成、含量及特性对科学地确定木材加工工艺和合理地利用木材资源均有实际意义。

一般说来,木材中抽提物的存在使木材的渗透性减小,心材中由于存在较多抽提物,其渗透性比边材小。若将抽提物从木材中抽提出来,则木材的气体、液体渗透性均有所增大,这主要是因为抽提作用从纹孔膜移走了抽提物,从而有效地增大了纹孔的孔径。木材含有大量水溶性抽提物者,其收缩较小;木材中水分蒸发后,其抽提物仍存在于木材细胞中,从而使木材细胞仍保持膨胀状态。美国的红杉、铅笔柏、圆柏和红豆杉等由于木材中水溶性抽提物含量多所以收缩小。多数木材其心材的干缩较边材为小,因为一般心材中抽提物的含量高于边材,存在于木材细胞壁的抽提物是增强木材体积稳定性和耐久性的主要原因。

由于木材抽提物的种类很多,其化学性质各不相同,对木材的加工利用影响很大,主要体现在油漆、胶合、加工工具等方面。如在具有树脂的针叶树材,特别是硬松类,抽提物对油漆的影响主要决定于抽提物的性质;当这类木材涂以含铅和锌的油漆时,木材中的树脂酸与氧化锌作用,常促使油漆早期变坏。再如许多研究证实,若把抽提物移走则能改善胶层状况,所以为了提高胶合效果,采用脲醛树脂胶胶合时,可用热水抽提单板;采用三聚氰胺脲醛树脂胶胶合时,可用1%氢氧化钠或热水抽提单板;采用酚醛树脂胶胶合时,也可用1% 氢氧化钠溶液抽提单板。

4.2 木材的物理性质

木材的物理性质是指不改变木材的化学成分也不需用外界机械力的作用(保持试件的完整性)就能了解的性质。

4.2.1 木材中的水分

树木生长时,根部从土壤中吸收水分并由树干的木质部将水输送到树木的各个器官,同时又将叶子中光合作用所制造的养料由树干的韧皮部输送到各个部分。立木中的水分既是树木生长所必不可少的物质,又是树木输送各种物质的载体。水分在立木中成为树液,其中除矿物质和一些有机物质外,绝大部分是水。边材树液的主要物质是各种糖类,心材中的物质是单宁、色素和其他各种化合物。在木材干燥等加工过程中,人们往往把树液只当作水来对待。

4.2.1.1 木材中水的存在形式

(1) 自由水

自由水是指以游离态存在于木材细胞的胞腔、细胞间隙和纹孔腔这类大毛细管中的水分,包括液态水和细胞腔内水蒸气两部分。理论上,毛细管内的水均受毛细管张力的束

缚,张力大小与毛细管直径大小成反比,直径越大,表面张力越小,束缚力也越小。木材中大毛细管对水分的束缚力较微弱,水分蒸发、移动与水在自由界面的蒸发和移动相近。自由水多少主要由木材孔隙体积(孔隙度)决定,它影响到木材质量、燃烧性、渗透性和耐久性,对木材体积稳定性、力学、电学等性质无影响。

(2) 吸着水

吸着水是指以吸附状态存在于细胞壁中微毛细管的水,即细胞壁微纤丝之间的水分。木材胞壁中微纤丝之间的微毛细管直径很小,对水有较强的束缚力,除去吸着水需要比除去自由水要消耗更多的能量。吸着水多少对木材物理力学性质和木材利用有着重要的影响。木材生产和使用过程中,应充分关注吸着水的变化与控制。

(3) 化合水

化合水是指与木材细胞壁物质组成呈牢固的化学结合状态的水。这部分水分含量极少,而且相对稳定,是木材的组成成分之一。一般温度下的热处理是难以将木材中的化合水除去,如要除去化合水必须给予更多能量加热木材,此时木材已处于破坏状态,不属于木材的正常使用范围。因此,化合水对日常使用过程中的木材物理性质没有影响。

4.2.1.2 含水率

木材中的水分含量在不同树种间不同,同一株树在不同的生长季节内其木质部的含水量也是有变化的,同时木质部的各个部位,例如心材、边材、根部、树干与树梢等部的含水量也都不等。所以说木材的含水量分布是很不均匀的。木材周围的大气条件发生了变化,其含水量也会随之发生变化。木材含水量的多少在一定范围内影响木材的强度、刚性、硬度、耐腐朽性,以及机械加工的性能、热值、导热性和导电性等。

(1) 含水率相关概念

当木材细胞壁中吸附水达到饱和,而细胞腔和细胞间隙中自由水为零时的木材含水率称为木材纤维饱和点含水率。木材的纤维饱和点含水率因树种不同而异,一般介于25%~35%,通常取其平均值30%。当木材的含水率在纤维饱和点以上变化时,只会引起木材质量的变化,而对强度和胀缩没有影响。当木材的含水率在纤维饱和点以下变化时,则会引起木材强度和胀缩发生变化。

木材中水分的重量和木材自身重量之百分比称为木材的含水率。以全干木材的重量为计算基准的称为绝对含水率;以湿木材的重量为计算基准的称为相对含水率。木材长期暴露在一定温度和相对湿度的空气中,最终会达到相对恒定的含水率,即吸湿与解吸的速度相等,此时木材所具有的含水率称为平衡含水率。木材的平衡含水率随其所在地区不同而不同,我国北方地区为12%左右,南方地区约为18%,长江流域一般为15%。一般来说,新伐木材的含水率常在35%以上,长期处于水中的木材含水率更高,风干木材的含水率为15%~25%。室内干燥的木材含水率常为8%~15%。

各种不同类型的用材,对木材含水率的要求也不一,但通常均要求达到或低于平衡含水率(气干材或窑干材)。如枕木和建筑用材等大方,使用时要求达到气干材含水率;车辆材要求12%,家具用材10%~12%,地板要求8%~13%,铅笔材6%,乐器材3%~6%。

(2) 根据含水率的木材分类

根据生产和应用中木材含水率的多少将木材分为:

生材：即树木刚伐倒时的木材，其含水量在各个季节不同，一般在冬季和树液流动的春季含水较多，可达全干材重量的80%以上。针叶材的边材与心材含水率相差悬殊，约可达3:1的程度。例如云杉在6月，其边材含水率为110%，而心材含水率只有33%；阔叶树的散孔材，其心材与边材含水率差别不大，而环孔材心材与边材的含水率相差较大。

湿材：长期储存于水中的木材称为湿材，其含水率高于生材。

气干材：长期贮存在大气中的木材。当生材或湿材置于大气中，其所含水分便会逐渐蒸发，最终与大气的相对湿度趋于平衡。平衡含水率的大小取决于周围环境的温度与相对湿度，平均约为15%。

窑干材：在干燥窑内，以控制的温度与相对湿度进行适当干燥，木材的含水率便低于气干材，一般约为4%~12%，根据干燥的要求而定。

绝干材（炉干材或全干材）：当木材在温度100~105℃的烘箱内干燥到重量不变为止，即含水率在理论上等于0%，这样的木材称为绝干材或全干材，仅应用于试验研究中。在生产和使用中通常都不会利用绝干材。

4.2.1.3 木材中水分的移动

对应于木材中水分形态的多样性，木材中水分的移动形式也是多种多样的，其中包括基于压力差的毛细管中的移动，基于浓度差的扩散，自由水在细胞腔表面的蒸发和凝结，以及细胞壁中结合水的吸着和解吸。

针叶树材中水分或其他流体的路径主要是由管胞内腔和具缘纹孔对组成的毛细管体系，另外纤维方向上的垂直树脂道，射线方向上的射线管胞的内腔和水平树脂道也是流体的移动路径。具缘纹孔对位于相邻的管胞之间，由纹孔缘、纹孔腔和纹孔膜组成。纹孔缘的开口部位称为纹孔口。纹孔膜的中间增厚的部分称为纹孔塞，一般呈圆形或椭圆形。水分不能透过纹孔塞，而是通过纹孔塞周围的呈网状的塞缘。纹孔塞和塞缘组成纹孔膜。当木材心材化或是进行干燥的过程中，纹孔塞移向一侧的纹孔口，形成闭塞纹孔，阻碍水分或流体的移动。

阔叶树材中水分或其他流体的移动路径主要是导管，另外还包括管胞、导管状管胞等。阔叶树材的导管上具有穿孔，所以在纤维方向上水分可以通过穿孔从一个导管进入纵向邻接的另一个导管。横向上，水分可以通过导管壁上的纹孔移动。阔叶树材的导管中经常含有侵填体，这是阻碍木材中水分移动的重要因素。另外，闭塞纹孔以及纹孔膜上抽提物的存在也是常见的影响水分移动的因素。在具有这些特征的木材中，水分的主要移动途径是扩散，干燥不容易进行。例如，红杉、白橡木和胡桃木的心材几乎无法渗透。一般来说，所有树种的边材都是可以渗透的。

4.2.1.4 木材的干缩湿胀

(1) 木材干缩湿胀的条件

干缩与湿胀是凝胶中天然形成的固体溶液，它所保持的被吸附物的退吸或吸附，从而导致原始材料单位尺度所产生的尺寸削减或增加。只有被吸附物天然地被吸着而形成了固体溶液，才会发生尺寸的改变。如果被吸附物仅仅保持在粉末所有的表面上或保持在永久存在的固体刚性孔眼内,退吸是不会导致干缩的。如果纤维材料的细胞壁的含水被非极性的、非润湿性的液体(例如表面张力很小的戊烷)所置换,那它的蒸发将导致纤维素成为气凝胶其干缩量相当地小。这一点说明,被吸附物必须对吸附物有真正的亲合性,并且密切地扩散在吸附物之中,才能在退吸时有显著的干缩现象。任何被吸附物对纤维素材料有充分的亲合性必然会与纤维素形成固体溶液,退吸时伴随着热的释放,也就会伴随着干缩。

此外,吸附物还需要有可塑性才会产生干缩与湿胀。和纤维素材料相似,未曾完全干燥的硅胶失水之后会收缩,吸水后会膨胀。但是如果硅胶充分地脱水变成了刚性的,则随后的吸附和退吸,其收缩率与膨胀率便大为降低,因为形成细小的刚性孔眼没有多大的可塑性。吸附材料要有自由干缩与膨胀的现象,必须具备2个条件:

①吸附物应该是一种可塑性的固体;

②被吸附物必须对吸附物有充分的亲合性,自动地与吸附物形成紧密的固体溶液,并伴随着热的释放。

木材-水以及纤维素-水系统都是符合上述2个条件的。

纤维素吸附水分只是发生在它的无定形区和微晶的表面上。当水分由于退吸而蒸发时,在水分与纤维素链接触的部位便构成表面张力,从而将链状分子相互拉拢靠近,而且不完全平行排列的无定形区的纤维素链状分子也会拉拢靠近,从而也会使链状分子排列得比较紧密一些。拉拢的力平均起来是与微晶的长度方向垂直的。所以干缩与湿胀主要的方向是与纤丝结构的排列方向垂直的。

(2)木材干缩湿胀的各向异性

木材退吸或吸附伴随的干缩率和湿胀率通常顺纹理方向只有0.1%~0.3%,而垂直纹理的干缩率与湿胀率介于3.0%~10.0%。弦向的干缩率与湿胀率大约比径向的大1.5~2.5倍,个别情况还可能更大些。关于解释弦向与径向的干缩率与湿胀率的差别目前尚无完满的答案。因为有许多影响的因素,而且每个因素的影响又极难与其他因素分开来加以分析。现分别介绍几种解释:

①由于木射线在径向的抑制作用,故径向的干缩率与湿胀率较弦向的小。认为射线细胞的胞壁纤丝排列与轴向细胞相似,也是平行其轴向的。但是偏振光的双折射与X光的衍射研究又指出,木射线细胞的主要结构单位是垂直射线轴向的。这就否定了前一解释。然而又有些人声称,双折射的测定只能说明纤维表面的纤丝排列方位。同时射线管胞的抗压强度与纤维素链状分子在其胞壁中的排列也不一致。

②由于晚材的干缩与湿胀比早材大,故晚材弦向的胀缩促使早材的胀缩率加大,因在弦向早晚材是并列的,相互有抑制作用;在径向早晚材是串联的,则相互没有牵制。按照这个解释,早晚材比重悬殊的木材,弦向与径向的干缩率与湿胀率的差异就更大,但是许多热带树种早晚材的比重相差并不大,而弦向与径向的干缩率与湿胀率差异却很大,因此这个解释并不能概括地解释所有的现象。

③由于纤维的径面上有较多纹孔存在(50~300个),致使微纤丝的排列不如弦面上的纤丝接近于平行纤维的长度,所以弦向的干缩率和湿胀率大于径向的。

④认为木材的弦向单位尺寸中含的胞间层物质和胞壁物质比径向单位尺寸中的含量大,所以干缩率与湿胀率弦向比径向大。但实际上在针叶树材中弦向与径向单位尺寸中的

胞间层物质与胞壁物质的含量基本上是相同的。然而弦向夹着一些木射线细胞，从而使弦向的单位尺寸中胞间层物质与胞壁物质比径向多了50%，致使弦向的干缩率与湿胀率比径向的至少大1倍。仔细观察许多树种的木材横切面照片，这两个方向的胞壁厚度并不是任何部位都相差得足以能说明问题，所以这个理由也不能全面地解释弦向与径向干缩率和湿胀率的差别。

目前对弦向与径向干缩率同湿胀率的差别至少有上述4种不同的解释，它们对不同的树种或其他条件起到不同的解释程度。应压木顺纹理的干缩率比正常材要大，特别轻的木材其顺纹理的干缩率比同一树种容重较大的干缩率要大。靠近树干髓心部分的木材顺纹干缩率也较大些。早材的顺纹干缩率比晚材的大。

4.2.2 木材的密度

木材密度是指单位体积的木材的质量，单位为 g/cm^3 或 kg/m^3。

（1）木材密度的概念和分类

木材是由木材实质、水分及空气组成的多孔性材料，其中空气对木材的质量没有影响，但是木材中水分的含量与木材的密度有密切关系。根据木材的不同水分状态，木材密度可以分为生材密度、气干密度、绝干密度和基本密度。在4种密度中，最常用的是气干密度和基本密度。在运输和建筑上，一般采用生材密度；而在比较不同树种的材性时，则使用基本密度。在气干状态下，普通的结构用木材的密度一般都小于1，木材的表观密度越大，其强度越高，湿胀干缩性也越大。

①基本密度　全干材质量除以饱和水分时木材的体积为基本密度。它的物理意义是单位生材体积或含水最大体积时，所含木材的实际质量。

$$基本密度 = 绝干材质量/浸渍体积$$

基本密度因绝干材重量和生材（或浸渍材）体积较为稳定，测定的结果准确，故适合作木材性质比较之用。在木材干燥、防腐工业中，亦具有实用性。我国杨树木材基本密度平均值为 $0.375\ g/cm^3$，最大值是产于安徽萧县的毛白杨为 $0.467\ g/cm^3$，最小值是产于青海的青杨为 $0.282g/cm^3$。而山东林科院王桂岩等人对山东产的13种杨树物理力学性质测定表明，山东杨树木材基本密度平均值为 $0.350\ g/cm^3$，最大值为 I-69 杨 $0.379\ g/cm^3$，最小值为中林46杨 $0.286\ g/cm^3$。

②生材密度　为生材质量除以生材体积。实验室条件下，用水浸泡可使木材达到形体不变，测出生材体积的相等值（与浸渍体积相同），但其质量已不是生材状态时的质量，这点要注意。

$$生材密度 = 生材质量/生材体积$$

生材密度主要用于估测木材运输量和木材干燥时所需时间与热量。过去伐木场利用水流运输木材，如生材密度很大，沉于水中，损失会很大。

③气干密度　气干材质量除以气干材体积为气干密度。

$$气干密度 = 气干材质量/气干材体积$$

由于各地区木材平衡含水率及木材气干程度不同，气干状态下木材含水率数值有一范围，通常在8%~15%。为了树种间进行比较，需将含水率调整到统一的状态，我国规定气干材含水率为12%，即把测定的气干材密度均换算成含水率为12%时的密度。木材气干密度为中国进行木材性质比较和生产使用的基本依据。

我国杨树木材气干密度(含水率12%)平均值为 0.440 g/cm³，最大值是产于安徽萧县的毛白杨为 0.536 g/cm³，最小值是产于青海的青杨为 0.347 g/cm³。

④绝干材密度　木材经人工干燥，使含水率为零时的木材密度称为绝干密度或全干材密度。由于绝干材在空气中会很快地吸收水分而达到平衡含水率，其密度用得很少，只是科研比较时用此值。

$$绝干密度 = 绝干材质量/绝干材体积$$

(2)影响木材密度的因素

木材来自于树木，它的生长除与遗传因子有关外，又与立地条件有很大的关系。不同树种木材结构有差异，同种木材也有变异，这种木材构造上的差异和变异必然反映在木材的密度上。影响木材密度的主要因素是含水率，除此之外还包括树种、抽提物含量、立地条件和树龄等。

①树种　不同树种产生的木材，结构上有差异，组成木材的细胞组织比例不同，细胞壁与孔隙度所占的比例也不同，这种内在因素上的差异造成木材密度不同。木材密度主要取决于木材空隙度，木材空隙度越小，则其密度越大；反之，则密越小。例如按体积比计算，密度为 0.356 g/cm³ 的一块糖松木材中包含25%细胞壁实质和75%的孔隙(主要为细胞腔)，而密度为 0.712 g/cm³ 的白栎中孔隙的体积为50%。

②木材抽提物　木材密度还与木材抽提物含量有关。木材中的内含物，如树脂、树胶、单宁、淀粉、糖、油脂、色素、草酸钙等也都影响木材的比重，一般心材的内含物较边材的多，因此心材的密度大于边材的密度。

在不同的木材中，抽提物含量为绝干质量的3%~30%不等，因此对木材的密度有很大的影响，如松属木材中的松脂，有时含量竟达9%以上。通常，在测定密度之前可以先用水和有机溶剂(如苯和乙醇等)对木材进行抽提处理，经过抽提处理后木材的密度更为均一。

③树龄、年轮宽度和晚材率　树龄对木材的密度也有较大的影响，从幼龄期至成熟期，木材的密度随着树龄的增高呈增大趋势。

对针叶树材而言，成熟树干中，一般来说密度的变化规律为：髓心木材密度值较小，幼年材中由髓心向外木材密度逐渐增大，在成熟林阶段达最大值后保持相对稳定，过熟林阶段木材密度值有逐渐减小的趋势。对于树龄较大的松类木材，髓心附近木材松脂类浸提物含量很高，如没有浸提除净，其木材密度因树脂含量高而明显偏大。

许多针叶树的早材与晚材密度往往可以相差3倍以上，例如落叶松的早材密度为 0.36 g/cm³，而晚材的密度为 1.04 g/cm³。同一树种的木材密度由于生长立地条件、生长快慢(年轮宽窄)等而相差很大。

年轮宽度代表树木次生长(或直径生长)的快慢，年轮宽度不同，其早、晚材的比例也因树种而异。阔叶树种的环孔材如果生长迅速，年轮宽，晚材率便较高，因此密度也就较大。针叶树相反，年轮宽，晚材率却较低，所以密度偏小。

④同株树木不同部位的木材密度差异　在同一棵树上，不同部位的木材密度也有较大

的差异，通常密度大的木质部在树干的基部。

针叶树通常是树干基部木材的密度最大，自树基向上逐渐减小，但在树冠部位由于枝丫小节的存在，木材密度则略有增大。株内直径方向的变化，针、阔叶树材木材密度其变化规律大不相同。针叶树的靠近髓心的木材密度最大。

阔叶树材密度沿半径方向的变化规律与管孔分布类别有关。散孔材木材密度的变异是由髓心向树皮方向逐渐增大，如桦木、欧洲山杨、椴木等，其边缘部分比靠近髓心处木材的密度可增大 15% ~ 20%，11 年生木麻黄木材密度由髓心向树皮方向增大，可高达 31.5%。环孔材具心材者，心材密度大，年轮宽度与密度成正比关系，但靠近髓部及靠近树皮的边缘部分，木材的密度则较小。

⑤根据密度进行的木材分类　根据密度，可将木材分为 3 等：

轻　　材：密度小于 0.5 g/cm^3，如红松、椴木、泡桐等。

中等材：密度在 0.5 ~ 0.8 g/cm^3 之间，如水曲柳、香樟、落叶松等。

重　　材：密度大于 0.8 g/cm^3，如紫檀、色木、麻栎等。

就目前所知，国产木材最重的是蚬木(*Burretiodendron hsienum*)，气干密度为 1.13 g/cm^3；密度较大者如麻栎，气干密度为 0.93 g/cm^3；最轻的为轻木(*Ochroma lagopus*)，气干密度为 0.24 g/cm^3。世界上，木材密度最重的为胜斧木(*Krngiodendron ferrem*)，气干密度为 1.42 g/cm^3。

4.2.3　木材的电学性质

木材具有弱的导电性，其主要原因是木材的化学结构组成中不含有导电性良好的自由电子；在木材含量很少的灰分(杂质物质)中含有极少量的金属离子，这些微量的离子在电场作用下会定向移动。

(1) 木材导电的机理

木材在直流电场中的极化是呈现电离现象的典型特性，说明在直流电场下木材中的离子移动在导电中起重要作用。

木材中存在的离子可分为 2 类，一类为被吸附在胶束表面离子基上的束缚离子；一类为处于自由状态、在受到外部电场作用时能够迁移电荷的自由离子。从目前的研究结果来看，木材的电导主要是靠自由离子进行的，一般在细胞壁的非结晶区发生。木材含水率在 0 ~ 20% 的范围内，影响电导机理的主要因子是木材中的自由离子浓度(载流子的数目)；在更高的含水率范围内，被吸着的束缚离子的解离度很高，离子迁移率上升为决定电导的主要因子。由于木材的电导依存于其内部离子的存在，所以离子浓度的、分布的变化或两者的同时变化都将对木材电导产生影响。

(2) 影响木材导电性的因素

①含水率　含水率与直流电导率之间有极其密切的关系，从绝干状态到纤维饱和点含水率，木材电导率随含水率增加而急剧上升，要增大几百万倍；从纤维饱和点至最大含水率，电导率的上升较缓慢，仅增大几十倍。国内生产的多种型号数字式木材电导仪，其测定含水率范围为 6% ~ 30%，以 8% ~ 17% 的含水率范围较为准确。

②温度　木材电阻率随温度的升高而变小，这与金属等良导体正相反。因木材属离子

导电,在一定含水率范围内(<10%)的温度效应也可说明木材导电是借助于离子的活化过程。

③纹理方向　木材横纹理的电阻率较顺纹理大,针叶材横纹理的电阻率为顺纹理的2.3~4.5 倍;阔叶树材为 2.5~8.0 倍。横纹方向,木材弦向电阻率大于径向。

④树种与木材密度　阔叶材树种间木材电阻率的差异大于针叶树材,这与阔叶材树种间木材密度变化大及其木材内部水溶性电解质含量高低等有关。针叶材密度中等,其弦向电阻率比径向大 10%~12%;密度大的树种,其木材弦向与径向电阻率差异小。通常密度大者,电阻率小,电导率高,原因在于密度大的树种,其木材实质多,空隙小,而木材细胞壁实质的电阻率远较空气要小。由于密度的影响较含水率的影响要小得很多,在直流电传导中往往可忽略不计密度的影响。

4.2.4　木材的导热性质

木材的导热性能是用比热、导热系数、导温系数等热物理参数来综合表征的。这些热物理参数,在木材加工的热处理(如原木的解冻、木段的蒸煮、木材干燥、人造板板坯的加热预处理等)中是重要的工艺参数;在建筑部门进行隔热、保温设计时,是不可缺少的数据指标。

木材的导热系数受木材密度、含水率、温度等诸多因子的影响。木材的密度增大、含水率增高和温度上升,都将导致导热系数的增大。因此作为隔热保温材料时,越轻软、越干的木材其绝热效果越好。影响木材导热性能的主要因子如下:

①木材密度　木材导热系数随着木材密度的增加大致成比例地增加。

②含水率　随着木材含水率的增加,木材的导热系数增大。

③温度的影响　导热系数随温度的升高而增大。

④热流方向　同树种木材顺纹方向的导热系数明显大于横纹方向的导热系数。

在评价木材热绝缘性方面,导热系数有着重要意义。由于木材中仅有极少的易于传递能量的自由电子,而且又是多孔性物质,故其导热系数极小,约为铜的 0.02%~0.1%,因此木材作为保温、隔热材料得到了广泛的应用。

4.2.5　木材的声学特性

木材的声学性质,包括木材的振动特性、传声特性、空间声学性质(吸收、反射、透射)、乐器声学性能品质等与声波有关的固体材料特性。云杉木材的频谱特性,明显优于金属材料,使用该材料制作的音板能在工作频率范围内比较均匀地放大各种频率的乐音。

(1)传声性

传声性以木材传播声音的速度表示。声音在木材中的传播速度因树种不同和纹理方向不同而相差悬殊,一般密度大者速度大,而顺纹理方向大于横纹理方向,但视其总的速度水平,恒介于空气与金属之间(声音在空气、铜和铁中和传播速度分别为 330.7 m/s、3900 m/s 和 5000 m/s;声音在松木顺纹、径向和弦向和传播速度分别为 5000 m/s、1450 m/s 和 850 m/s)。

(2)透音性

透音性以木材的透音系数表示。透音系数为透过用某种材料做的隔壁的音能量与落于该隔壁上的总音能量之比。木材透音系数大，声音易于通过。因此建筑上凡使用木材的楼板、电话室、电报房、剧院、会堂等地方，应取采必要的隔音措施以消除其不良影响。

（3）共振性

具有相当的共振性为木材成其为重要乐器用材的主要依据。木材的共振性依其音响系数而定，音响系数越大则其共振性越大。

云杉的频谱特性的"包络线"具有呈"1/f"分布特征，补偿了人耳"等响度曲线"对高音过于敏锐、对低音听觉迟钝的不足。

云杉结构致密，材质均匀，年轮宽度适中，有很好的共振性。在选用云杉作提琴面板时，最适宜的年轮宽度为 1.5~2 mm，相邻的年轮宽度差不超过 30%，还要求纹理通直。

由于声音在木材中的传播与振动因树种、含水率、有无缺陷和受力程度的不同而异，因此有经验的木材检验人员和现场施工人员能够根据这些特征，用敲击木材听声音的方法来检查木材缺陷或判断各种支撑的受力情况：用斧背敲击健全材，其声铿锵；若腐朽中空，则发音滞钝；若声音清脆，"绷绷"作响，表示支撑已经受力而且木质良好；若声音松散，"啪啪"作响，则支撑受力不大；其声音发哑，说明木材内部已坏；若未经敲击而"吱吱"作响，则为支撑受力甚大，属于折断前的征兆，应采取必要措施予以重新加固。

4.2.6 木材的光学特性

木材的光学特性包括木材的颜色、光泽、光致发光现象（冷光现象）和双折射等方面。

（1）颜色

颜色感觉是外界刺激使人的感觉器官产生色知觉。光经过物体（如木材）表面反射后刺激人眼，人眼产生了对此物体的光亮度和颜色的感觉信息，并将此信息传入大脑神经中枢，在大脑中将感觉信息进行处理，于是形成了色知觉，使人们能够辨认出物体的颜色。颜色具有明度、色调、饱和度这 3 种基本特性，称为颜色的三属性。明度表示人眼对物体的明暗度感觉；色调（色相）表示区分颜色类别、品种的感觉（如红、橙、黄、绿等）；饱和度表示颜色的纯洁程度和浓淡程度。

关于世界性大区域森林地理分布对木材材色的影响结果为，木材树种群材色受地理分布的影响，在其影响因子中，纬度是主要因子。纬度对树种群材色的影响表现为：低纬度地理区域的树种群深材色树种所占百分比较大，随着纬度的增加，深材色树种逐渐减少，浅材色树种逐渐增加；针叶树材和阔叶树材树种群的材色级别分布特征不同，阔叶树材深材色树种的百分比明显高于针叶树材。

木材表面颜色定量表征参数在加工过程中的变化，归纳为以下几点：

①心边材、早晚材材色差别小的匀材色树种，其弦切面和径切面的材色无明显差异。与之相反的树种，在一定条件下弦切面和径切面的材色测量值会有某种程度的差别。

②热处理温度、时间条件对木材材色有较大的影响，其中加热温度的作用更为明显。加热处理后色调、饱和度的变化方向和程度因树种原有材色特点而各异，本身具有鲜艳色泽的树种在较低温度下就有较明显的变化。

③表面粗糙度的变化对某些树种的材色有一定程度的影响，一般随着表面粗糙度的降低，亮度和明度指数增加，色调角略有增大，而饱和度因树种材色的色调不同而变化

各异。

④木材在热水抽提、苯醇抽提之后，材色均有一定程度的变化，但变化方式和程度因树种不同而差异明显。处理后抽提液(热水、苯醇)的颜色及色差，与木材表面原有材色及色差呈相关性，说明木材表面材色与其所含抽提物的颜色和种类有着较为密切的关系。

⑤木材经醇酸清漆和不饱和清漆 2 种透明涂饰处理后，其材色参数均为明度下降，色饱和度增加。

(2) 木材的光致变色

木材的光致变色是木材表面颜色在日光中的紫外线作用下随时间的延长而发生越来越明显的变化。大致可分为以下几种：

①色调变化　木材改变了其原有的颜色特点。

②褪色　逐渐失去了木材原有的鲜艳色泽，色饱和度大为降低。

③表面暗化　表面颜色变为暗淡的深色。

④非均匀变色　材表显露出不均匀的色斑。

这些颜色变化不但影响了木制品和室内装饰材的天然美感，也影响了其质量和耐久性。

(3) 光泽

木材的光泽来自木材表面对光的反射作用，表面光泽度即用反射光强度占入射强度的百分率来定量材料表面光泽的强弱程度。一般来说，木材的横切面没有光泽、弦切面稍现光泽、径切面具有较好的光泽(由于富有光泽性的木材射线组织的反射作用)。木材的表面光泽度具有各向异性，木材经刨削加工后的平整表面具有光泽，它来自木材表面对光的反射作用。这种特征在某些树种的表现非常明显，使人们作为树种识别的依据之一。通常材质致密的木材较材质疏松的木材更富有光泽，木射线组织发达的木材，其光泽度也高一些。

(4) 光致发光现象(冷光现象)

当物质受到外来光线的照射时，并非因温度升高而发射可见光的现象，称为光致发光现象；当外来光线的照射停止后，发光仍能维持一定的时间，称为余辉。有些树种的木材，其水抽提液或木材表面在紫外光辐射的作用下，能够发出可见光，这种现象称为木材的光致发光现象(也被称为"荧光现象")。这种发光的颜色和程度虽然因树种而异，但大致可以分为绿色和蓝色。光致发光现象是由于木材中的某种化学物质具有与荧光物质相似的性质，受紫外线的激发作用，发出了低于紫外线波长的光。当这种光的波长进入可见光的范围时，就使人们能够观察到木材的光致发光现象，可用于树种识别。

(5) 双折射

双折射系指射入某些晶体的光线被分裂为两束，沿不同方向折射的现象。双折射的发生是由于结晶物质的各向异性所致。木材细胞壁内的纤维素、胶束(纤维素大分子集合体)属于单斜晶系的结晶体，因而是各向异性体。而且，由于胶束在细胞内大都按近于细胞长轴的方向并行排列，使得细胞壁也呈现各向异性。当光线入射到细胞壁上时，在不同方向的折射率也不相同，从而产生双折射现象。

4.3 木材的力学性质

木材力学性质是指木材抵抗使其改变大小和形状的外力的能力，也即木材适应外力作用的能力。木材的力学性质主要分为弹性、塑性、蠕变、抗拉强度、抗压强度、抗弯强度、抗剪强度、冲击韧性、抗劈力、抗扭强度、硬度和耐磨性等，其中以抗弯强度和抗弯弹性模量、抗压强度、抗剪强度及硬度等较为重要。

木材是生物材料，其构造导致木材的各向异性，因此木材的力学性质也是各向异性的，这与各向同性的金属材料和人工合成材料有很大的不同。例如木材强度视外力作用于木材纹理的方向，有顺纹强度与横纹强度之分；而横纹强度视外力作用于年轮的方向，又有弦向强度与径向强度之别。木材强度与木材中承担外力作用的厚壁细胞有关，这类细胞越多，细胞壁越厚，则强度越高。因此，可以认为木材的密度越高，晚材的百分率越多，则强度越高。

学习木材力学性质，掌握其材料的特性，对合理使用木材有着重要意义。但力学性质在木材的识别与鉴定方面应用较少，所以这部分内容在本书中简略描述。木材的主要力学性质主要包括以下几个方面。

4.3.1 抗压强度

顺纹抗压木桩、柱、支柱、斜撑以及木桁架中的受压杆件等都属于顺纹受压。木材顺纹受压破坏并非由于纤维断裂，而是由于细胞壁丧失稳定性的结果。木材顺纹抗压强度较高，一般为 30~70 MPa，仅次于顺纹抗拉和抗弯强度。顺纹抗压强度是木材各种力学性质中的基本指标，这种受力类型在工程中使用最广泛。

横纹抗压木材横纹抗压强度只有顺纹抗压强度的 10%~20%。木材横纹受压时，由于横向受到压紧作用，所以会产生较大变形。起初，变形与压力成正比，超过比例极限后，细胞壁失去稳定，细胞腔逐渐被压扁，这时，虽然压力增加很小，但变形却增加很大，直至细胞腔和细胞间隙被逐渐压紧后，变形的增加又减慢，而受压能力又继续上升。通常取木材横纹抗压的比例极限为其横纹抗压强度。

髓射线发达的木材，其径向抗压强度高于弦向抗压强度。在实际应用中木材承受横纹抗压的实例也不少，如铁路枕木、垫块、桥面板等。

4.3.2 抗拉强度

顺纹抗拉木材具有很高的顺纹抗拉强度，大约是顺纹抗压强度的 2~3 倍。木材顺纹抗拉强度虽然很高，但不能充分利用，因为施加拉力时，在施力处会产生横向挤压或剪切，由于木材的其他强度较低，于是在顺纹抗拉强度尚未到达前，已由其他应力先到达强度极限而破坏，致使木材的顺纹抗拉强度无法充分利用。

横纹抗拉木材横纹抗拉强度很低，只有顺纹抗拉的 1/40~1/10，这是由于木材构造上横向连接很弱的缘故。材横纹抗拉强度可用来判定木材在干燥过程中是否有开裂倾向。

4.3.3 抗剪强度

木材根据剪力与木材纤维之间的作用方向可分顺纹剪切、横纹剪切和横纹切断。

①顺纹剪切　剪力方向与木材纤维方向平行，剪力使木材的一部分沿木材纤维方向和另一部分分开。

②横纹剪切　剪力方向与木材纤维方向垂直，而剪切面与木材纤维方向平行。木材横纹剪切与顺纹剪切相似，同样没有破坏细胞，只是在受剪面的细胞与细胞之间横向联结处破坏，因此，木材横纹剪切强度比顺纹剪切强度还要低。

③横纹切断　剪力方向和剪切面均与木材纤维方向垂直，常见的有木钉等。这种破坏需将木材纤维横向切断，因而强度较高，一般为顺纹抗剪强度的4~5倍。

4.3.4 抗弯强度

木材受弯曲时内部应力十分复杂，中性面以上受到顺纹抗压，以下受到顺纹抗拉。木材受弯破坏时，通常受压区的外边缘首先达到强度极限，细胞中出现细小皱纹，但不马上破坏，而是外边缘的皱纹随着外力增大，逐渐向中性面扩展，当受拉区外边缘的纤维达到顺纹抗拉强度极限时，纤维本身及纤维之间的联系发生断裂，于是木材被破坏，因此木材抗弯强度介于顺纹抗拉与顺纹抗压之间。

4.3.5 木材的硬度和耐磨性

木材硬度表示木材抵抗其他刚体压入木材的能力；耐磨性是表征木材表面抵抗摩擦、挤压、冲击和剥蚀以及这几种综合作用的耐磨能力。两者具有一定的内在联系，通常木材硬度高者耐磨性大；反之，耐磨性小。硬度和耐磨性可作为选择建筑、车辆、造船、运动器械、雕刻、模型等用材的依据。

(1) 硬度

木材硬度的定义是一个固体在外力作用下抵抗另一个固体压入的能力。对于木材通常采用金氏(Janka)硬度测定法。金氏早在1906年就提出用一个直径为11.28 mm的钢质半球(半球的最大截面积约等于1 cm^2)压入木材所用的静荷载，以千帕计。弦面及径面的硬度一般无多大差别，但与端面的硬度却有较大的差别。

木材硬度又分弦面、径面和端面硬度3种。端面硬度高于弦面和径面硬度，大多数树种的弦面和径面硬度相近，但木射线发达树种的木材，弦面硬度可高出径面5%~10%。木材硬度因树种而异，通常多数针叶树材的硬度小于阔叶树材。木材密度对硬度的影响极大，密度越大，则硬度也越大。

(2) 耐磨性

木材与任何物体的摩擦，均产生磨损。例如，人在地板上行走，车辆在木桥上驰行，都可造成磨损，其变化大小以磨损部分损失的质量或体积来计量。

由于导致磨损的原因很多，磨损的现象又十分复杂，所以难以制定统一的耐磨性标准试验方法。各种试验方法都是模拟某种实际磨损情况，连续反复磨损，然后以试件质量或厚度的损失来衡量。因此，耐磨性试验的结果只具有比较意义。

4.3.6 握钉力

木材的握钉力指的是钉被拔出木材的阻力。

握钉力以平行钉身方向的拉伸力计算，并无一定的理论基础。除钉本身、钉身与钉尖的形状、钉身的直径、钉身与木材接触的情况以及钉入木材的深度等以外，还有许多影响握钉力的因素，例如木材的密度、木材的可劈裂性、钉入木材时木材的含水率、钉入和拔出的间隔时间内木材含水率的变化以及间隔时间的长短。

4.3.7 抗劈力

抗劈力指木材的一端沿纹理方向抵抗劈开的能力，木材端部在尖楔的作用下可被顺纹劈开。抗劈力属于工艺性质，而且关系到其他的工艺性质，如开榫性。抗劈力大的木材，其握钉力也强。木材抗劈力像其他力学性质一样，受木材密度、木材构造的影响。通常密度大的木材，其抗劈力也大。在密度相同的条件下，由于细胞的组成不同，阔叶树材的抗劈力大于针叶树材的抗劈力。交错纹理、木节可增大抗劈力。木材的含水率对抗劈力的影响不明显。

一般对木材的物理、力学性质中经常描述的特性主要是密度、顺纹抗压、抗弯、抗拉等性质，见表4-1。

表 4-1 常用木材的物理、力学性质

树种	产地	气干表观密度		顺纹抗压		抗弯		顺纹抗拉		顺纹抗剪（径面）	
		密度 (g/cm^3)	变异系数 (%)	强度 (MPa)	变异系数 (%)	强度 (MPa)	变异系数 (%)	强度 (MPa)	变异系数 (%)	强度 (MPa)	变异系数 (%)
杉木	湖南	0.371	9.8	37.8	13.2	63.8	17.2	77.2	18.8	4.2	23.0
红松	东北	0.440	8.6	33.4	12.5	65.3	11.6	98.1	15.8	6.3	13.0
马尾松	湖南	0.519	12.6	44.4	17.5	91	15.4	104.9	25.1	7.5	17.9
落叶松	东北	0.641	11.1	57.6	16.0	113.3	16.5	129.9	24.7	8.5	15.6
云杉	东北	0.417	11.5	35.2	16.9	69.9	17.7	96.7	24.6	6.2	19.6
冷杉	四川	0.433	11.3	35.5	12.9	70.0	13.4	97.3	23.3	4.9	29.0
柏木	湖北	0.600	8.2	54.3	10.4	100.5	10.8	117.1	25.6	9.6	12.8
柞木	东北	0.748	5.6	54.5	10.1	118.6	13.9	140.6	25.4	13.0	7.3
麻栎	安徽	0.930	6.8	52.1	13.0	128.6	11.4	155.4	19.2	15.9	12.3
铁杉	湖南	0.560	4.6	50.4	9.9	106.7	9.0	103.4	26.6	11.0	12.4

4.3.8 影响木材力学性质的主要因素

木材是变异性很大的天然生物高分子材料，其构造和性质不仅因树种而不同，而且随林木的立地条件而变异。木材的力学性质与木材的构造密切相关，同时还受木材水分、木材缺陷、木材密度以及大气温湿度变化的影响。

(1) 含水率

木材含水率对木材力学性质的影响表现在以下 2 个方面：

当木材含水率在纤维饱和点以下变化时，含水率增加，强度随之下降。这是因为吸附水的增多，不仅会引起细胞壁中细纤维之间的距离增大，降低它们的内聚力，使亲水的细胞逐渐软化，而且还减少木材单位体积内的细胞物质数量，因而使强度降低。木材含水率变化一般对抗弯和顺纹抗压强度的影响较大，对顺纹抗剪强度的影响较小，而对顺纹抗拉强度则几乎没有影响。

为了便于比较，现行国家标准《木材物理力学实验方法》规定木材强度以含水率为 12% 时的数值为标准值，其他含水量时的强度可换算成含水率为 12% 时的强度。

(2) 温度

木材受热后，细胞壁中的胶结物质会软化，在导致木材含水率及其分布产生变化同时，会造成木材内产生应力和干燥等缺陷；同时，由于热促使细胞壁物质分子运动加剧，内摩擦减少，微纤丝间松动增加，引起木材强度的降低。温度从 25℃ 升高到 50℃ 时，木材的顺纹抗压强度可降低 20%~40%。温度超过 140℃ 时，木材会逐渐炭化甚至燃烧，因此长期处于高温（60℃ 以上）作用下的建筑物，不宜使用木材。木材大多数力学强度随温度升高而降低。温度对力学性质的影响程度由大至小的顺序为：压缩强度、弯曲强度、弹性模量、最小为抗拉强度。

冰冻的湿木材，除冲击韧性有所降低外，其他各种强度均较温度有所增加，特别是抗剪强度和抗劈力的增加尤甚。冰冻木材强度增加的原因，对于全干材可能是纤维的硬化及组织物质的冻结；而湿材除上述因素外，水分在木材组织内变成固态的冰，对木材强度也有增大作用。

(3) 木材密度

木材密度是决定木材强度和刚度的物质基础，是判断木材强度的最佳指标。密度增大，木材强度和刚性增高；密度增大，木材的弹性模量呈线性增高；密度增大，木材韧性也成比例地增长。测定木材的力学强度，工作繁重，而测定木材的密度则简便得多，因此对木材的密度与强度的关系需要进行研究，对于选材适用、评价林木培育措施对材性的影响和林木育种有重要指导意义。在通常的情况下，除去木材内含物，如树脂、树胶等，密度大的木材，其强度高。

(4) 荷载作用时间

木材在长期荷载作用下，变形会不断增大，强度会不断降低。木材在长期荷载作用下，能无限期负荷而不破坏的最大应力，称为木材的持久强度。木材持久强度比瞬时强度低得多，一般可降低 40%~50%。

(5) 木材的缺陷

木材的缺陷主要包括天然生长的缺陷（如木节、斜纹、弯曲等）、加工后产生的缺陷（如裂缝、翘曲等）以及病虫害（如腐朽、白蚁蛀蚀等）等。一般木材中或多或少都存在缺陷，使木材的物理、力学性质受到影响，导致木材的使用价值降低，严重的甚至完全不能使用。

4.4 木材的环境学特性

木材不同于其他材料,自古以来,人们就偏爱它,并广泛地应用于建筑、家具等工作和生活环境之中。有木材存在的空间会使人们感到舒适和温馨,从而提高工作效率、学习和生活乐趣,改善人们的生活质量。从木材的环境学角度出发,木材与人类和环境有关的应用特性包括木材的视觉特性、触觉特性、调湿特性和空间声学特性。

4.4.1 木材的视觉特性

人们之所以喜欢用木材装点室内环境,制作室内用具,这与木材的视觉特性有着密切的联系。木材的视觉特性是多方面因素在人眼中的综合反映,关于这方面的研究尚属起步阶段。影响木材的视觉特性的因素包括以下几个方面:

(1) 颜色和光泽

色觉是人眼在可见光谱范围内对光辐射的选择性反应,属心理物理现象,随观察者的心理状态、记忆、观察时间以及观察的环境而有所不同。因此,色觉与光谱并不完全对应,但正常观察者的色觉与某些物理量之间存在一定的关系。

在光线的照射下,木材具有各向异性的内层反射现象,会呈漫反射或吸收部分光线,这样不但会使令人眩晕的光线变得柔和,而且凹面镜内反射的光泽还有着丝绸表面的视觉效果。因此,尽管人们正在不断研究代用木材的仿制品,但目前仿制品仍然代替不了真实木材的表面效果,这与仿制品缺乏木材真实的光泽感有直接的关系。

日常生活中,人们也经常靠光泽的高低判别物体的光滑、软硬、冷暖及其相关性。光泽高且光滑的木材,硬、冷的感觉较强;当光泽度曲线平滑时,温暖感就强一些,由此可知,温暖感不但与颜色有关,而且也与光泽度有关。

(2) 木纹

木纹是由一些大体平行但又不交叉的纹理构成的图案,给人以流畅、自然、轻松、自如的感觉。而且,木纹在树木不同部位有不同的变化,这种"涨落"周期性变化,给人以多变、起伏、运动、生命的感觉。木纹图案充分体现了造型规律中变化与统一的规律。

(3) 木材对紫外线的吸收性与对红外线的反射性

木材可以吸收阳光中的紫外线,减轻紫外线对人体的危害;同时木材又能反射红外线,这是木材使人产生温暖感觉的直接原因之一。各种公共场所以及住宅,用木材装饰后,装饰表面的大小与人的温暖感、沉静感和舒适感有着密切的联系。

(4) 节疤

节子是木材表面自然存在的结构,适当的节疤会起到一定的装饰效果,给人纯朴、自然的感觉。但节子的视觉心理感觉因东西方人生活环境而异。过去东方人一般认为节子有缺陷、廉价的感觉;西方人则对节子情有独钟,认为它有自然、亲切的感觉。因此,东方人要想尽一切办法去除材面的节子,而西方人则设法找寻有节子的表面。现在,人们对于节子在室内装饰的自然感效果方面,已经开始逐步形成共识。

(5) 透明涂饰

透明涂饰可提高光泽度，使光滑感增强，但同时也会引起其他方面的变化。由于漆本身不同程度带有颜色，涂在材表上面，使材色变深，阔叶材高于针叶材。另外，涂饰可提高阔叶材颜色的对比度，使木纹有漂浮感，并增强了木材的华丽、光滑、寒冷、沉静等感觉。

4.4.2 木材的触觉特性

人们接触到木材时，给人以冷暖感、粗滑感、软硬感、干湿感、轻重感、舒适感与不适感等，木材的触觉特性反应了木材表面的非常重要的物理性质。这些特性使人们非常喜爱木材。木材的触觉特性与木材的组织构造，特别是与表面组织构造的表现方式密切相关，因此不同树种的木材，其触觉特性也不相同。人们触觉木材时以冷暖感(W)、粗滑感(R)、软硬感(H)3种感觉特性的综合指标反映在人的大脑中。

(1) 冷暖感

木材的导热系数能够影响热量在木材中的热流量密度、热流量速度，影响人的皮肤与木材界面间的温度和温度的变化，归根到底影响木材的接触冷暖感。

木材的冷暖感心理量与热流方向的导热系数的对数基本呈直线关系，导热系数小的材料如聚苯乙烯泡沫和轻木等，其触觉特性呈温暖感，导热系数大的材料如混凝土构件等则呈凉冷感觉。由于木材顺纹方向的导热系数一般为横纹方向的 $2\sim2.5$ 倍，所以木材的纵切面比横断面的温暖感略强一些。

环境温度对木材影响较小，一年四季木材都给人以适当的冷暖感。人接触地板时，依地板材料(木质、混凝土、PVC塑胶地砖)不同，在室温18℃条件下试验，皮肤温度降低以混凝土最大，木地板最轻微。

(2) 粗滑感

粗糙感是指粗糙度和摩擦刺激人们的触觉，一般说来，材料的粗滑程度是由其表面上微小的凹凸程度所决定的。因为木材细胞组织的构造与排列赋予木材表面以粗糙度，尽管木材经过刨切或砂磨，但是由于细胞裸露在切面上，使木材表面不是完全光滑的，刨削、研磨、涂饰等表面加工都会影响木材表面的粗滑感。

粗糙感的分布范围针叶树材比阔叶树材窄。对于阔叶树材来说，主要是表面粗糙度对粗糙感起作用，木射线及交错纹理有附加作用。而针叶树材的粗糙感主要来源于木材的年轮宽度。在顺纹方向针叶树材的早材与晚材的光滑性不同，晚材的光滑性好于早材。木材表面的光滑性与摩擦阻力有直接的关系，均取决于木材的结构变化，如木材的早晚材的交替变化、导管大小与分布类型。

在世界上久负盛名的明代家具，其表面一般都采用擦蜡而不涂漆，其道理就在于保持木材的特殊质感。

(3) 软硬感

木材表面具有一定的硬度，其值因树种而异。通常多数针叶树材的硬度小于阔叶树材，前者国外称为软材，后者称为硬材。

不同树种、同一树种的不同部位、不同断面的木材硬度差异很大，因而有的触感轻软,有的触感硬重。抗冲击性与硬度的关系也有相同的道理,木材的硬度与抗冲击韧性之间有很高的相关性。作为一种高分子物体,木材还能产生弹性和塑性变形,可让人有舒服感。

4.4.3 木材的调湿特性

木材的调湿特性是木材具备的独特性能之一,也是木材作为室内装饰材料、家具材料的优点所在。木材调湿功能是其独具的特性之一,是其作为室内装饰材料、家具材料的优点所在。木材在某种程度上能起到稳定湿度的作用。当其周围环境湿度发生变化时,木材自身为获得平衡含水率,能够吸收或放出水分,直接缓和室内空间湿度的变化,起到调节室内湿度的作用。木材表层和心层含水率同样受室内温湿度变化的影响,但由于水分传导需要一定的时间,心层将滞后于表层。同样,由于表层与室内空气直接接触,表层含水率的变化比心层大。

室内的温度与湿度直接影响人体的舒适感。而且,湿度与浮游菌类、霉菌、虫害的生存有关。大量研究表明,人类居住环境的相对湿度保持在60%左右较为适宜。

4.4.4 木材的空间声学性质

木材的空间声学性质指木材对声的吸收、反射和透射。木材的吸音性能可用吸声系数表示,它是吸收入射能的百分率,即吸收和透射的能量与入射的能量之比值的百分率。

木材的空间声学特性,是指木材(或木质材料)作为建筑内装材料或特殊用途材料时,对室内空间声学效果(建筑声学、音乐声学)以及对房屋之间隔音效果的影响、调整作用。它与木材的吸音、反射、透射特性和声阻抗等物理参数有关。木材的声阻抗居于空气和其他固体材料之间,较空气高而较金属等其他建筑材料低。因此,在对室内声学特性有一定要求的建筑物,如影院、礼堂、广播的技术用房等,木材及其制品作为吸声、反射(扩散)和隔声材料,得到了广泛的应用。由于木材的声学特性是其他材料所不能相比,它在建筑中得到广泛应用,深受人们的欢迎。如冷杉平均吸声系数为0.1,这说明该木材有90%左右的入射声能被反射。但是木材的隔音效果与木材的材料种类有关,由互不接触的二式多层组成密封墙壁,可得较好的声音绝缘效果。

4.4.5 木材的生物调节特性

近几年,木质环境学的研究已将热学、声学、光学等基础科学与医学、生物学、心理学等相结合起来,综合评价室内环境对生物体及人体的影响。对人体的影响方面,经过调查得出木造住宅与人体的心理、生理特性、舒适性等健康指标有密切关系。

随木材率增加,温暖感的下限值逐渐上升,而冷感逐渐减少;当木材率低于43%,温暖感的上限随木材率的上升而增加,但当木材率高于43%时反而会下降。当室内空间平均色调在2.5YR附近时,温暖感最强。

静感的下限值随木材率上升而提高,但其上限值与木材率无明显关系。木材率较低时,舒畅感不明显,随木材率上升,舒畅感下限逐渐升高,上限保持比较稳定。对钢筋混凝土住宅的感觉比较压抑的人数居多。

另一项有关木质建筑材料对教室内环境影响的研究调查表明，不管春夏秋冬，用混凝土建造教室引起的学生们的身体不适者会较木造教室高，在混凝土造教室的学生有发生慢性精神压力疾病的危险。

宫崎良文运用主观评价和生理指标检测的手法，从木材的视、触、声、嗅方面探讨了木材对人的自主神经系统、中枢神经系统生理指标的影响，揭示了木质环境与人的自然的舒适感的关系，其结论认为无论是在精神层面还是在生理层面上，木质环境均能营造对人有利的自然舒适感。这方面的研究还有待于进一步开展。

综上所述，就不同材料所构成的居室环境对人体心理和生理上造成的影响及可居住性而言，木质材料比传统的砖、瓦、混凝土等建筑材料具有更为突出的优越性和利用价值。

4.5 木材的缺陷

所谓木材缺陷是指呈现在木材上能降低其质量、影响其使用价值的各种缺点，降低木材及其制品商品价值和使用价值的总称，是影响木材质量和等级的重要因素，也是木材检验的主要对象之一。任何成材都不太可能没有缺陷存在，有些缺陷如节子各种树种都会有，有些缺陷如髓斑仅某些树种才具有。有的缺陷是受周围环境因子等影响，致使树木生长发育不正常，如应力木；有的则是树木生长正常的生理现象，如节子。

掌握木材缺陷的种类、形成原因及其对材质与产品的影响，对指导林木材质改良、木材及其产品质量检验和木材合理利用具有重要的意义。

4.5.1 木材缺陷的成因和相对性

(1) 木材缺陷的成因

产生木材缺陷的原因很多，归纳起来，可分为以下几点：

①生理原因　即树木在生长过程中产生的缺陷，此类缺陷只可适量控制，不可完全避免，如节子、树干形状缺陷、木材构造缺陷等。

②病理原因　在生长过程中或伐倒后受到生物因素如菌类、虫类等危害而形成的缺陷，是后天性的，保护措施适当则可减缓甚至避免发生，如变色、腐朽、虫眼、裂纹、伤疤等。

③人为原因　由生产、加工技术不良或经营管理不善而造成的缺陷，这类缺陷也是后天性的，可减轻或避免，如机械损伤、加工缺陷等。

一种缺陷的形成往往不是单一的原因，而是多因素相互作用的结果，如木材开裂和翘曲，既有生理原因造成的缺陷，又有加工保管的不当造成的，应视具体情况采取相应措施。

(2) 木材缺陷的相对性

木材材质的等级评定主要依据木材不同的用途所容许的缺陷限度而定的。这种限度是相对的，决定于木材资源、加工利用等技术的实际情况。由于木材用途不同，缺陷对材质的影响程度也不同；有时在物理、力学性质的意义上应属于缺陷，但在装饰意义上不属于缺陷，甚至认为是优点，例如乱纹，一方面降低了木材的强度性质，另一方面却给予了材面美丽的花纹，制成的单板刨片可作装饰材料，所以缺陷在一定程度上有相对的意义。

4.5.2 木材缺陷的分类

我国国家标准将呈现在木材上能降低其质量、影响其使用的各种缺点均定为木材缺陷。根据 GB/T 155—2006《原木缺陷》和 GB/T 4823—2013《锯材缺陷》规定，木材缺陷共分 10 大类及若干分类、种类和细类，10 大类的节子、变色、腐朽、蛀孔、裂纹、树干形状缺陷、木材构造缺陷、损伤、加工缺陷、变形。

根据木材缺陷的成因可以将其分为三大类。

(1) 木材天然缺陷

天然缺陷又称为生长缺陷，是指在树木生长过程中形成的木材缺陷，是存在于活立木木材中的缺点。它是由树木的遗传因子、立地条件和生长环境等综合因素造成的。生长缺陷包括节子、心材变色和腐朽、虫害、裂纹、应力木、树干形状缺陷、木材构造缺陷和伤疤等。

(2) 生物危害缺陷

生物危害缺陷是指由真菌、细菌、昆虫和海洋昆虫等危害所造成的木材缺陷。包括变色、腐朽和虫害等。

(3) 干燥及机械加工缺陷

加工缺陷是指在木材锯切和干燥过程中形成的木材缺陷。

4.5.3 木材天然缺陷（生长缺陷）

木材中存在的天然缺陷是由于树木生长的生理过程、遗传因子的作用或生长期中受外界环境的影响而形成，主要包括节子、应力木、生长应力、斜纹、立木裂纹、树干形状缺陷，以及对外伤反应而产生的缺陷等。

4.5.3.1 节子

(1) 节子的形成

包含在树干或主枝木材中的枝条部分称节子。树木从一棵幼苗长成大树，不断地从髓心生出小枝，随树干逐渐加粗，于是把枝条包藏起来，在那里形成树节。木材源自树木，就难免有节子的存在。因此，节子是木材中存在最普遍的一种自然缺陷。据统计，节子的数量和大小是决定木材等级的最主要因子。

节子是树木生长期中形成的，由于树枝和树干的形成层是连续的，因此它们的生长轮也是连续的，树干的直径生长必然也伴随着树枝的直径生长。

(2) 节子的分类

①按节子与周围木材的连生程度分 可分为活节与死节。

活节：系树木的活枝条所形成的节子。树枝活着时形成的节子与周围主干的木材是紧密相连的，这样在树干中形成的节子称为活节。在径切面观察，一般呈末端与髓心相连的圆锥形，节子年轮与周围木材紧密连生，质地坚硬，构造正常。活节的材质坚硬、构造正常。

死节：一旦树枝枯死，树枝的形成层就停止分生活动，而树干的生活部分仍继续增长，于是树干与树枝间木材组织的联系被破坏而相互脱离。被包埋在主干中的未脱落的枯枝部分称死节。死节从木材的径切面看，在一定深度内必定是活节，再向外的死节部分近于圆柱形。死节与周围木材局部或全部脱离，在板材干燥后往往会脱落而残留节孔。

②按节子材质与周围木材的腐朽程度分　可分为健全节、腐朽节和漏节。

健全节：节子材质完好，无腐朽迹象。

腐朽节：节子本身已腐朽，但腐朽并未透入树干内部，且节子周围木材仍然完好。

漏节：节子不仅本身已腐朽，而且深入树干内部，引起内部木材腐朽。其外观特征是节子与周围木材有连带腐朽且节子边界模糊不清，或节子材质呈粉末状腐朽向里凹陷，严重时节子部位腐朽脱落形成空洞。

③按节子在树干上的分布和密集程度区分　可分为散生节、群生节和轮生节。

散生节：树干上分散生长的节子，在针叶材和阔叶材上都很常见。

群生节：仅见于阔叶材，是2个或2个以上簇生在一起的节子。

轮生节：仅见于针叶材，是围绕树干成轮状排列的节子。

④按节子的形状分　可分为圆形节和条形节。

原木表面的节子通常呈圆形或椭圆形。成材上节子的形状取决于切面，在弦切面上呈圆形或椭圆形的叫圆形节，在径切面上呈长条状的叫条状节。

（3）节子的检量方法

节子的检量包括节子尺寸大小的检量和个数的查定。

节子尺寸：系检量与原木纵轴相平行的2条节周切线之间的距离，或节子断面的最小直径，用毫米表示。

节子个数：可在规定范围内查定。

（4）节子在树干中的分布

节子在树干内的分布有一定的规律，在树干的基部、髓心附近一定范围内为活节区，即所有节子均为活节；活节区向外一定范围的区域为死节区；最外侧没有节子分布，称为无节区。在树干中部仅有活节区和死节区，树干的梢部则只有活节区

（5）节子对材质的影响

节子多含树脂，较硬较重，易造成木材的干裂、翘曲，影响加工性能，降低木材的强度。特别是节子的大小和分布对材质的影响与结构用材关系密切。降低强度的原因虽然与节子性质有关，但主要是节子周围的局部木材纹理弯曲、紊乱和节子与周围木材存在干裂的原因。归纳起来节子对材质的影响有以下几个方面：

①在节子周围，木材纹理产生局部紊乱，并且其颜色较深，破坏了木材外观的一致性。

②节子的硬度很大，主轴方向与树干主轴方向呈较大夹角，在切削加工时易造成刀具的损伤。

③由于节子的纹理和密度与木材不同，木材干燥时收缩方式与木材不同，造成节子附近的木材易产生裂纹，死节脱落，破坏了木材的完整性。

④节子的存在，降低了木材的顺纹拉伸、顺纹压缩和弯曲强度，但可以提高横纹压缩

和顺纹剪切强度。

4.5.3.2 木材构造缺陷

凡是树干上下由于不正常的木材构造所形成的各种缺陷，统称木材构造缺陷。木材构造缺陷有斜纹、乱纹、涡纹、应压木、应拉木、髓心、双心、树脂囊、伪心材、水层和内含边材等。

(1) 斜纹

斜纹是木材中纤维的排列方向与树干的主轴方向不平行，包括螺旋纹理、交错纹理、波纹和皱状纹理等。其中螺旋纹理对木材的材质和使用影响较大，属于木材的重要缺陷。

在锯材的径切面上，除由木材的天然扭转纹而造成的斜纹外，还有因下锯的方法不合理而产生的人为斜纹。

纹理的倾斜程度在同一树干的内外部位是不一致的。根据研究证明，树干的外部斜纹，其倾斜程度比位于树干内部的斜纹要大，而且有自外向内渐减的趋势。一般人为斜纹大多是由于锯解畸形原木（尖削、凹兜、大兜、弯曲）的纤维或年轮被切断而形成的，常见于锯材、单板和胶合板。

斜纹对木材的顺纹抗拉强度影响很大。同时，它的纵向收缩也特别显著。因此，斜纹在顺纹受拉构件中视为严重缺陷。斜纹影响静曲强度也比较大，但对顺纹抗压及顺纹抗剪等强度影响较小。根据试验结果，云南松斜纹对抗弯强度的影响，当斜纹率为10%时，强度减低约10%；斜纹率为20%时，强度减低约35%；斜纹率为50%时，强度减低约75%。此外，在原木中的扭转纹经锯解为锯材后，是扩大木材干缩时翘曲的原因之一。人为斜纹在同样的程度下比天然斜纹的影响更为严重。

具扭转纹的原木，应尽量避免锯解成为板材，以用来制大方材为宜。如遇扭转纹过大者，则不宜加工成材，应用于直接使用原木。在日常生活中使用的锄头、榔头、斧头的把柄，以及细木工中椅子后腿等都应避免木材斜纹的存在。

(2) 应力木

在倾斜的树干或与树干的夹角超过正常范围的树枝中所出现的畸形结构。其应力为树木为了保持树干笔直或使树枝恢复到正常位置所产生的一种生长应力，树木中具有这种应力的部位被称为应力木。应力木是指倾斜或弯曲树干和树枝上下侧的木材，它在解剖构造和材性上与正常材有显著的差异。这部分木材横切面上的生长轮通常特别加宽，而其相对的一侧生长轮则表现正常或狭窄，因此应力木又叫偏宽年轮。这样的木材其髓心偏向一边，故又称偏心材。有的应力木在横切面上只占很小一部分，髓心并无明显的偏斜。

针叶树材和阔叶树材所产生的应力木的类型、位置和性质完全不同。

①应压木　在针叶材中因偏宽年轮位于倾斜树干及树枝的下侧，这部分木材组织在立木时期受压应力作用因而称应压木。

识别针叶材中的应压木，通常可依据有无偏心年轮来判别。在偏宽年轮部分有异常大的晚材率，而且早材过渡到晚材的变化与正常材也有很大差异。如正常材早晚材是急变的，则应压木中早晚材变化不甚明显。反之，如早晚材变化是缓变的，则应压木中的晚材带变化比较明显。正常材一般情况下，应压木纵切面的光泽不及正常材明显。

应压木与正常材相比,其微观构造,物理、化学、力学性质都有明显差异。微观构造上的差异表现为管胞断面成圆形,胞间隙增加,胞壁具螺纹裂隙。应压木的木材密度比正常材的密度要大得多。应压木的横向收缩小于正常材,而纵向收缩远大于正常材,其全干缩率可达 6%~7%,从而促使含有应压木的板材产生严重的扭曲或翘曲,并在应压木与正常材邻接处易产生开裂。应压木化学组成上的差异为木素含量的增加和纤维素含量的减少。

对于应压木的强度变异,一般认为顺纹抗压强度与正常材相比差异不大,而顺纹抗拉强度、静曲强度则较正常材低,这主要是因为其管胞次生壁中层的纤丝角非常大,和管胞存在螺纹裂隙之故。

② 应拉木 阔叶材中的偏宽年轮位于倾斜树干及树枝的上侧,受的是拉应力作用,因而称应拉木。应拉木的管孔尺寸和数量减少、纤维素含量增加而半纤维素和木质素的含量降低、早材中一般含有胶质纤维(次生壁层次结构和正常材不同)、密度大于正常材。

含有应拉木的阔叶材的原木通常也偏心,但也有例外。要准确判别应拉木是否存在还是要依靠观察木材显微切片。具应拉木的木材,其突出的外观特征是锯剖或旋切原木时板面粗糙起毛,特别是在加工生材时,这种现象更严重。

应拉木的顺纹抗拉强度在生材条件下比正常材要低,在气干条件下却高于正常材,木纤维上的胶质层在生材含水条件下未能很好地与其他次生壁部分相连,对拉伸强度未起作用;而在木材干燥时,胶质层就和次生壁其余部分连在一起,对应拉木的拉伸强度就会有加强作用。对于顺纹抗压强度和静力弯曲强度则低于正常材。

4.5.3.3 裂纹

裂纹是木材纤维与纤维之间的分离顺纹理方向所形成的裂隙。树木在生长过程中,由于风引起树干的振动、形成层的损伤、生长应力、剧烈的霜害等自然原因在树干内部产生的应力,使木质部破坏后产生的裂纹。除轮裂外,大多数裂纹是细胞壁本身破坏造成的。树木生长过程产生的裂纹包括径裂、轮裂、霜害。

(1) 径裂

径裂是指从髓心沿着木射线垂直于生长轮方向开裂而形成的裂纹。存在于所有树种的木材中。通过髓心只有一条裂纹的称为单径裂;沿着髓心辐射出多条裂纹的称为星裂或辐射状径裂。径裂是在树木生长过程中形成的裂纹,树木采伐后可以见到;径裂通过或从髓心开始,但达不到树干的皮部;径裂较长,自树干的根部向上开裂,常能达到活枝条上。

(2) 轮裂

轮裂是沿年轮(生长轮)方向的裂纹,存在于所有树种的木材中。根据裂纹的程度,轮裂分为弧裂(开裂不足年轮圆周一半)和环裂(开裂为年轮圆周一半或一半以上)。轮裂是在树木生长过程中形成的,但在树木被伐倒后的干燥过程中,会继续扩展;轮裂在原木断面上多见于大头(蔸部)的截面,呈弧形裂纹或环形裂纹,在成材断面上呈月牙形裂纹;沿着树干长轴方向,轮裂的开裂长度不大。

(3) 霜害

立木由于低温而产生的开裂。包括霜冻轮和冻裂。

①霜冻轮　指在一个生长轮范围内,平行于生长轮的褐色带。霜冻轮颇似伪年轮,肉眼可以观察到。这个褐色带是立木生长时,形成层和形成层附近尚未木质化的细胞受到霜冻而产生的伤害。

②冻裂　指从立木基部附近的外部向其内部的木质部,沿着射线方向产生的树干轴向裂纹。冻裂存在于严寒条件下生长的树木,阔叶树材较多,易产生于具有发达的根和茂密树冠的壮龄树木中,很少在幼树中发生。

4.5.3.4　树干形状缺陷

树干形状的缺陷包括弯曲、尖削、凹蔸和大蔸。这类缺陷有损于木材的材质,降低成材的出材率,加工时纤维易被切断,降低木材的强度,尤其对抗弯、顺纹抗拉和顺纹抗压强度的影响最为明显。

弯曲对木材的纵向抗压强度影响很大,因此直接使用原木及建筑原木中,对弯曲度有严格的限制。多向弯曲对木材强度的影响比单向弯曲大。弯曲对成材的总出材率有很大影响,弯曲度每增加1%,出材率减少10%,而且它对成材的尺寸也有很大的影响。

4.5.3.5　损伤

树木在生长过程中受到机械损伤、火烧、鸟害、兽害而形成的伤痕称为损伤或伤疤。损伤包括外伤、夹皮、偏枯、树包、风折木及树脂漏等。

①外伤　指树木受到刀、斧、锯等工具或鸟害、兽害、火烧及其他因素损伤而产生的伤痕。外伤包括立木外伤和木材外伤2类。立木外伤指树木在生长过程中受到机械损伤(如采脂)、鸟类啄食或火烧而形成的伤痕。木材外伤指在树木采伐、运输、选材和加工时刀、斧和锯等工具的作用而造成的损伤。

②夹皮　指立木的局部受到伤害后(如鸟类啄食、昆虫侵蚀),形成层死亡而停止分生活动,但周围的组织仍继续生长,将受伤部分全部或局部包入树干中形成的缺陷。

③偏枯　指树木在生长过程中,树干局部受创伤或烧伤后,树皮剥落导致表层木质部枯死的部分。

④树脂漏　指树干局部受伤(采脂或虫蛀等)后,树脂大量聚集并渗透到周围木质部中,呈条状,其颜色较周围的木材深的部位。其薄片常呈透明状,常见于含树脂的针叶树材。

⑤风折木　指树木在生长过程中,受强风雪等气候因素的影响,使其部分纤维折断,愈合后又继续生长而形成的木质部。因其在外观上似竹节,又称"竹节木"。

4.5.3.6　幼龄材

树木在个体的生长、发育过程中,经历了幼龄、成熟、老龄各个阶段,最后形成木材。幼龄材是次生人工林快速生长树木中严重影响木材品质的部分。研究幼龄材,可进一步提高对木材的综合利用率,虽然未写入国家标准,但是对木材利用有重要影响。

(1)幼龄材的位置

根据木材结构和性质上的主要差异,树干的主茎可以区分为2个区域。幼龄材是环绕髓心的周围呈圆柱状。它的形成是活性树冠区域的顶端分生组织长期对形成层的木材分生影响的结果。在生长的树木中,当树冠进一步向上移,顶端分生组织对下面某一高度形成层区域的影响就减小,成熟材也就开始形成。应该把幼龄材和成熟材看作同一株树上2个有明显不同的部分。成熟材具有那些被认为是这个树种的正常特性,而幼龄材在结构特征和物理性质方面次于同一株树的成熟材。

(2) 幼龄材的结构

树木的幼龄材与成熟材在木材结构方面有很大的差异,主要体现在以下几个方面:

① 纤维长度 幼龄材细胞比成熟材短。针叶树成熟材细胞是幼龄材细胞长度的3~4倍。阔叶树成熟材纤维长度常为邻近髓心处纤维的2倍。

② 纤维的尺寸 纤维的径、弦向直径是幼龄材小于成熟材。纤维的径、弦向壁厚是幼龄材小于成熟材。纤维的长宽比,腔径比都是幼龄材小于成熟材。壁腔比为绝大多数木材是幼龄材略大于成熟材。

③ 螺旋纹理 把幼龄材和成熟材进行对比,幼龄材中出现螺旋纹理的倾向较大。

④ 次生壁中层的微纤丝角度 由于幼龄材有较短和较薄壁的管胞和纤维,因此具有较大的微纤丝角,具特征性。

(3) 幼龄材的性质

幼龄材的力学性质一般,幼龄材的强度降低约15%~30%,也有的比正常成熟材在同一强度上降低50%。由于纤丝角度大,顺纹抗拉强度明显降低,多数幼龄材里有较高的应压木比例,其具有短的管胞,生产中容易破裂;由于有较高的木质素,很难漂白。幼龄材严重降低锯材质量,主要由于干燥时的翘曲、纵向收缩大,不适合锯制小尺寸锯材。

幼龄材材性的总体特征劣于成熟材,具体表现为:幼龄材的纤维(管胞或木纤维)长度均小于相应的成熟材,树干的螺旋纹理倾角(针叶树材的管胞倾角)和细胞壁微纤丝倾角均大于成熟材,因此幼龄材刚性小、强度低,受外力后易挠曲,不适于做承重构件;而成熟材的强度和刚性均稳定,能充分抵抗外力的影响,幼龄材干缩系数大,木制品尺寸不稳定,易产生翘曲变形。因此,幼龄材在一些用途方面要受到限制。

(4) 幼龄材的利用

幼龄材主要作为纤维原料,一般认为幼龄材是低级的纸浆材料。其原因是它的木素和半纤维素含量比成熟材高,纤维素含量低,导致纸浆得率低,制出的纸张撕裂强度低,但爆裂强度和折叠强度高。

当幼龄材和成熟材分别在各自理想的条件下加工时,它们木浆的质量无差异。另外,将材质松软、力学强度低的幼龄材用于细木工板或复层结构木质材料的芯层部,也不失为有效利用幼龄材的途径之一。充分利用幼龄材的性质,设计新的处理工艺,可以改变其对木材品质的影响。这样能够实现木材科学加工和高效利用,使有限的木材资源得到充分、合理的利用。

4.5.4 生物危害缺陷

木材无论在贮运、使用过程中,还是在林木生长时期,都有可能遭到外界生物的危害造成各种各样的缺陷。这些生物主要是指真菌、昆虫和海生钻木动物。造成的缺陷主要有腐朽、变色和虫害。受生物危害的木材材质会受到不同程度的影响，严重者将使整个木材彻底败坏，失去其使用价值。

4.5.4.1 变色

凡木材的正常颜色发生改变均称为变色。变色分为化学变色和真菌变色两大类。

(1) 化学变色

化学变色是指树木伐倒后，由于化学和生物化学的反应而使木材产生浅棕红色、褐色等不正常颜色，一般较均匀，且只限于木材表层。

(2) 真菌变色

由于真菌侵入而引起的变色称为真菌变色。真菌变色又分为霉菌变色、变色菌变色和腐朽菌变色。

①霉菌变色　是指处于潮湿处的木材，其边材表面因霉菌的菌丝体和孢子体的侵染所形成的变色，随孢子和菌丝颜色以及所分泌的色素而异呈现蓝、绿、黑、紫、红等不同颜色，通常为分散的斑点状或密集的薄层状，只限于木材表面，干燥后易清除，有时在木材表面会残留污斑。但不改变木材的强度性质。

②变色菌变色　是指树木伐倒后，由于干燥迟缓或保管不妥，其边材在变色菌的作用下而形成，最常见的是青变，习惯上称为青皮。另外，边材的色斑也有呈橙黄色、粉红或浅紫色、棕褐色等。

③腐朽菌变色　是指当木腐菌侵入木材初期所引起的木材变色，最常见的是红斑，有的呈浅红褐色、棕褐色或紫红色，有的呈浅淡黄白色和粉红褐色。

4.5.4.2 腐朽

木材受木腐菌侵蚀后，不但颜色发生改变，而且其物理、力学性质也发生改变，最后木材结构变得松软、易碎，呈筛孔状或粉末状等形态，这种现象称为腐朽。

(1) 木材常见真菌的分类

侵蚀木材的真菌有3类：木腐菌、变色菌和霉菌。真菌是一种微生物，其对木材的侵蚀方式随菌类的不同而异。

①木腐菌　菌丝(营养器官)伸入木材细胞壁内，分解细胞壁的成分作为养料，因而造成木材的腐朽败坏。木腐菌分白腐菌(筛状腐朽)和褐腐菌(粉状腐朽)2类。白腐菌主要侵蚀细胞中的木质素，剩下纤维素，使木材呈白色斑点，形似筛孔，或使材质松软，容易剥落。褐腐菌以侵蚀纤维素为主，剩下木质素，呈褐色，表面有纵横交错的细裂缝，容易变成粉末。木腐菌在木材中寄生，有很多菌丝，即使将腐朽明显的部分剪去，仍不能避免其他部分继续腐朽，除非采取防止腐朽的措施。

②变色菌　最常见于木材的边材中，以细胞腔内含物(如淀粉、糖类等)为养料，不破坏细胞壁。变色菌使边材变成红、绿、黄、褐或灰等颜色，除影响外观外，对木材强度影响不大，建筑上可不考虑。

③霉菌　是一种生长在木材表面上，引发发霉的真菌，对材质无甚影响，将木材表面切削就可清除。

真菌在木材中的生存和繁殖，必须同时具备4个条件：温度适宜、木材含水率适当、有足够的空气和适当的养料。一般最适宜的温度是-30~25℃，当温度高于60℃时，真菌不能生长，在5℃以下也停止生长，但使真菌致死的低温远低于地球上的最低气温。最适宜的含水率是在木材纤维饱和点左右；含水率低于20%时，真菌就难于生长。木材含水率过大时，会使空气难于流通，真菌得不到足够的氧或排不出废气。所以长期处于水面以下的木材不会腐朽。反复受干湿循环的作用，则会加快腐朽。木腐菌所需的养料是构成细胞壁的木质素或纤维素。如果木材含有多量的生物碱、单宁和精油等对真菌有毒的成分，真菌就会受到抑制甚至死亡。不同树种由于所含这些成分的数量不同，所以对腐朽具有不同的抵抗力。

（2）腐朽的分类

①白腐、褐腐　根据腐朽材产生的物理和化学变化以及由此引起的材色变化，木材腐朽可分为白腐和褐腐。

白腐：主要由白腐菌破坏木质素和纤维素所形成。受害材白色或浅黄色，多呈海绵状、纤维状、筛孔状或大理石状的腐朽。白腐后期，材质松软，容易剥落。

褐腐：主要由褐腐菌破坏纤维素所形成。受害材红褐色，质脆，中间有纵横交错的棱形裂隙，呈裂块状腐朽。褐腐后期，很容易捻成粉末。

②边材腐朽和心材腐朽　按树干内外部位，腐朽可分为边材腐朽和心材腐朽。

边材腐朽：指树木伐倒后，受木腐菌的侵害，发生在边材部分的腐朽。如遇合适条件，边腐会继续发展，并蔓延至心材。

心材腐朽：系立木受木腐菌的侵害所形成的心材（或熟材）部分的腐朽。多数心材腐朽在树木伐倒后，不会继续发展。心腐发生在树干基部，称为根腐；发生在树干中部称为干腐；发生在树干顶部或梢端，则称为梢腐。

（3）腐朽对材质的影响

腐朽使木材的化学成分、材色、密度、物理性质和力学性质等都有所改变，并破坏木材的完整性和均匀性，对木材质量的影响很大。

木材腐朽过程是木腐菌分泌的各种酶分解木材主成分和抽提物的过程。引起白腐的真菌使木材中木质素的含量显著减少，而纤维素和半纤维素的含量变化较小，碳的含量略微减少或很少变化；而褐腐正好相反，细胞壁中纤维素和半纤维素的含量大幅度减少，而木质素的绝对量几乎没有变化，碳的含量略微增加。

木材腐朽通常伴随着材色的变化。白腐在初期阶段就造成木材颜色的明显变化，褐腐在初期阶段通常不会使木材的颜色发生明显变化。在腐朽发展阶段，木材材色变化非常显著，白腐使木材的颜色变浅，褐腐使木材的颜色变暗。

木材在腐朽初期的密度一般不降低，随着腐朽的继续发展，腐朽材的密度减小，在腐朽后期密度较正常材明显降低，一般为正常材的2/5~2/3。腐朽材强度降低的幅度比密度的减小快得多，褐腐在木材质量减少10%时冲击韧性降低95%。这是因为腐朽材的质量损失虽然还不很大，但木材组织已遭到严重破坏。在腐朽后期木材吸水性增加、渗透性显著提高。腐朽材在干燥时比健全材易产生翘曲变形，收缩率比健全材大，处于相同腐朽阶段的褐腐比白腐明显。

4.5.4.3 蛀孔

木材除受真菌侵蚀面腐朽外,还会遭受昆虫的蛀蚀。昆虫在树皮内或木材细胞中产卵,孵化成幼虫,幼虫蛀蚀木材,形成大小不一的虫孔。常见的蛀虫有天牛、蠹虫和白蚁等。

木材虫害就是指木材上因各种昆虫、海生钻木动物的危害而造成的缺陷。木材上留下害虫钻蛀的孔道称虫眼或虫孔。害虫可以危害活立木、病枯木、伐倒木及使用中的木材。危害使用前木材的害虫主要有小蠹虫、长小蠹虫、象鼻虫、天牛、树蜂等,危害使用期期间木材的害虫主要有粉蠹虫、白蚁、海生钻木动物等。

(1)木材蛀孔的分类

①虫眼 是指木材害虫蛀蚀木材的孔眼、坑道,也称虫孔。虫眼深度可分为表面虫眼、虫沟和深虫眼。

表面虫眼和虫沟:指昆虫蛀蚀原材的径向深度不足 10 mm 的虫眼和虫沟。

深虫眼:指昆虫蛀蚀圆材的径向深度超过 10 mm 的虫眼。

按虫眼孔径可分为针孔虫眼、小虫眼和大虫眼。

针孔虫眼:孔径不足 1.5 mm,通常为 1 mm 的虫眼。

小虫眼:孔径超过 1 mm 为的虫眼。

大虫眼:孔径超过 3 mm 的虫眼。

②蜂窝状孔洞 粉蠹类、白蚁或海生钻木动物等密集蛀蚀木材破坏成蜂窝状或筛孔状者。

粉蠹(甲虫):小的幼虫将木材蛀孔,造成的孔穴其中充满细粉末,受害木材可能全是窟窿,而外表并无可见的征状,严重削弱木材的强度。

白蚁类:以纤维素为食料,筑白蚁巢。一般分为地下型、干材型和湿材型。地下型最常见,破坏性最大;干材型和湿材型白蚁都是在分巢时从空中直接侵入木材内部,湿材型主要侵害腐朽材,干材型经常侵害气干材。

海生钻木动物:浸在海水中的码头桩木、护木、木船等常受一些海生钻木动物的蛀蚀。这些害虫主要是软体动物的船蛆和海笋,甲壳动物的蛀木水虱和团水虱。

(2)蛀孔对材质的影响

表面虫眼和虫沟通常可随板皮锯除,对木材利用基本没有影响;分散的小虫眼影响不大;深度自 10 mm 以上的大虫眼和深而密集的小虫眼以及蜂窝状的孔洞,破坏了木材的完整性,并使木材强度和耐久性降低,是引起木材变色和腐朽的主要通道。

4.5.5 干燥和机械加工缺陷

木材加工缺陷指在木材加工过程中所造成的木材表面损伤。分为锯割缺陷和干燥缺陷两类。

(1)锯割缺陷

木材在锯割过程中形成的缺陷,包括缺棱、锯口缺陷和人为斜纹等。

①缺棱 指在整边锯材中残留的原木表面部分,分为钝棱和锐棱。钝棱是锯材材边未

着锯的部分(材边全厚的局部缺棱)叫作钝棱;锯材材边局部长度未着锯的部分(材边全厚的缺棱)叫作锐棱。

②锯口缺陷 指木材因锯割而造成的材面不平整或偏斜的现象,有瓦棱状锯痕、波状纹、毛刺糙面、锯口偏斜等。锯口缺陷使锯材厚薄或宽窄不匀或材面粗糙,影响产品质量,难以按要求使用,降低木材利用率。

③人为斜纹 指因下锯不合理,锯解方向与纤维方向呈一定角度,将纹理通直的原木锯成带有斜纹的锯材。

(2)干燥缺陷

干燥缺陷是指木材在干燥、保管过程中所产生的变形和开裂。

①变形 指木材在干燥过程中所产生的形状改变,分翘曲和扭曲两类。

②开裂 木材在干燥过程中由于不均匀收缩而产生内应力,导致薄弱环节裂开。裂纹的大小和数量因干燥条件、树种和锯材的断面尺寸而异。开裂分为端裂、表裂和内裂。

思考题

1. 名词解释:木材抽提物、平衡含水率、应力木。
2. 简述木材的三大组分及其作用。
3. 木材抽提物对木材鉴定有何意义?
4. 什么是木材的干缩湿胀?
5. 什么是原木缺陷?主要类型包括哪些?
6. 简述节子的概念及其主要类型。
7. 如何区分死节与活节?
8. 浅谈木材的环境学特性在生活中的应用。

第 5 章 竹材的构造及识别

【难点与重点】重点了解竹材的植物分类、竹子的分布情况,掌握竹子的植物形态、竹材的解剖构造和竹子的生态特性。难点是竹材的显微构造和维管束类型,竹材和木材的结构差异。

竹类植物具有生长速度快、伐木性好、轮伐期短和生态性能好等特点,其经济、生态和社会效益越来越突出,是一种重要的木质资源。

5.1 竹类植物的分类及地理分布

5.1.1 竹类植物的植物学分类地位

竹类植物属种子植物门(Spermatophyta)、被子植物亚门(Angiosperms)、单子叶植物纲(Monocotydons)、禾本目(Graminales)、禾本科(Gramineae)、竹亚科(Bambusoideae)。

竹亚科和禾亚科同属禾本科。两者区别是,竹亚科为木本,秆茎木质化程度高、坚韧、多年生,叶片具短柄,与叶鞘连接处常具关节而易脱落;而禾亚科为草本,秆通常为草质,叶片不具短柄而与叶鞘连接,也不易自叶鞘脱落。

5.1.2 竹类植物的种类

全世界竹类植物有 70 多属 1200 多种,中国为世界上竹类资源最丰富的国家,有约 48 属近 500 余种。

我国作为竹材利用的主要竹种有刚竹属(*Phyllostachys*)的毛竹(*P. pubescens*)、桂竹(*P. bambusoides*)、淡竹(*P. glauca*)、刚竹(*P. viridis*);矢竹属(*Pseudosasa*)的茶秆竹(*P. amabilis*);苦竹属(*Pleioblastus*)的苦竹(*P. amarus*);簕竹属(*Bambusa*)的车筒竹

(*B. sinospinosa*);牡竹属(*Dendrocalamus*)的麻竹(*D. latiflorus*);慈竹属(*Neosinocalamus*)的慈竹(*N. affinis*)等。其中毛竹在我国分布最广、蓄积量和产量最大,是人工栽培工业用竹材中最重要的竹种。

5.1.3 竹类植物的地理分布

竹类植物主要分布于热带及亚热带地区,少数竹类分布在温带和寒带。目前全世界竹林面积约 $2200 \times 10^4 hm^2$,分为三大竹区,即亚太竹区、美洲竹区和非洲竹区。主要分布于亚洲,其次为非洲、拉丁美洲、北美洲和大洋洲,欧洲无天然分布,仅有少量引种。

5.1.3.1 世界竹类资源分布

(1)亚太竹区

亚太竹区是世界最大的竹区。南至南纬42°的新西兰,北至北纬51°的俄罗斯库页岛,东至太平洋诸岛,西至印度洋西南部的广大地区。竹林面积超过 $1000 \times 10^4 hm^2$。本区竹子有50多属900余种,其中具经济价值的100余种。主要产竹国有中国、印度、缅甸、泰国、孟加拉国、柬埔寨、越南、日本、印度尼西亚、马来西亚、菲律宾、韩国、斯里兰卡等。其中,中国和印度是世界上最大的2个产竹国。

(2)美洲竹区

南至南纬47°的阿根廷南部,北至北纬40°的美国东部,共有18个属270多种。在美洲竹区,北美除大青篱竹及其2个亚种外,没有乡土竹种。拉丁美洲南北回归线之间的墨西哥、危地马拉、哥斯达黎加、尼加拉瓜、洪都拉斯、哥伦比亚、委内瑞拉和巴西的亚马孙河流域是竹子的分布中心。在南北美洲,竹子主要集中分布在东部地区。竹种资源也丰富,竹林面积近 $1000 \times 10^4 hm^2$。

(3)非洲竹区

竹类植物在非洲地区的分布范围较小,南起南纬22°的莫桑比克南部,北至北纬16°的苏丹东部。在此范围内,分布从西海岸的塞内加尔南部直到东海岸的马达加斯加岛,形成从西北到东南横跨非洲热带雨林和常绿落叶混交林的斜长地带。非洲竹类较贫乏,加上引种仅10余种,竹林面积近 $150 \times 10^4 hm^2$。

5.1.3.2 中国竹类资源的分布

中国竹类资源十分丰富,竹林面积421万 hm^2,蓄积量大、种类多。分布于北纬40°以南的广大地区。由于地理环境和竹种生物学特性的差异,我国竹子分布具有明显的地带性和区域性,大致可分为4个分布区。

(1)黄河—长江竹区

位于北纬30°~40°,包括甘肃东南部、四川北部、陕西南部、河南、湖北、安徽、江苏、山东南部及河北西南部。主要分布有刚竹属、苦竹属、箭竹属、青篱竹属、赤竹属等竹种,以散生竹为主。

(2)长江—南岭竹区

位于北纬25°~30°,包括四川西南部、云南北部、贵州、湖南、江西、浙江和福建的西北部。这是我国竹林面积最大、竹子资源最丰富的地区，其中毛竹的比例最大，仅浙江、江西、湖南3省的毛竹林合计约占全国毛竹林总面积的60%左右。在本分布区内，主要有刚竹属、苦竹属、箭竹属、短穗竹属(*Brachystachyum*)、大节竹属(*Chimonbambusa*)、方竹属、慈竹属(*Neosinocalamus*)等竹种。

(3) 华南竹区

位于北纬10°~25°，包括台湾、福建南部、广东、广西、云南南部。这是我国竹种数量最多的地区，主要有箭竹属、酸竹属(*Acidosasa*)、牡竹属、藤竹属(*Dinochloa*)、巨竹属(*Gigantochloa*)、单竹属(*Lingnania*)、矢竹属(*Pseudosasa*)、梨竹属(*Melocanna*)、滇竹属(*Oxytenanthera*)等竹种，是丛生竹分布的主要区域。

(4) 西南高山竹区

位于华西海拔的1000~3000 m的高山地带。本区为原始竹丛，为大熊猫、金丝猴等珍贵动物的分布区。主要有方竹属、箭竹属、慈竹属、筇竹属(*Qiongzhuea*)、玉山竹属(*Yushania*)等竹种。

5.2 竹材的生物学特性与解剖构造

5.2.1 竹类植物的形态

5.2.1.1 地下茎

竹秆的地下部分和根状茎，统称为地下茎。地下茎是竹类植物在土壤中横向生长的茎部。地下茎具有节和节间，节上生根，节侧有芽，可以萌发为新的地下茎或发笋出土成竹。按植物学观点，地下茎是"竹树"的主茎，竹秆是"竹树"的分枝。一片竹林地上分散的许多竹秆，其地下则互相连接到同一或少数"竹树"的主茎。但一般在竹材茎的构造研究中，仍以秆材为对象。

根据竹子地下茎的形态特征，可分为三大类型(图5-1)。

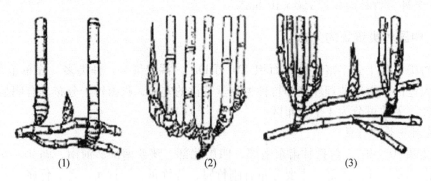

图 5-1 竹类植物的地下茎类型

(1)单轴型(散生竹) (2)合轴型(丛生竹) (3)复轴型(混生竹)

(周芳纯,《竹林培育学》,1998)

(1) 单轴型

地下茎细长，横走地下，也称竹鞭。竹鞭有节，节上生根，称为鞭根。每节通常着生1芽，交互排列，称为鞭芽。有的鞭芽抽成鞭，在土壤中可长距离蔓延生长；有的鞭芽发育成笋，出土长成竹秆，稀疏散生，逐渐发展为成片竹林。具有这样繁殖特点的竹子称为散生竹，其地下茎为单轴型。如刚竹属、唐竹属（*Sinobambusa*）。

(2) 合轴型

地下茎不是横走地下的细长竹鞭，而是粗大短缩，节密，顶芽出土成笋，长成竹秆，状似烟斗的秆基。这种类型的地下茎不能在地下作长距离的蔓延生长，顶芽出笋长成的新竹一般都靠近老秆，形成密集丛生的竹丛。由于在新竹秆基上又发芽抽笋，使得秆基堆集成群。这种地下茎为合轴型，具有这样繁殖特性的竹子称为丛生竹，如箣竹属、慈竹属、牡竹属等。

(3) 复轴型

兼具单轴型和合轴型地下茎的特点。既有在地下横向生长的竹鞭，并从竹鞭节上的侧芽抽笋长成新竹，秆稀疏散生；又可以从秆基芽眼萌发成笋，长出密丛的竹秆。这种类型地下茎为复轴型，由它长成的竹子称混生竹。如矢竹属、苦竹属。

5.2.1.2 竹秆

竹秆是竹子的主体，分为秆柄、秆基、秆茎3部分（图5-2）。

(1) 秆柄

竹秆的最下部分，与竹鞭或母竹的秆基相连，细小、短缩，不生根，由数节至十数节组成，直径向下逐减，节间很短，通常实心，俗称"螺丝钉"，是竹子地上系统与地下系统连接输导的枢纽。

(2) 秆基

位于竹秆下部，是竹秆的入土生根部分，由数节至十数节组成，节间缩短而粗大，节上密生不定根。随竹种不同，秆基上有4~10枚互生大型芽，可萌笋长竹；也有芽数量较少，2~6枚，可萌芽，也可抽鞭；或仅具能长成根状茎的芽。

(3) 秆茎

为竹秆的地上部分，通常端正通直，圆筒形、中空、有节，二节之间称为节间。每节有彼此相距很近的2环，下环为箨环，又称鞘环，系秆箨脱落后留下的环痕；上环为秆环，是居间分生组织停止生长后留下的环痕。两环痕之间称为节内。相邻两节间有一木质横隔，称为节隔，着生于节内部位，使秆更加坚固。随竹种不同，节及节间长短、数目及形状有所变化。一般节间中空，即为竹腔，其木质坚硬的环绕部分是秆壁或竹壁，竹壁厚度随竹

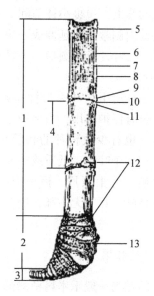

图5-2 竹类植物的秆柄、秆基、秆茎

1. 秆茎 2. 秆基 3. 秆柄 4. 节间 5. 竹隔
6. 竹青 7. 竹黄 8. 竹腔 9. 秆环 10. 节内
11. 箨环 12. 芽 13. 根眼

（周芳纯，《竹林培育学》，1998）

种差异较大，但也有实心竹。

5.2.1.3 枝

竹枝中空有节，枝节由箨环和秆环组成。按竹秆正常分枝情况可分下列 4 种类型：①一枝型，竹秆每节处单生 1 枝，如箬竹属（*Indocalamus*）竹种；②二枝型，竹秆每节处生枝 2 枚，一主一次长短大小有差异，如刚竹属竹种；③三枝型，竹秆每节处生枝 3 枚，1 个中心主枝，两侧各生 1 枚次主枝，如苦竹属竹种；④多枝型，竹秆每节多枝丛生，如慈竹属、簕竹属、单竹属、牡竹属等竹种。有的主枝很粗长，如麻竹、撑篙竹（*Bambusa pervariabilis*）、硬头黄竹（*Bambusa rigida*）；有的主枝和侧枝区别不大，如青皮竹（*Bambusa textilis*）、粉单竹（*Lingnania chunggii*）、孝顺竹（*Bambusa multiplex*）、慈竹（*Neosinocalamus affinis*）等。

5.2.1.4 叶和箨

（1）竹叶

竹秆上枝条各节生叶 1 枚，互生，排列成 2 行。每叶由叶鞘和叶片 2 部分构成。叶鞘着生在枝的节上，包裹小枝节间。叶片位于叶鞘上方，叶片基部通常具短的叶柄，叶鞘与叶片连接处内侧常向上延伸成一边缘，成为一舌状突起，称叶舌；叶片基部两侧的耳状突起称叶耳。竹叶片长椭圆形至披针形，中脉突起，两边有侧脉数条，平行排列。

（2）竹箨

竹子主秆所生之叶称为竹箨或笋箨。箨着生于箨环上，对节间生长有保护作用。当节间生长停止后，竹箨一般都会自然脱落，也有少数竹种的竹箨可缩存于竹秆上达数年之久。箨鞘相当于叶鞘，纸质或革质，包裹竹秆节间。箨顶两侧又称箨肩，着生箨耳。箨顶中央着生一枝发育不全的叶片，称为箨叶。箨叶无中脉，脱落或宿存。箨叶和箨鞘连接处的内方，着生箨舌（图5-3）。

5.2.1.5 花和果

竹子的花与一般禾本科植物的花基本相同，每花有外稃和内稃各 1 枚。但竹子罕见开花，故也罕见结果。花后竹子多枯死，俗称自然枯。竹子的果实通常为颖果，也有坚果或浆果状类型。

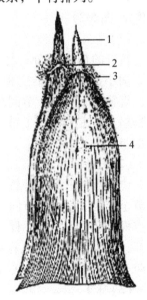

图 5-3　毛竹的竹箨
1. 箨叶　2. 箨舌　3. 箨耳　4. 箨鞘
（周芳纯，《竹林培育学》，1998）

5.2.2　竹类植物的生长与繁育

5.2.2.1　竹类植物的生长

竹类植物生长可分为 3 个阶段，即竹笋的地下生长、秆茎生长和秆茎的材质成熟。竹类的地下生长因地下茎类型不同而稍有差别。但第二、三阶段的生长发育规律基本相同。

(1) 竹笋的地下生长

竹类植物地下茎的侧芽在条件适宜时开始萌发分化为笋芽。笋芽顶端分生组织经过不断的细胞分裂和分化,形成节、节隔、笋箨、侧芽和居间分生组织,并逐渐庞大,同时笋尖弯曲向上。

顶端分生组织是植物体生长的最初来源,由它产生的细胞还有分生能力,但这部分细胞追源还是由顶端分生组织分生而来。竹类秆茎顶端分生组织只在高生长期间有作用,而针、阔叶树主茎的顶端分生组织则是长时间具有分生机能。

顶端分生组织直接衍生的细胞发育成熟过程,是初生生长。竹类植物只有初生生长,而无次生生长。由顶端分生组织生成的竹类初生分生组织,一般称为居间分生组织。在幼竹高生长中,具有分生机能的居间分生组织散布在全秆茎的各节间。

(2) 竹笋—幼竹的生长(秆形生长)

竹笋到出土前全笋(也就是全株)的节数已定,出土后不再增加新节。竹笋生长从基部开始,先是笋箨生长,继而是居间分生组织逐节分裂生长,推动竹笋向上移动,穿过土层,长出地面。

竹子是生长最快的植物,能在40~120天的时间内完成高生长,达到成竹的高度。竹笋出土后到高生长停止所需的时间,因竹种而有差异。如毛竹生长量大,需时较长,早期出土的竹笋约60天,末期笋约需40~50天。

竹笋各节的节间生长不是同时开始,而是从基部的节间开始,细胞分裂也不是以等同速度进行的,是由下而上,按慢—快—慢的规律,逐节伸长。这使得竹类秆茎在高生长完成后,中部节间最长。节间长度的变化,自下向上,是由短逐渐增长,再逐渐减短。

竹笋在生长高峰时,一昼夜可长1 m左右,能在短时间(40~50天)完成幼竹的高生长,其原因除了因居间分生组织分布于全竹各节间,整个节间都能进行细胞分裂外,同时,旺盛的细胞分裂活动也是它能快速生长的重要因素。

在竹笋—幼竹高生长中,竹秆的直径也稍有增加,竹壁也略有增厚。但这种增加的比例,与高生长相比就显得微不足道了。

(3) 成竹生长(竹秆的材质成熟)

竹子的秆形生长结束后,竹秆的高度、粗度和体积不再有明显变化,但竹秆的组织幼嫩,含水量高,干物质少。例如毛竹幼竹基本密度仅相当于老化成熟后的40%。这意味,其余60%要靠日后的材质成熟过程来完成。因此,该过程对于竹材的各类重要性质具有显著的影响,与木材存在明显差异(表5-1)。

表5-1 竹材和木材在生成上的差异

	竹材	木材
高生长	高生长时间短,主要依靠居间分生组织,在秆茎全长范围内均有作用;在2~4个月内完成	在树木全生活期均有高生长,主要靠顶端分生组织完成,在次生生长的树径部位是不会产生高生长的
粗生长	在竹笋—幼竹高生长期,秆茎基本保持不变,竹壁、直径略有加粗;在高生长完成后,秆茎不再增粗	树木的粗生长(次生生长)是由形成层分生完成的,在整个树木生活期中均有直径生长

根据成竹的生理活动和物理力学性质的变化，可以分为3个竹龄阶段，即幼林—壮龄竹阶段、中龄竹阶段和老龄竹阶段，相当于竹秆材质生长的增进其、稳定期和下降期。在幼林—壮龄竹阶段，竹秆细胞壁随竹龄逐渐加厚，基本密度增加，含水率减小，竹材的物理力学性质也相应不断增加。中龄竹阶段，秆茎的材质达最高水平，并稳定。一般认为，老龄竹阶段秆茎的材质有下降趋势。

材质随竹龄的变化，因竹种而不同。毛竹的寿命长，5年生尚处于幼林—壮龄竹阶段，6~8年生为中龄竹阶段，9~10年生或以上属老龄竹阶段。

5.2.2.2 竹类植物的繁育

竹子开花结实是正常生理现象，是成熟衰老的表征。竹子的生长发育是从量变到质变的生理过程，随着年龄的增加，在营养生长的基础上逐渐发展生殖生长，具有产生性激素、分化性细胞，形成性器官的潜力，此时竹类植物就到了性成熟阶段。完成这个生长发育过程，因竹种不同而有显著差异。因此竹子开花的周期并不规则，有的竹种每年开花，有的经常零星开花，有的数年至十数年开花，还有的开花周期会更长，间隔数十年之久。总的来说，北方散生竹的开花间隔期比南方丛生竹要长些。

竹子是多年生一次开花的植物。地下茎相当于竹株的"主茎"，地上竹秆相当于"主茎"的分枝。当地下茎系统到了成熟阶段，则全系统的竹株都可能开花。所以，如果某一竹种的竹子起源相同，它们的生长发育进程基本一样，达到成熟期也大致相同，尽管分别生长在不同的地方，有可能同时成片开花。但是竹子的发育成熟先后不齐，零星开花会经常发生。在开花的竹林中，无论竹株年龄的大小，都可同时开花。如果起源不同，即使生长在同一地方，也不同时开花。

大多数竹类在开花结实后陆续死亡，而无利用价值。由此竹林衰败，需重新造林恢复。竹子的地下茎具有很强的无性繁殖能力，竹子的引种和更新主要是通过营养体的分生来实现。竹类植物的种子，立即播种发芽率较高；并且实生竹苗成活率高，长势强。中国已有利用毛竹种子人工育苗的成功经验。

5.3 竹材的解剖构造

5.3.1 竹壁的构造

竹壁的构造是秆茎竹壁在肉眼和放大镜下观察的构成，可以说是竹材的宏观结构。竹壁横切面上，有许多呈深色的菱形斑点；纵面上它呈顺纹股状组织，这是竹材构成中的维管束。

竹壁在宏观下自外向内由3部分构成：竹青、髓外组织（髓和髓环）和竹肉。竹青是竹壁横切面上不具维管束的最外侧部分，质地坚硬，表面光滑，外表附有蜡质，表层细胞含有叶绿素，老龄竹子常呈黄色。髓外组织是竹壁邻接竹腔的一层薄膜，为发育不完全的髓的一部分，质地脆弱、组织疏松，俗称竹黄或竹膜。竹肉位于竹青和髓环之间，在横切面上有维管束分布，维管束之间是基本组织。竹肉中维管束的分布，从外向内，由密变疏

(图 5-4)。

5.3.2 竹壁的解剖构造

竹类植物的秆茎由表皮系统(表皮、皮下层、皮层)、基本系统(基本组织、髓环和髓)和维管束系统组成。表层系统是竹青，位于秆茎的最外方。髓环和髓位于最内侧。它们形成竹壁中的内、外夹壁，把基本组织和维管束系统紧夹其间。

整个竹秆组织含有薄壁细胞组织约 50%、纤维 40% 和输导组织(含导管与筛管)10%，上述比例随不同竹种而略有变异。

5.3.2.1 表皮系统

(1)表皮层

表皮层是竹壁最外面的一层细胞，由长形细胞、栓质细胞、硅质细胞和气孔器构成。长形细胞占大部分表面积，顺纹平行排列。长形纵向行列中，常间隔一个栓质细胞和一个硅质细胞。栓质细胞略成梯状，小头向外。硅质细胞近三角状，顶角朝内，含硅质。表皮层细胞的横切面多呈方形或长方形，排列紧密，没有缝隙，外壁通常增厚。表皮上穿插着许多气孔。

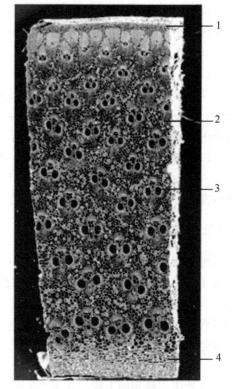

图 5-4 竹壁横切面宏观构造
1. 竹青 2. 基本组织 3. 维管束 4. 髓外组织
(腰希申，《中国竹材结构图谱》，2002)

(2)皮下层

紧接表皮层之下的是皮下层，由 1~2 层柱状细胞构成，纵向排列，横切面呈方形或矩形；一般的细胞壁稍厚或很厚。

(3)皮层

皮层位于皮下层以内，是无维管束分布的部分，细胞亦呈柱状，纵向排列；横切面上呈椭圆或矩形，其形状较皮下层细胞大。禾本科植物的茎不像双子叶植物那样能清楚地划分皮层，仅能将秆茎外缘没有维管束分布的部分笼统的称为皮层。皮层细胞形状较皮下层的大，多呈柱状，纵向排列 10~12 列，往上减少，至梢部仅 2~3 列。

5.3.2.2 基本系统

(1)基本组织

分布在维管束系统之间，为薄壁组织，其作用相当于填充物，是竹材构成中的基本部分，故称基本组织。基本组织细胞一般较大，大多数胞壁较薄，横切面上多近于呈圆形，具明显的细胞间隙。纵壁上的单纹孔多于横壁。从纵切面的形态，它可区分为长形的长细胞和近于正立方形的短细胞 2 种，但以长细胞为主，短细胞散布于长细胞之间。

长形细胞的特征是，胞壁有多层结构，在笋生长的早期阶段已木质化，其胞壁中的木质素含量高，胞壁上并出现瘤层。短细胞的特点是胞壁薄，具浓厚的细胞质和明晰的细胞核，即使在成熟竹秆中也不木质化。

（2）髓环

位于髓腔竹膜的外围。它的细胞形态和基本组织不同，呈横卧短柱状。其胞壁随竹龄加厚，或发展为石细胞。石细胞一般由薄壁组织细胞形成。当石细胞成熟时，次生壁具有特别的增厚过程，最后细胞壁变得很厚。

（3）髓

一般由大型薄壁细胞组成。髓组织破坏后留下的空腔，即竹秆的髓腔。髓呈一层半透明的薄膜黏附在秆腔内壁周围，俗称竹衣，但也有含髓的实心竹。

5.3.2.3 维管束系统

维管束散布在竹壁的基本组织之中，是竹子的输导组织与机械组织的综合体。通过维管束中的筛管与导管下连鞭根，上接枝叶，输送水分与营养。由于竹子个体通常比较高大，为了保护输导组织的畅通，在输导组织的外缘有比较坚韧的维管束鞘组成的机械组织加以保护。在维管束之间，具有薄壁组织细胞，它们比较疏松，起缓冲作用，以刚柔相济来增强竹秆弹性。

（1）维管束的构成与分布

维管束在横切面上略呈4瓣"梅花"形（图5-5），平周方向（弦向）左右2个"花瓣"是维管束内的后生木质部，外观像眼睛一样形状的2个大的孔状细胞。在垂周方向（径向）上下也有2个"花瓣"，其中一瓣中心为完整的网眼状，而另一瓣中心为破碎状，或有1中孔或2中孔。其网眼状范围为初生韧皮部，而破碎状部位或中孔处为原生木质部。按它们在秆壁中的位置，韧皮部位于外侧，原生木质部位于内侧。维管束的四周是维管束鞘（纤维鞘），向秆壁外侧的为外方纤维帽，向髓腔方向为内方纤维帽，位于维管束两侧的为侧方纤维帽。

竹材维管束中的韧皮部，其结构相当于树木的韧皮部分，是维管束中的原生木质部和后生木质部的总和，相当于针、阔叶树的木材部分。这样，一个维管束的结构就相当于一棵树的树茎。但竹材维管束内没有形成层，所以竹材在完成高生长后也就不存在直径生长。

竹秆横断面维管束的形状和分布，一般是位于外侧的小而密，位于内侧的大而疏，近表皮通常分别有1层或2层未分化的维管束，这种没有分化的维管束没有筛管与导管，只有纤维团或纤维束，形状也不规则，排列十分紧

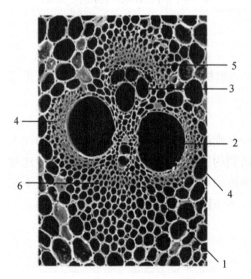

图 5-5 竹材秆茎的维管束横切面

1. 原生木质部　2. 后生木质部　3. 韧皮部
4. 侧方纤维帽　5. 外方纤维帽　6. 内方纤维帽
（腰希申，《中国竹材结构图谱》，2002）

密，形成竹秆坚硬的外壁，往内具有 1~3 列半分化的维管束，这种半分化的维管束开始具有输导组织，排列仍然比较紧密，在半分化的维管束的内侧出现典型维管束。典型维管束通常位于竹秆横切面的中部或内部，按斜行排列具有 2 行或多达 10 行以上。在接近秆内壁的维管束，其形态与排列往往出现混乱与倒置，因此接近内壁的维管束不能称为典型维管束。在竹秆长轴方向上，维管束的大小从秆基至顶端逐渐减小，维管束的数目随着竹秆高度的增加而递减。

(2) 维管束的类型

在竹秆中的维管束，不仅因竹种不同而类型不同，即使同一竹种因在秆内的部位不同也有着大小和形状上的差异。一般来讲，竹材维管束可分为以下 5 个基本类型(图5-6)。

①开放型　维管束仅由一部分组成，即没有纤维股的中心维管束，支撑组织仅由硬质细胞鞘承担，细胞间隙中有侵填体，4 个维管束鞘大小近相等，相互对称。具有这一维管束类型的竹类有刚竹属、苦竹属以及空竹属(*Cephalostachyum*)等个别种。

②紧腰型　不存在纤维股，即仅有中心维管束，支撑组织仅由硬质细胞鞘组成，在细胞间隙处的鞘(内方维管束鞘)显著地较其他 3 个维管束鞘为大，并向左右呈扇状延伸，细胞间隙中无充填体。具有这一类型维管束的竹类有梨竹属以及空竹属等的个别种。

③断腰型　维管束由两部分组成，即中心维管束和一个的纤维股组成，纤维股位于中心维管束的内方，在细胞间隙处(原生木质部)的鞘(即内方纤维束鞘)通常小于其他维管束鞘。具有这一类型的竹类也全都是丛生竹竹种。如籖竹属、悬竹属(*Ampelocalamus*)、绿竹属(*Dendrocalamopsis*)及牡竹属等的个别种。

④双断腰型　维管束被薄壁细胞分隔为 3 部分，即中心维管束的外方和内方各增生一个纤维股，具有这一维管束类型的竹子都是丛生竹竹种，如泰竹属(*Thyrsostachys*)、滇竹属、绿竹属、藤竹属、牡竹属以及籖竹属等的个别种。

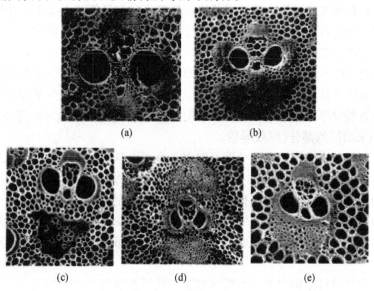

图5-6　竹材维管束基本类型

(a)开放型　(b)紧腰型　(c)断腰型　(d)双断腰型　(e)半开放型

(腰希申，《中国竹材结构图谱》，2002)

⑤半开放型　不存在纤维股,但侧方维管束鞘与内方维管束鞘相连。具有这一维管束类型的竹类有赤竹属(Sasa)、玉山竹属、箭竹属以及大节竹属等的个别种。

(3)维管束系统的组成细胞

①初生韧皮部的筛管和伴胞　初生韧皮部位于初生木质部的外方,它从形成上可分为原生韧皮部和后生韧皮部。原生韧皮部是在竹子秆茎各部分正在伸长时成熟的,其构成的细胞被拉紧,失去了原有的作用,最后完全消失。所以,关于竹材的文献上,对竹材维管束韧皮部的构成,常不区分原生和后生,而统称初生韧皮部。它在竹类植物生命期中一直维持输导作用。其组成的特征性细胞是筛管和伴胞。

筛管是由许多细胞构成的纵行管状组织,每一细胞称为一筛管分子。筛管分子呈长圆柱状,较其他细胞大,腔大壁薄。在它的端壁或近端壁上形成了筛板。筛板上有许多小穿孔,是筛孔。每一韧皮部区或含筛管数个至十数个。筛管分子旁边往往紧贴着一个或几个和它相伴的长形薄壁细胞,即伴胞。他们在整个生命期中都有细胞质结构,伴胞和筛管在生理上具有十分密切的相互依存关系。

②木质部导管　竹类植物维管束内的木质部有原生木质部和后生木质部之分。原生木质部分化生成在前,而后生木质部在后。后生木质部的成熟,大部分是在秆茎高生长停止以后,而原生木质部的生成却与高生长同时进行。这样,后生木质部比原生木质部较少受到周围组织伸长的影响。这两部分虽有一些区别特征,但它们呈现较强的中间过渡,因此常很难清楚地划分出两者的界线。

木质部的特征性细胞是导管。导管是由一连串轴向细胞上、下头尾相连而成的管状组织。构成导管的单个细胞是导管分子。导管末端壁是以无隔膜的孔洞相通。竹材和木材一样,只有导管具有这种形态。

木质部在竹材的横切面上,其总轮廓大体呈"V"字形。原生木质部位于"V"字形的基部,它含环纹导管和螺纹导管。环纹导管直径比较小,在导管壁上每隔一定距离,有环状增厚部分。螺纹导管直径比环纹导管稍大,导管壁上的增厚部分呈螺旋状。原生木质部导管常因不能适应快速纵向扩张而破裂形成空腔,留下可见者多为环纹导管。

"V"字形的两臂各为一个大型的导管,即后生木质部。它的导管壁全部增厚,仅留下具缘纹孔没有加厚。其纹孔类型有:对列或互列(纹孔导管);梯纹导管壁上的增厚部分呈横条突出,与末端增厚部分间隔,呈梯状(梯纹导管);导管壁上的增厚部分交错连接成网状,"网眼"为未增厚的部分(网纹导管)。

原生木质部的环纹导管和螺纹导管是胞壁未全面增厚的形态,而后生木质部的梯纹或网纹导管均为全面增厚的纹孔状态。后生木质部导管一般是单穿孔,具水平或稍斜的边缘。少数竹种有梯状穿孔或网状穿孔。在导管的周围,充满了薄壁组织或厚壁组织。

③薄壁细胞　初生木质部和初生韧皮部除外侧有纤维部分外,全都被木质化的薄壁细胞所包围。维管束之内的薄壁细胞通常小于基本组织的那些薄壁细胞,并在胞壁上具有较多的单纹孔。

④纤维　它是竹材结构中的一类特殊细胞。其形态细而长、两端尖削,其横切面近于圆形,细胞壁很厚,约有10层微纤丝组成;竹材中纤维通常壁厚随竹龄增加。胞壁上有少数小而圆的单纹孔,属韧性纤维。其平均长度约为 1.5~4.5 mm,平均直径为 11~

19 μm，长宽比大，是纸浆工业的适宜原材料。在同一节间内纤维的纵向长度变化很大，最短的纤维始终在靠近节部，最长的在两节之间的中部；随竹秆高度的增加，纤维长度略有减小。

5.3.3 竹材与木材的构造差异

竹材的构造与木材有所不同，主要区别如下。

竹材是单子叶植物，维管束成不规则分布，没有径向传递组织和形成层，具有节间分生组织，因此竹子只有高生长而没有直径生长；无真正的髓和射线组织，节中空、节间以节膜相隔，具空髓；所有细胞都严格地按轴向排列，其构造较木材为整齐；因此竹材的抗拉强度较大，但易于劈裂，即抗剪强度小。

木材是双子叶植物，维管束在幼茎初生组织中呈环状分布，束中形成层连成一圈，形成形成层，能进行直径生长；具髓和木射线；与竹材相比，抗拉强度相对较小，抗剪强度较大。

5.4 竹材的性质

目前，国内外对竹材的研究主要集中于竹材的微观解剖特征、物理力学性质以及化学性质等方面，开展了竹材的物理性质、化学成分与特性、力学性质、干燥特性、生物力学特性、微观及超微观解剖构造等方面的研究工作。

5.4.1 竹材的结构特性

竹材的解剖特征有其自身的特点，竹材的节间细胞全部严格纵向排列，缺少像木材那样的径向分布的薄壁细胞和射线细胞。丛生竹与散生竹之间在秆部构造上的差异很显著，维管束构造、薄壁组织细胞和维管束在断面上的分布有很大的不同。这种差异与竹种的外部形态、地理分布和地下茎类型有密切关系，一般认为竹材内部构造可以作为种属鉴别的依据之一。竹壁中部和竹秆中部的纤维较长，基部和梢部的纤维宽度变小，竹壁中部的纤维径向较大，两侧的纤维径向较小，腔径也有类似变化。

竹材中纤维细胞占 60%~70%，其余为薄壁细胞、石细胞、导管和表皮细胞等。纤维平均长度随品种而异，纤维细胞壁较厚，腔径小，纤维壁上明显有节状加厚。薄壁细胞大小形状相似，比较均匀，多呈枕形和腰鼓形，杆状较少。竹材的导管较大，两端开口，端壁平直或略微倾斜。在电子显微镜下观察，竹材纤维有 2 种基本结构，即细胞壁相对较厚的纤维和相对较薄的纤维，薄层为近横向排列，厚层为近轴向排列。

与木材相比，竹材组织结构简单，维管束和竹秆平行排列，因此抗劈性高，适合于弯曲加工。竹材的易劈性和分割性都优于木材，几乎是针叶树木材平均值的 2 倍。竹材外皮层、维管束鞘、基本组织及内皮层对密度及抗压强度均有影响，如外皮层及维管束鞘增加，密度就增加，基本组织及内皮层增加，密度就减小。竹材的抗拉强度约为针叶树木材的 4 倍，为阔叶树木材的 2 倍。竹材单位面积内的维管束数量、纤维束排列方向以及纤维本身的强度是影响竹材强度的重要因素。

5.4.2 竹材的物理性质

竹材物理性质的研究重点主要集中在密度、吸水率及干缩性等方面。密度在很大程度上决定着竹材的力学性质，密度主要取决于纤维含量、纤维直径及细胞壁厚度，密度随纤维含量增加而增加。竹秆的密度以地下和基部为最大，越到上部越小。杜复元对浙江省10个竹种2年生竹材的实质密度、绝干密度和孔隙度的测试结果表明：丛生竹的实质密度比散生竹要大1.4%，绝干密度也要大于散生竹。绝干密度的变化是从基部到梢部、从里到外递增，而孔隙度的变化与其相反，从基部到梢部递减。

竹材基本密度与纤维长度具有显著的相关性，与纤维体积比量、壁腔比和长宽比之间有较显著相关性，而与纤维宽度、壁厚度及纤维含量无显著相关性。竹材的密度和竹材的竹秆部位、竹龄、立地条件以及竹种有关，竹秆上部和竹壁外侧的密度大，基部和竹壁内侧的密度小；竹材密度随年龄的增长而不断提高和变化。研究表明，立地条件好，竹子生长快，维管束密度低，竹材的密度就低；立地条件差，竹子生长慢，竹材密度大；生长在降水少、气温低地区的竹类其密度较大，而在降水多、温度高地区的竹类其密度较小。

竹材因维管束中的导管失水后收缩而收缩，其收缩率比木材要小。干燥后的竹材吸水性很强，吸水后，体积膨胀，强度降低。干燥后再浸水的竹材的膨胀率比气干竹材低，膨胀速度也较快。

随着对竹材利用的研究越来越多，竹材的渗透性正逐渐引起人们的关注。渗透性的优劣对竹材的药剂处理、干燥、染色和胶合加工工艺等均有重要影响。与木材不同，竹材组织中没有射线细胞，因此，处理剂及水分不能沿射线渗入。竹子秆茎成熟后，由于胶状物质的沉积及侵填体的聚积，导管和筛管不再具有渗透性。与针叶材的形成层活性不同，竹材输导组织在其整个生长期内都有影响，但在数量上没有任何增加。

5.4.3 竹材的化学性质

竹材的化学成分类似于木材，但又有别于木材。竹材主要由纤维素(约55%)、半纤维素(约20%)和木质素(约25%)组成。竹子的化学成分在不同的属种之间会有一些差别，部分原因是与维管束类型的不同有关。

竹材的基本化学成分与竹秆高度及部位有密切关系。如竹秆外侧的纤维素明显多于竹秆内侧，而竹秆内侧的木素又明显多于竹秆外侧。从造纸角度考虑，国内的不少研究机构对竹材纤维长度、组织比量和灰分含量等都进行了研究。如龙竹纤维含量为51.49%，接近于木材，比草类高10%；纤维组织比量高，壁腔比小，具有良好的造纸性能。Latif 于1997年测定了马来西亚最普通的竹种(*Gigantochloa scortechini*)的组织结构特征和化学成分，并评价了竹龄及竹高与竹材性质间的关系。其研究结果表明：竹材的化学成分与竹龄及竹高的关系甚少，通常竹材化学成分中，纤维素和热水抽提物含量、木素和纤维素含量随着竹龄增加而提高。

竹材化学成分是影响竹材性质和利用的重要因素，它赋予竹材一定的强度和其他的物理力学性质。与木材相比，竹材纤维素、半纤维素和木质素的分布具有极大的不均匀性，纤维素由外及内逐渐减少，木素由内向外逐渐增多，这种不均匀性，对加工过程及工艺性能有明显影响。竹材中的硅含量较高，影响竹材的纸浆及切削性能。另外，竹材中的淀粉含量比普通木材要高，因而容易发生虫害和霉变。

5.4.4 竹材的力学性质

  竹材力学性质主要为顺纹抗拉强度和弹性模量、顺纹抗压强度和弹性模量和顺纹剪切强度以及顺纹静曲强度和弹性模量等。竹材的力学强度随含水率的增高而降低，但当竹材处于绝干条件下时，因质地变脆，强度反而下降。竹秆上部比下部的力学强度大，竹壁外侧比内侧的力学强度大。毛竹节部的抗拉强度比节间的低 1/4，而其他的力学性质均比节间高，原因是节部维管束分布弯曲不齐，受拉时易被破坏。竹材的力学强度一般随竹龄的增长而提高，但当竹秆老化变脆时，强度反而下降。立地条件越好，竹材力学强度越低，小径材比大径材的力学强度高，有节整竹比无节竹段的抗压强度和抗拉强度都要高，整竹劈开后的弯曲承载能力比整竹要低。气干试样的压缩强度、抗拉强度、弹性模量和破裂模量要比新鲜试样高得多；竹壁外侧的破裂模量较高，而弹性模量没有改变。

  就强度和成本而言，竹子被认为是自然界中效能最高的材料。Mously 对埃及的 3 个竹种的力学性质分析结果表明：竹材的抗弯强度、弹性模量、抗拉强度和抗压强度与山毛榉木材相当，竹秆的机械性质特别是抗拉强度和压缩强度高，在建筑结构材料中尤其是空间珩架，竹秆可以代替木材和金属使用。竹龄对竹材的物理和机械性能起重要作用，竹龄越高，强度越大。一般来讲，竹龄与竹材的力学强度有较密切的关系。竹材维管束是竹材的重要组成部分。维管束由许多厚壁纤维细胞组成，是影响竹材力学性质的重要因素。

思考题

1. 全世界竹类资源的地理分布及我国竹类资源的地理分布特点如何？
2. 竹子的地下茎有哪 3 种类型？形态上各有何特征？
3. 竹秆有哪几部分组成？秆茎又由哪几部分组成？
4. 竹子的生长有何特点？
5. 竹子的生长与木材的生长有何差异？
6. 竹材的解剖结构与木材的解剖结构特点有何差异？
7. 竹壁由哪几部分组成？各部分由哪些细胞组成？
8. 竹材维管束系统由哪几部分组成？又由哪些细胞组成？

第6章 木材鉴定的方法和应用

【难点与重点】重点是木材鉴定的方法、步骤、遵循原则及鉴定过程应注意事项。难点是木材鉴定工具及其使用的实际操作,应在实践中逐渐掌握。

木材鉴定就是在了解木材构造的基础上,根据具体特征进行准确或比较准确地区分和判定树种的类别、种属,这是一个复杂的过程。送检单位送来的鉴定材料,其大小、形状、取材部位等往往不够"标准",也增加了鉴定的难度,即使是经验丰富的鉴定工作者在实际工作中也常遇到困难。所以,开展木材的鉴定工作,应掌握木材鉴定的方法、木材识别特征的主次及其稳定性和变异程度,结合木材的宏观和显微特征,使用恰当的方法和并配备必要的工具、设备和资料,才能得出准确性较高的结论。

6.1 木材鉴定的方法

木材鉴定是合理利用木材的基础和前提,在森林公安等执法部门的工作中木材鉴定是确定涉案木材种属的必要途径,其准确性直接影响案件的定性。此外,考古工作中也经常需要对古墓中的棺木用材进行考证。所以,在实际工作中应根据鉴定目的、送检材料的实际情况,选择适合的鉴定方法、步骤开展鉴定工作。

6.1.1 木材鉴定的原则与步骤

根据鉴定的对象不同,包括原木识别、锯材识别、木制品用材识别及古木、阴沉木和化石识别;根据鉴定目的与要求不同,包括定种(类)识别与判定是非识别2种情况,前者是根据送检材料的基本特征,采用相应的方法,将其鉴定到属、类或种,后者是根据委托单位提供的木材名称,判定其特征与送检样本特征的符合性从而确定送检材料是否为该种木材。

6.1.1.1 木材鉴定的原则

观察木材的各种特征，一般应由表及里，由原木到木材，由简及繁，由宏观到微观，由主要特征到次要特征，逐步识别。

木材鉴定应在熟练掌握木材构造特征专业知识的基础上，把握先宏观后微观、先看主要特征后看次要特征的原则，根据鉴定目的要求，观察、记录、检索、结果判定、比对模式标本、得出鉴定结论、出具鉴定报告，从而完成整个鉴定过程。

(1) 宏观特征与显微特征

木材鉴定中宏观识别具有简易、快速的优点，能满足一般要求，但准确度较差，特别有些外貌特征相似的木材难以区分，只能确定到属、类。为进一步确定木材的身份，需利用显微镜观察其显微构造。在某些特殊的情况下，可能还需要应用电子显微镜，观察木材的超微构造特征。

(2) 主要特征与次要特征

木材种类很多，构造特征也相当复杂，识别时要善于观察和分析各种木材间的共同点，甄别不同点。共同点决定木材同属于某一级别上的类（如科、属等），不同点决定种的特征。只有抓住这些主要特征，不断进行分析、归类，并利用一些次要特征作为辅助依据，才能正确区分树种。例如在区分马尾松与樟树时，管孔的有无是主要特征，它们分属于无孔材（针叶材）和有孔材（阔叶材）；而在区别马尾松和红松时，早晚材转变度即成为识别特征的主要关注点。另外，木材特征性颜色和气味、内含物特征性颜色和性状等都可为木材鉴定提供直接依据。

(3) 针叶材与阔叶材的识别特征

在识别木材的过程中，首先应考虑的是区别针叶材和阔叶材。然后应根据不同情况采取相应的步骤，如根据管孔有无区分针阔叶材（某些科属例外），根据有无正常树脂道判定是否为松科6属木材，根据波痕的有无判断其进化程度等。

6.1.1.2 木材鉴定的步骤

识别与鉴定木材是一项实践性很强的工作，经验多的人较经验少的人是容易和比较有把握地识别木材。区域性的木材工作者往往对本地的木材更容易和有把握地进行识别，而对外地区的原木或木材就比较生疏且识别困难。所以，学好木材鉴定要在了解原木和木材的构造并熟练地掌握各种外貌特征的基础上，加强实践，才能获得理想的效果。基本的步骤如下：

①观察是否具有导管，区分针叶材和阔叶材树种。有导管的是阔叶树，无导管的是针叶树。

②如果确定是阔叶树，观察管孔在横切面上的分布状况和排列形状等特征，一步一步观察直到查到树种名称。

③如果确定是针叶树，观察是否有树脂道。有树脂道的是松、落叶松、云杉、黄杉、银杉、油杉等属；无树脂道是冷杉、铁杉、杉木、柏木等。然后再根据是否具有螺纹加厚、交叉场纹孔的类型等特征一步一步观察下去直到查到树种名称。

6.1.2 木材鉴定的方法

6.1.2.1 构造特征观察法

传统的木材鉴定方法是由具备木材解剖学知识和丰富实践经验的专业人员观察木材的构造特征，这也是目前最有效的鉴定方法。该方法对鉴定人员的要求较高，其实践经验积累程度直接影响了鉴定的工作周期长短和结论的准确性。观察木材的构造特征按照包括宏观识别和显微识别，同时也要使用颜色、气味等辅助特征，二者有机结合起来，使用特征较多，可以就得出相对准确的鉴定结论。

(1) 宏观识别

宏观识别一般应用于原木，主要是根据树皮特征、树干横切面上所表现的宏观特征、原木表面视觉物理特征来识别木材，具体为横切面的边材、心材及原木的表面特征。该方法适合在生产或案件现场的初步研判，往往只能鉴定至大类，鉴定准确性到"属"都很难。

宏观识别过程中重点关注心边材差异、生长轮的明显度和均匀度、颜色、气味、滋味、质量、硬度、结构、纹理与花纹等。判断为针叶树材（无孔材）则观察其树脂道的有无、多少，树脂的有无，早晚材转变度；判断为阔叶树材（有孔材）则观察材表特征、管孔式的类型、环孔材晚材管孔的分布、管孔大小及组合、侵填体的有无、木射线宽窄及明晰程度、轴向薄壁组织的明晰程度及类型。

(2) 显微识别

在光学显微镜下观察木材3个切面（横切面、径切面和弦切面）的解剖特征，也就是观察构成木材的各类细胞与组织形态及排列特征来分析鉴别；如观察管孔大小和排列方式、木射线细胞组成和类型、宽度和数量、高度等特征。

针叶树材细胞径向排列整齐，个体显微特征的微小差异均是鉴定的重要依据。重点观察管胞的形态特征和胞壁特征、树脂道的有无、木射线的高度和宽度等、交叉场纹孔的类型、轴向薄壁组织的有无和排列方式，以及其他一些不稳定的显微特征，如径列条、澳柏型加厚、含晶细胞等。阔叶树材构造分子排列不规整，细胞类型更复杂，主要由导管分子、木纤维、轴向薄壁细胞及射线薄壁细胞4种细胞组成。重点观察导管的形态和分布、穿孔类型、侵填体有无和形态等，薄壁组织和木纤维的类型，叠生构造的有无和细胞类型、晶体及其他无机内含物等。

6.1.2.2 物理法和化学法

(1) 物理法

一般来说观察木材的材色、测量其重量或密度，也就是物理识别木材的方法。在亲缘关系较近的情况下，种间或属间特征相似无法用宏观或微观特征区别时，可以用物理方法或化学方法补充鉴别。

(2) 化学法

化学法是指根据木材的化学性质差异、内含物成分的不同进行识别木材的方法。大叶南洋杉和南洋杉，前者浸出液中加入浓硫酸呈粉红色，随即呈橙色沉淀；后者不立即变色，后则形成白色沉淀；红栎类和白栎类，用联苯胺和硝酸钠混合剂涂抹后，前者呈浅红橙色，后者暗绿色；小帽桉与弹丸桉的锯屑用酒精加热浸泡，冷却后过滤，各取出部分溶液，加等量的水，前者变为白色混浊液，久置变为白色沉淀；而后者不混浊也不沉淀。

(3) 燃烧法

用火柴大小的木材，经过燃烧，以灰烬的性状来区别木材，如异色桉和边缘桉经过燃烧，前者全部灰化，色白灰；后者成为黑炭。燃烧法也可以闻燃烧过程中散发的味道，如檀香紫檀（*Pterocarpus santalinus*）燃烧时会有香味。

(4) 荧光法

用木屑的浸出液在阳光下或灯光下观察，出现荧光的现象为荧光法。如紫檀属木材的水浸出液在透射光下为黄色；七叶树的浸出液在透射光下无色。又如山钓樟和广东钓樟在干材横切面上滴以水珠，在管孔周围出现红色斑点，在纵切面上亦能见到红色条纹，以山钓樟最为明显，用此特征可以把钓樟属与樟科其他树种区别开来。

6.1.2.3 DNA 检验技术

近 10 年来，基于物种间基因序列差异的分子生物学技术已成为解决动植物分类上的系统问题的新技术，在木材树种和产地的识别鉴定领域的应用研究也在陆续开展，其中 DNA 分子标记技术得到了重点关注和较快发展。

常用的植物 DNA 分子标记技术有：RFLP（restriction fragment length polymorphism，限制性片段长度多态性）、RAPD（random amplified polymorphism DNA，随机扩增多态 DNA）、SSR（simple sequence repeat，简单重复序列或微卫星）、AFLP（amplified fragment length polymorphism，扩增片段长度多态性）、DNA barcoding（DNA 条形码）等。

近年来兴起的 DNA 条形码是根据特定基因序列差异，即通过比较物种中的一段标准的 DNA 序列片段，对物种进行快速、准确地识别和鉴定，是生物技术领域进展迅速的前沿之一。该技术已被广泛应用于动物、植物、中药材的分类鉴定中，相关的操作流程和研究技术规范也较为成熟。但在木材的鉴定应用方面，只有少量应用 DNA 条形码的尝试成功，主要是因为干燥处理或长期储存的木材 DNA 提取难度较大，直接影响了提取 DNA 的质量。随着生物信息学的发展和相关数据库的完善，该技术在木材鉴别领域将拥有更为广泛的应用前景。

6.1.2.4 光谱分析法

木材的细胞壁组成物质为纤维素、半纤维素和木质素，不同树种各成分的含量不同，其心材抽提物的化学成分和含量也不相同。因此可以用色谱等化学方法通过检测各化学成分及含量的不同来达到木材识别的目的。

色谱法是利用样品中的不同化学组分在固－液、液－气的两相中的分配系数不同而对其进行分离，依据保留值对化学组分进行定性分析，对复杂的未知化合物做定性分析比较困难。将色谱与质谱（MS）、红外光谱（IR）、核磁共振波谱（NMR）等具有很强的结构鉴定能力，却都不具备分离能力的技术联用已经成为当今仪器分析和分析仪器的主要发展方向之一。

6.2 木材鉴定的工具

通过观察木材的宏观和显微构造进行木材鉴定的过程中,要借助于一定的工具,使用适宜的检索手段,比对标准样本,查阅图谱、木材志等参考资料才能做到科学、准确地识别木材。

6.2.1 解剖工具或设备

从事木材的识别与鉴定工作,下列的工具或设备是必须准备的。

(1)凿刀和锯子

木材的宏观构造特征需在木材的新鲜切面上观察,所以根据样本的大小需使用斧头、砍刀和凿刀等工具修理木材的各个切面(即观察表面),从而使各项宏观特征更为明显和突出。为了从样本上截取小的木筷样本,也必须准备小型的手锯或电锯。

(2)手持放大镜(或体视显微镜、便携式显微镜)

在宏观识别木材的常用工具为放大镜,常用的扩大镜为 5~10 倍的手持放大镜。在有实体显微镜(解剖显微镜)的条件下,一般所用放大倍数不宜超过 50 倍。用手持放大镜或实体显微镜观察木材,应在光线良好的场合下,最好在日光下进行。

近年来,便携式数码显微镜产品被开发出来,自带 LED 光源,放大倍率 10~500 倍范围,通过 USB 接口连接到电脑上即可观察木材的宏观特征,并随时采集图像。具有体积小,携带方便等优点,适合木材的宏观特征观察;使用时,应对观察的端面打磨或者切削到平整,才能获得稳定的高质量的图像。

(3)生物显微镜(或含成像系统)

一般情况下根据木材的宏观特征鉴定的准确度只能到类别、科或属,而同属同类别木材的许多宏观特征是相同或相近的,所以需要结合观察木材的微观结构。所谓微观结构是指在光学显微镜甚至是电子显微镜下观察到的特征,电子显微镜(SEM 和 TEM)一般在研究工作中使用较多,在木材鉴定中光学显微镜即可满足工作需要。所以,观察木材的显微构造木材,必须具备光学显微镜。

目前,很多生物显微镜都可以和装载"显微成像系统"的电脑相连,可以采集图像,并对界面中的细胞大小进行测量,细胞的数量进行统计,满足木材鉴定过程中对导管直径、密度和木射线的宽度、数量等参数进行测量的需要。

(4)木材切片机

为了观察木材的显微构造特征需要制作木材切片,必备的设备为木材切片机。切片机在设定好切片厚度后,可连续切片,获得数量较多的厚度均匀的高质量切片。使用木材切片机时要求对待鉴定的样本进行取样,获得切片试样,其大小以固定于切片机上为好,一般 $1cm^2$ 的试样较便于操作。在制作试样的时候,要求对横切面、径切面和弦切面进行准确判断;其中横切面最好包括 1 至数个年轮,年轮较宽的样本则将轮界线(早材、晚材交界处)置于横切面中央位置。此外,该试样应避开病腐、弯曲等木材缺陷,不要在树根、树梢或侧枝上取材，也不要距离髓心和树皮太近。

如果是徒手切片，也可用单面刀片代替切片机。徒手切面是指不借助于切片机械而直接用刀片将样本切成薄片的方法，因其操作简便、切片迅速并能及时观察样本的显微构造，是在木材鉴定、教学实验中常用的方法。对于硬度较小的木材，找准三个切面后根据观察需要依次切取，或将待切面自来水或热水弄湿后直接切取。硬度较大的木材徒手切面很难获得联系的高质量切片，可将样品置于盛水的烧杯等容器中完全淹没，通过微波炉等工具加热，加热时间视木材材质和软化程度而定，取出后趁热切片。

此外，还应配备制作木材切片的玻璃器皿、常用的化学试剂及生物染料等辅助工具。

6.2.2 检索工具

目前木材识别与鉴定的主要手段有木材对分检索表识别、木材穿孔卡片检索表识别和木材计算机检索识别3种。木材(树种)检索表是识别木材(原木)所不可缺少的工具，但是木材检索表的使用应该因地制宜。如识别或鉴定江苏省的木材，是以运用江苏省木材检索表为准，而不能用东北或其他地区的木材检索表。其中，对分检索表法是最常用和最常见的方法。

（1）对分检索表

木材对分检索表是在许多木材特征中根据某个特征的有无，反复按顺序划分成相对称的二类特征，最后划分出每个树种的区别。对分检索表的优点是制法简单，应用和携带方便。其缺点是检索表所用特征必须依一定次序检索，如果树种多，篇幅大，使用过程中易出错；且检索表一经编制，补充一些树种或对某些树种特征进行修改较难，或需要重新编制。具体格式参见常见木材检索表和本书附录五。

```
1  木材横切面不具管孔(无孔材、软材、针叶材) ·················································· 2
1  木材横切面具管孔(有孔材、硬材、阔叶材) ···················································· 5
2  具正常树脂道 ···························································································· 3
2  不具正常树脂道 ························································································· 4
3  树脂道大而多，肉眼下呈小孔状；生长轮宽，不均匀；边材较宽，晚材带也较宽 ··············
                                                              ······························ 马尾松 Pinus massaoniana
3  树脂道较少，肉眼下呈浅色或褐色斑点；生长轮窄，较均匀；边材较窄，晚材带也较窄 ·······
                                                              ······························ 油松 Pinus tabuiaeformis
4  早材至晚材缓变，晚材带窄；结构均匀；有浓郁的杉木香味；心材灰褐色；管胞无螺纹加厚
                                                              ·················· 杉木 Cunninghamia lanceolata
4  早材至晚材缓变；生长轮窄；结构细；无香气；心材橘红褐色；具螺纹加厚
                                                              ······························ 红豆杉 Taxus spp.
5  环孔材，早晚材急变 ····················································································· 6
5  散孔材或半散孔材，早晚材缓变 ······································································· 8
6  细木射线；晚材管孔星散状；轴向薄壁组织傍管型；边材黄白色，心材灰褐色 ···············
                                                              ···················· 水曲柳 Fraxinus mandschurica
6  具宽木射线；晚材管孔径列状或弦列状；轴向薄壁组织切线状 ·································· 7
7  心材浅红褐色至红褐色；树皮硬 ············································ 麻栎 Quercus acutissim
7  心材红褐色至鲜红褐色；树皮木栓层发达 ······························ 栓皮栎 Quercus variabilis
```

8 半散孔材;具浓厚樟脑气味;富含油细胞 ················· 香樟 Cinnamomum camphora
8 散孔材 ··· 9
9 轴向薄壁组织轮界状,弦切面不具波痕 ················· 毛白杨 Populus tomentosa
9 轴向薄壁组织不明显,弦切面可见波痕 ································ 椴木 Tilia spp.

(2) 穿孔卡片检索表

穿孔卡片检索表,是把木材全部特征分配在每张卡片的孔洞里,每个树种制作一张卡片,该树种所具有的特征上,将其圆孔剪成"V"形缺口。使用时根据所鉴定木材的特征,用钢针穿取卡片,反复淘汰。穿孔卡片检索表使用方便,克服了对分检索表的缺点。但它携带不如对分检索表方便,不宜处理大量样本。

木材穿孔卡片的类型是指卡片的大小、质量、颜色和代表特征小孔的数目及其排列的方法等因素,随卡片设置的目的和内容要求而异其形成的种类。穿孔卡片的质量一般是以用优质的卡片纸制作为佳,因其经常用钢针穿扎,所以要求耐磨、耐展,经久耐用。卡片纸张质量的优劣能影响穿孔的灵敏度和效果。如有条件能采用优质塑料卡片则较纸质卡片更好。此外,优质的铝质薄片也较纸质卡片经久耐用。卡片中的小孔必须大小相同,排列的位置必须十分精确,不论多少张穿孔卡片聚集成叠,各个相同号码的小孔必须能准确对齐。

(3) 木材的计算机识别

计算机领域的迅速发展,为木材的快速识别和鉴定打开了新的思路和途径。从现有的软件来看,它主要是结合了对分检索表和穿孔卡检索法两者的优点,采用木材树种名称及构造特征的文字或图像数据,利用计算机数据库管理系统编制软件,开发成木材(树种)识别计算机检索系统。具有处理信息快、运行效率高、综合功能强等特点。

1974 年 Morse 根据植物外部形态特征的微机检索程序 IDENT 4,建立了第一个用计算机检索的植物名称体系。1977 年,Miller 和 Baas 在国际木材解剖学会议上建议国际木材解剖学家协会(IAWA)成立了一个从事微机检索阔叶树材特征编码国际标准的制定的委员会。自此开始很多国家相继应用计算机建立了木材特征数据库和木材识别软件的开发。

在国内,中国林业科学研究院的杨家驹、程放开发了多个关于木材识别与木材性能方面的数据库查询系统。随着计算技术的发展,识别系统所包含的树种范围也不断扩大;数据库的内容从简单的文字到丰富的图片信息,包括树种的名称、性状及分布、物理力学加工性质、主要用途、木材宏观微观构造、微观显微照片等;系统的开发软件从 Basic 语言到 Delphi 语言再到 Visual C++语言;检索方式从单一条件检索发展为多条件联合模糊检索,从基于 C/S 的单机检索发展到基于 B/S 的在线检索等。

计算机识别木材的优点是检索结果速度快,检索结果准确可靠。同时,木材识别系统还提供较强的数据管理功能,可以建立树种的数据文件,修改数据和增加数据的操作也很容易实现。但现有的木材识别系统多为专家系统,只有使用者具备木材鉴定专业知识,并能够判别木材的识别特征,才能使用木材数据库识别系统,应用上有很大的局限性。

6.2.3 判定工具

(1) 标准样本

19 世纪初,人们开始认识到木材解剖学研究必须借助于一定数量的木材标本,木材标本的采集、收集、交换等工作也逐渐开展。1901 年，美国耶鲁大学最早建立了世界上第一个木材标本室，截至 1945 年该木材标本室收藏标本达 4 万号；这些标本后来转移到美国麦林产品研究所。目前，美国的林产品实验室拥有目前世界上最大的木材标本库，接近 10 万号木材样品。这些珍贵的木材样品主要为来自 100 多年来与世界其他林业机构交换所得，亦有一些个人和博物馆（如芝加哥菲尔德博物馆 Field 和耶鲁大学塞缪尔 J. Samuel 等人）的捐赠。在中国，中国林业科学研究院木材工业研究所、南京林业大学、北京林业大学、西南林业大学、东北林业大学等单位都收藏了相当数量的木材标本。

正确定名的木材标本，一般应来自研究所与高等院校标本室或自己采制，但都必须经植物学家或树木分类学家定名，并附有拉丁学名。一般木材标本还应配有对应树木的腊叶标本，同时在实验室切制永久光学切片，每张切片有木材的横、径和弦 3 个切面。木材标本与切片是木材识别直接比对的宝贵材料。由于木材是生物材料，变异性较大，所以木材标本与切片的种类、号数（来源）越多越好，可提供更多有用的信息。

（2）图谱等参考书

国内外的木材鉴定和研究图谱是木材鉴定工作的重要资料。常见的有权威性的专业书，如由中国林业科学研究院木材工业研究所编撰、中国林业出版社出版的《中国木材志》《东南亚热带木材》《非洲热带木材》《拉丁美洲热带木材》；由姜笑梅、徐峰、殷亚方等专家编著的《中国裸子植物木材志》《木材比较鉴定图谱》《濒危和珍贵热带木材识别图鉴》《常见贸易濒危与珍贵木材识别手册》等。

此外，国外一些木材数据库网站也可以为进口木材的鉴定提供重要的参考，如 Inside wood 等。

6.2.4 木材鉴定的注意事项

①开展木材鉴定工作之前，要正确理解木材解剖名词的定义、诠释和概念，才能比较其异同，给木材的识别和检索工作打下基础。

②明确鉴定目的和要求 有的鉴定要求确定树种名称，有的则要求证明是否为同一树种，木材识别的方式和方法要根据要求确定取样和采用的检索方法。

③注意局部和整体的关系 木材结构是三维的立体结构，对其组成分子的种类、数量、排列必须从横、弦、径 3 个切面观察，才能得到整体的概念。如射线高度就需在弦切面上观察，而射线中的直立和横卧射线细胞在弦切面很难分辨，但在径面上却很容易确认。

④要正确理解木材特征的变异 如泡桐的生长轮类型，有的为环孔材，有的则为半环孔材，甚至在同一标本中，因生长轮的宽、窄，常呈现为环孔材或半环孔材。木材的主要特征大多通常是比较稳定的，在观察过程中要排除偶见的情况，找出相对的稳定特征。

⑤辩证对待主要特征和次要特征 木材鉴定过程中要抓住主要的、稳定的和典型的特征；但有时次要特征可能起到决定性的作用，一些难以用显微镜识别的木材，用肉眼、放大镜观察其宏观特征就解决问题。如白桦（树皮粉白色，不反曲）、黑桦（树皮暗黑色，常反曲）、栓皮栎（树皮的栓皮层很厚）与麻栎（树皮中无厚的栓皮层）等。锥木属的树种，也主要依靠材色、管孔排列、树皮等宏观特征和产地来区分。

⑥送检供鉴定的木材样本　应是远离根部、远离髓心、非枝丫、比较稳定的成熟木材。

⑦尽可能明晰产地　树木的地理分布对鉴别树种有重要参考价值，红松与华山松很难区分，但前者产于东北，后者产于西北；楠属($Phoebe$)木材的种很难区分，但桢楠和闽楠2种中的油细胞最多，前者产于西南，后者产于华南、华中一带。

⑧木材鉴定不能到种的情况居多　木材因树木的株间生长环境差异和株内生长部位不同，加上取材部位等因素木材构造常有变异，往往不能定到种，而只能定科或属。所以，鉴定单位应该用广泛收集的同一树种来自不同产区、不同树龄，且能正确定名的木材标本，作为鉴定比对的标准样本。

思考题

1. 木材鉴定基本原则包括哪些？
2. 木材宏观识别和显微识别的侧重点有何差异？
3. 木材鉴定的方法有哪些？

第 7 章

常见木材的识别与鉴定

第 7 章 图片

【难点与重点】重点是了解常见国产和进口木材的宏观、显微结构特征。重点是掌握经常涉案木材的识别要点,能对原木及其制品进行初步的识别与鉴定。

我国地跨寒温热 3 个气候带,树种资源十分丰富。商品木材的主产区有 3 个,一是由大小兴安岭和长白山组成的东北林区;二是由四川、云南、贵州、西藏及陕西等组成的西南林区;三是长江以南热带亚热带林区。

东北林区为我国寒带针叶林区,其树木种类少,但木材产量大,是我国最大的木材生产基地。该林区的主要树种有:红松、樟子松、臭冷杉、红皮云杉、鱼鳞云杉、落叶松及冷杉等针叶树。槭木、桦木、柞木、核桃楸、水曲柳、黄檗等是产量较大的阔叶商品木材树种。山丁子、大青杨、紫椴、糠椴、钻天柳、榆木也是该林区较为常见的阔叶树材;比较珍贵的树种仅为红松、樟子松、水曲柳、黄檗。

西南林区地理环境独特,有典型的温带针阔混交林,有亚热带的湿润常绿阔叶混交林,还有典型的热带季雨林,树木种类是全国最丰富的林区。其木材产量较大的针叶树种有:冷杉属、云杉属、落叶松属的红杉、高山松、云南松、华山松、云南铁杉等。桦木科、槭树科、壳斗科、樟科、龙脑香科、楝科、含羞草科、蝶形花科等科的树种,在该林区最为常见。该林区著名的用材树种有:望天树、毛坡垒、黑黄檀、箭毒木、珙桐、黄檗、花榈木等。

长江以南热带亚热带林区是指广东、广西、海南、台湾、福建、湖南、湖北、江西、安徽、江苏、浙江等地的林区。该林区面积大,树木种类繁多,但分布不集中,而且每种木材的产量除马尾松、杉木以外都不多。马尾松、杉木是该林区产量最大、用途最广的木材。该林区的珍贵用材较多,主要有蚬木、格木、铁刀木、望天树、坡垒、金丝李、小叶红豆、黄檀、荔枝、穗花杉、银杉、红桧、台湾杉、水杉等。

本章对国产和进口常见木材的宏观和显微识别特征进行描述,并配相应的木材解剖图,以期为森林公安一线公安人员和木材鉴定技术人员提供参考。

7.1 常见国产材的识别

7.1.1 针叶材

(1)柏木 *Cupressus funebris*　柏科(Cupressaceae)柏木属(*Cupressus*)

树木及产地:乔木,高达30 m,胸径2 m。树皮褐色或暗褐色,平滑或呈长薄片状剥落。产于我国长江流域及以南温暖地区。

宏观特征:心边材区别明显或略明显,心材草黄褐色或至微带红色,久露空气中材色转深,边材黄白、浅黄褐或黄褐色微红。生长轮明显,轮间晚材带色深(紫红褐色),宽度不均匀,常有假年轮与断轮出现,早材带极宽,占全年轮宽度的绝大部分,晚材带极窄。早材至晚材缓变。轴向薄壁组织在放大镜下可见,星散状及呈弦列状,褐色。木材纹理直或斜,结构中而均匀,有光泽,具柏木香气,味苦,触之有油性感。

显微特征:横切面早材管胞为圆形及多边形,晚材管胞长方形及多边形。轴向薄壁组织量少,星散状,少数带状。弦切面木射线单列(稀2列),高5~20细胞。径切面轴向管胞具缘纹孔1列;射线管胞偶见,内壁无锯齿;交叉场纹孔式为柏木型,通常2~4个(图7-1)。

木材利用:宜作文具、美术工艺品、建筑、室内装修、家具、包装箱、农具用材等。

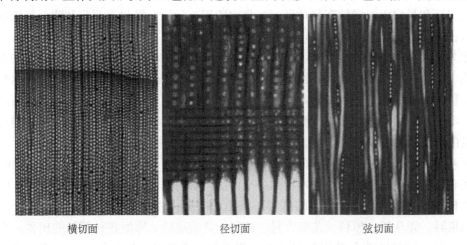

| 横切面 | 径切面 | 弦切面 |

图 7-1　柏木三切面

(2)冷杉 *Abies fabri*　松科(Pinaceae)冷杉属(*Abies*)

树木及产地:乔木,高达40 m。树皮深灰色,不规则鳞片状剥落。产于我国四川大渡河流域及青衣江流域。

宏观特征:木材黄褐色带红或浅红褐色,心边材区别不明显。生长轮明显,轮间晚材带色深,宽度不均匀或均匀;早材至晚材缓变。木材光泽弱,微有松脂气味,无特殊滋味。

显微特征:早材管胞横切面为方形、长方形及多边形,晚材管胞长方形及方形。轴向薄壁组织极少，星散状，微含深色树脂。弦切面木射线单列（极少成对或 2 列），高 1~17 细胞。径切面轴向管胞具缘纹孔 1 列；交叉场纹孔杉木型，1~4（通常 1~2）个（图 7-2）。

木材利用：适宜作造纸及其他纤维工业用原料；用作一般建筑如房架、屋顶、格栅、柱子、门、窗、墙壁板等室内装修，也适宜做箱盒、乐器、木桶及其他包装、日常用具及冰柜、火柴杆、牙签、平衡木和次等机模等。

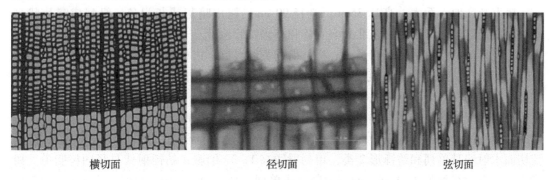

图 7-2　冷杉三切面

（3）云杉 Picea asperata　松科（Pinaceae）云杉属（Picea）

树木及产地：乔木，高可达 25 m。树皮灰色或灰褐色，深裂，不规则鳞片状剥落。产于我国陕西、宁夏、甘肃及四川等地。

宏观特征：心边材无区别，木材浅黄褐色。生长轮明显，轮间晚材带色深，宽度均匀至略均匀；早材至晚材缓变。树脂道分轴向和径向 2 类，轴向树脂道在横切面上肉眼下间或可见（白点状），放大镜下明显，白点状或孔穴状，数少，分布不均匀，单独，间或 2 至数个弦列。木材有光泽，略有松脂气味，无特殊滋味。

显微特征：早材管胞横切面为方形、长方形及多边形，晚材管胞长方形及方形。弦切面木射线具单列和纺锤形 2 类，单列射线高 1~22 细胞；纺锤射线具径向树脂道，树脂道上下方射线细胞 2~3 列，两端尖削而成单列，高 2~11 细胞。射线管胞存在于上述 2 类木射线中，位于上下边缘，1~3（通常 2）列，低射线有时全由射线管胞组成，内壁有锯齿，螺纹加厚偶见。径切面轴向管胞具缘纹孔 1 列；交叉场纹孔云杉型，1~7（通常 2~4）个（图 7-3）。

横切面

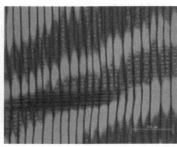
径切面

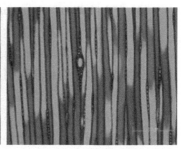
弦切面

图 7-3　云杉三切面

木材利用：为国产制造飞机螺旋桨的最好材料；适宜做钢琴、风琴和提琴的音板；也是人造丝和高级纸张的优良材料；此外，可制作胶合板、火柴杆、包装箱盒、橱柜、冰箱、玩具、日常用品、木梯、木尺等，一般房屋结构如窗、门、天花板、房架、屋顶、柱子，以及运动器械等。

(4) 落叶松 *Larix gmelinii*　松科(Pinaceae)落叶松属(*Larix*)

树木及产地：乔木，高达 35 m，胸径 90 cm。树皮暗灰或灰褐色，纵裂成鳞片状剥落，内皮紫红色。产于我国东北大兴安岭和小兴安岭地带。

宏观特征：心边材区别明显，心材红褐或黄红褐色，边材黄褐。生长轮明显，轮间晚材带色深(红褐色带紫)，宽度不均匀；早材至晚材急变。树脂道分轴向和径向2类，轴向树脂道在横切面上肉眼下可见，呈浅色斑点，数少，通常分布在晚材带内，单独、间或2至数个相邻成弦列。木材有光泽，略有松脂气味，无特殊滋味。

显微特征：早材管胞横切面通常为长方形，少数多角形，晚材管胞为方形或长方形。弦切面木射线具单列和纺锤形2类，单列射线高1~32细胞；纺锤射线具径向树脂道，树脂道上下方射线细胞2~4列，两端尖削而成单列，高2~16细胞，具缘纹孔1~2列(2列甚多)；射线管胞存在于上述两类木射线中，外缘常呈波浪形。晚材射线管胞螺纹加厚偶见；交叉场纹孔云杉型，少数杉木型，2~9(通常4~6)个(图7-4)。

木材利用：原木或原条适宜作坑木、枕木、电杆、木桩、篱柱、桥梁及柱子等；板材适宜做房架、木槽、径锯地板、木梯、船舶、跳板、车梁、包装箱。

 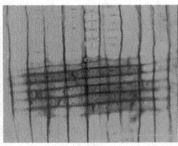 

横切面　　　　　　径切面　　　　　　弦切面

图7-4　落叶松三切面

(5) 马尾松 *Pinus massoniana*　松科(Pinaceae)松属(*Pinus*)

树木及产地：乔木，高达 30 m，胸径 1 m 余。树皮红褐色，深裂，不规则鳞片状剥落。产于我国长江流域和以南地区。

宏观特征：心边材区别明显，心材红褐色，边材黄褐或浅红褐色。生长轮甚明显，轮间晚材带色深，宽度不均匀；早材至晚材急变。树脂道分轴向和径向2类，轴向树脂道通常分布在晚材带及至早材1/3部分，在纵切面上呈褐色条纹。木材有光泽，松脂气味浓厚，有时触之有油性感，无特殊滋味。

显微特征：早材管胞横切面多为多边形及长方形，晚材管胞长方形。弦切面木射线具单列和纺锤形2类，单列射线高1~20细胞；纺锤射线具径向树脂道，树脂道上下方射线细胞3或2列，两端尖削而成单列，高1~10细胞。径切面轴向管胞具缘纹孔1列；交叉场纹孔窗格状，稀松木型，1~2(稀3)个(图7-5)。

木材利用：生长较快，适宜作造纸及人造丝原料；房屋建筑上宜做房架、柱子、格栅、地板和墙板等，又宜作坑木、木桩、箱盒、农具、火柴杆等。

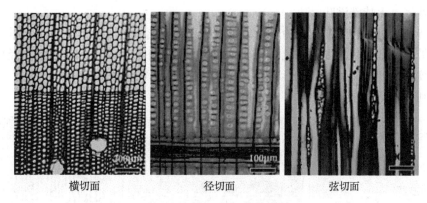

图7-5 马尾松三切面

(姜笑梅等，《中国裸子植物木材志》，2010)

(6) 罗汉松 *Podocarpus macrophyllus*　罗汉松科(Podocarpaceae) 罗汉松属(*Pdoocarpus*)

树木及产地：乔木，高达20 m。树皮灰褐色，薄鳞片状剥落。产于我国长江流域以南。

宏观特征：木材浅黄褐色、黄褐色至黄红褐色，心边材区别不明显。生长轮略明显或不明显，轮间晚材带色深，宽度不均匀；早材至晚材缓变。木材光泽弱，无特殊气味和滋味。

显微特征：早材管胞横切面为方形、长方形及多边形，晚材管胞长方形及方形。轴向薄壁组织较少，星散状及短弦列，含少量深色树脂。弦切面木射线单列(稀2列)，高1~20细胞。径切面轴向管胞具缘纹孔1列；交叉场纹孔柏木型或云杉型，1~4(通常1~2)个(图7-6)。

木材利用：适宜作建筑、雕刻、文具、乐器、家具、地板等材料。

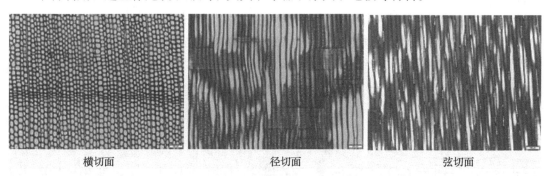

图7-6 罗汉松三切面

(7) 柳杉 *Cryptomeria fortunei*　杉科(Taxodiaceae) 柳杉属(*Cryptomeria*)

树木及产地：乔木，高达40 m，胸径2 m。树皮红褐色或褐色，纵裂，条片状剥落。产于我国长江流域以南地区。

宏观特征：心边材区别明显，边材黄白色或浅黄褐色，心材红褐色或鲜红褐色，久露空气中转暗。生长轮明显，轮间晚材带色深（深褐至紫褐），宽度不均匀；早材至晚材缓变。轴向薄壁组织量多，在肉眼下呈褐色斑点（含树脂），在纵切面上呈褐色纵线。木材具光泽，有香气，无特殊滋味。

显微特征：早材管胞横切面为长方形及多边形，晚材管胞长方形及方形。轴向薄壁组织量多，带状及星散状，多含深色树脂。弦切面木射线单列，高1~17细胞。径切面轴向管胞具缘纹孔1列；交叉场纹孔杉木型，1~5（通常2~3）个（图7-7）。

木材利用：适宜作纤维用材、室外用材。

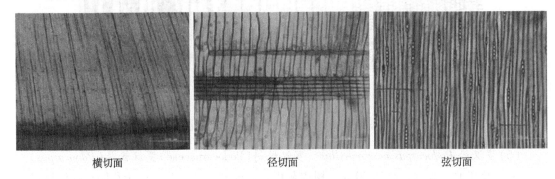

横切面　　　　　径切面　　　　　弦切面

图7-7　柳杉三切面

（8）杉木 *Cunninghamia lanceolata* Hook.　杉科（Taxodiaceae）杉木属（*Cunninghamia*）

树木及产地：乔木，高达30 m以上，树干通直。树皮灰褐色，长条片状剥落。产于我国长江流域以南。

宏观特征：心边材区别明显，边材浅黄褐色或浅灰褐色微红，心材浅栗褐色。生长轮明显，轮间晚材带色深（紫黄褐），宽度不均匀或均匀；早材至晚材缓变。轴向薄壁组织量多，星散状及弦向排列（呈褐色斑点），在纵切面上呈褐色纵线。木材有光泽，香气浓郁，无特殊滋味。

显微特征：早材管胞横切面为不规则多边形及多边形，晚材管胞长方形及多边形。轴向薄壁组织量多，星散状及弦向带状，常含深色树脂。弦切面木射线单列（稀2列），高1~21细胞。径切面轴向管胞具缘纹孔1列；交叉场纹孔杉木型，1~6（通常2~4）个（图7-8）。

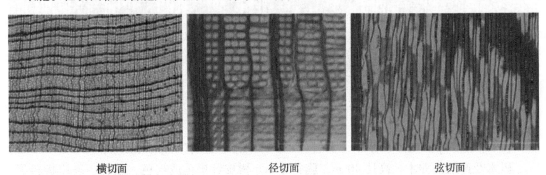

横切面　　　　　径切面　　　　　弦切面

图7-8　杉木三切面

木材利用：适宜作造纸原料、柱子、船舶、房架、农具、包装、家具、门、窗、地板及其他室内装修材料。

7.1.2 阔叶材

(1) 槭木(色木槭) *Acer mono*　槭树科(Aceraceae) 槭木属(*Acer*)

树木及产地：落叶乔木，高达 20 m。树皮灰褐色，纵裂。产于我国东北地区，以及内蒙古、河南、山西、陕西、甘肃、山东、河北、江苏、安徽、江西、湖南、湖北、四川、云南等地。

宏观特征：心边材区别不明显，木材红褐色微黄或红褐色。生长轮明显，轮间呈深色或浅色细线，宽度不均匀。散孔材，管孔散生。轴向薄壁组织轮界状及傍管状。木材纹理直，结构甚细；有光泽；无特殊气味和滋味。

显微特征：单管孔及 2~3 个径列复管孔，稀呈管孔团。导管分子螺纹加厚明显；单穿孔，穿孔板略倾斜及倾斜。管间纹孔式互列。轴向薄壁组织量少，轮界状(宽 1~5 细胞)及环管状，稀星散状。木射线非叠生；单列射线较少，高 1~10 细胞，多列射线宽 2~7 细胞，高 10~25 细胞。射线组织同形单列及多列。射线与导管间纹孔式类管间纹孔式(图7-9)。

木材利用：宜作枕木、单板及胶合板、鞋楦及鞋跟、家具、地板、车厢、军工材、日用木制品、门、窗及其他室内装修、工农具柄、纺织材、运动器械、文具、仪器箱盒及乐器等材料。

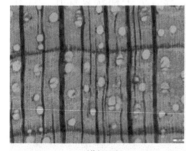 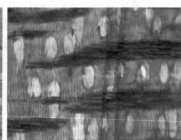 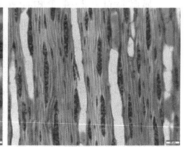

横切面　　　　　　　　径切面　　　　　　　　弦切面

图 7-9　槭木三切面

(2) 光皮桦(亮叶桦) *Betula luminifera*　桦木科(Betulaceae) 桦木属(*Betula*)

树木及产地：乔木，高达 25m。树皮灰褐色或暗红褐色。产于我国贵州、广东、广西、湖南、四川、湖北、浙江、安徽、福建、江西等地。

宏观特征：心边材区别常明显，边材浅红褐色，心材红褐色。生长轮略或明显，轮间呈浅色细线，宽度略均匀。散孔材。轴向薄壁组织轮界状。木材纹理直，结构甚细至细；有光泽；无特殊气味和滋味。

显微特征：单管孔及 2~3 个径列复管孔(间或 4 个)，少数呈管孔团，侵填体偶见。导管分子梯状复穿孔，穿孔板甚倾斜，少数倾斜。管间纹孔式局部对列，或对列-互列。轴向薄壁组织量少，轮界状(宽 1 细胞)及星散状，间或环管状。木射线非叠生；单列射线较多、高 5~15 细胞，多列射线宽 2~4 细胞、高 10~25 细胞。射线组织同形单列及多列，稀异Ⅲ型。射线与导管间纹孔式类管间纹孔式（图 7-10）。

木材利用：宜作飞机及船舶用高强度胶合板、网球拍、装饰胶合板贴面、家具、地板、百叶窗、纺织用木梭、雕刻、文具、生活用具、农具、飞机螺旋桨、枪托、纸浆、烟斗等。

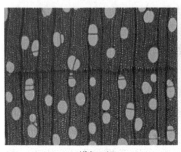  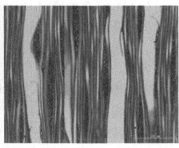

横切面　　　　　　　　　　径切面　　　　　　　　　　弦切面

图 7-10　光皮桦三切面

（3）黄杨 *Buxus sinica*　黄杨科（Buxaceae）黄杨属（*Buxus*）

树木及产地：常绿灌木或小乔木。在我国，除东北地区外，其他各地均有分布。

宏观特征：心边材区别不明显，木材鲜黄褐色或黄色。生长轮不明显或略明显，轮间呈细线，宽度不均匀。散孔材。轴向薄壁组织不见。木材纹理斜，结构甚细，均匀；有光泽；无特殊气味和滋味。

显微特征：2~4 个短径列复管孔及单管孔，稀呈管孔团。导管分子梯状复穿孔，穿孔板甚倾斜。管间纹孔式对列及互列。轴向薄壁组织量少，星散状及星散－聚合状。木射线非叠生；单列射线高 1~9 细胞，多列射线宽 2~3 细胞、高 4~23 细胞。射线组织异Ⅱ型。射线与导管间纹孔式类管间纹孔式（图 7-11）。

木材利用：最适宜做雕刻及车旋装饰品，广泛用作各类木雕及木座、玩具、木梳、镶嵌工艺品、民乐器如二胡柄等的线轴等。

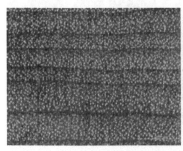 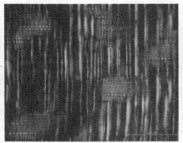 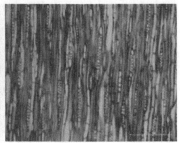

横切面　　　　　　　　　　径切面　　　　　　　　　　弦切面

图 7-11　黄杨三切面

（4）橡胶树 *Hevea brasiliensis*　大戟科（Euphorbiaceae）橡胶树属（*Hevea*）

树木及产地：常绿大乔木或乔木。树皮灰色，平滑。石细胞沙粒状及片状。原产于巴西、亚马孙河流域，我国云南、广东、海南、广西及福建均有引种栽培。

宏观特征：心边材区别不明显，木材浅黄褐色。生长轮明显，轮间呈深色带。散孔材。轴向薄壁组织量多或略多，离管带状及傍管状。木材纹理斜，结构通常细至中；光泽弱；无特殊气味及滋味。

显微特征：单管孔，稀2个径列复管孔。导管分子单穿孔，穿孔板略倾斜至甚倾斜。管间纹孔式互列。轴向薄壁组织量多或略多，主为离管带状（1~4细胞），并呈环管状与环管束状及少数星散状与星散-聚合状。木射线非叠生；单列射线高1~12细胞，多列射线宽2~4细胞、高4~31细胞。射线组织异Ⅰ型及异Ⅱ型。射线与导管间纹孔式类管间纹孔式（图7-12）。

木材利用：栽培目的主要供割制橡胶，也用作室内装修、普通家具及农具、火柴、包装箱及造纸等纤维工业原料。

横切面　　　　　　　　　径切面　　　　　　　　　弦切面

图7-12　橡胶树三切面

（5）秋枫 *Bischogia javanica*　大戟科（Euphorbiaceae）秋枫属（*Bischogia*）

树木及产地：半常绿乔木，高达20 m，胸径达1 m多。树皮暗灰褐色。产于我国西南及长江流域以南地区。

宏观特征：心边材区别略明显，边材灰红褐色，心材紫红褐色，常杂有暗色条纹。生长轮不明显。散孔材，通常径列。轴向薄壁组织未见。木材纹理略斜或至交错，结构细而匀；有光泽；无特殊气味及滋味。

显微特征：2~5个短径列复管孔，单管孔较少。导管分子单穿孔，穿孔板倾斜至甚倾斜。管间纹孔式互列。轴向薄壁组织缺如或偶见于导管旁。具分隔木纤维。木射线非叠生；单列射线数少、高4~12细胞，多列射线宽2~5细胞、高6~70细胞。射线组织异Ⅰ型及异Ⅱ型。射线与导管间纹孔式刻痕状及大圆形（图7-13）。

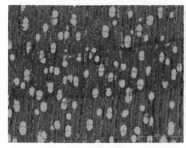  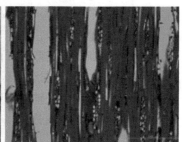

横切面　　　　　　　　　径切面　　　　　　　　　弦切面

图7-13　秋枫三切面

木材利用：特别适用于水中，用作渔轮的肋骨及船底板、码头木桩等，又用作枕木、地板及其他室内装修、家具及雕刻等。

(6) 青冈 Cyclobalanopsis glauca 壳斗科（Fagaceae）青冈属（Cyclobalanopsis）

树木及产地：乔木，高达20 m，胸径1 m。树皮平滑不裂，在向阳处为浅灰色，常具有灰白色块斑；在隐蔽处则呈暗灰带绿色，并具有明显白色块斑。产于我国长江流域以南地区。

宏观特征：心边材区别不明显，木材灰黄色、灰褐色带红或浅红褐色带灰。生长轮不明显。散孔材至半环孔材，呈溪流状径列。轴向薄壁组织量多，主为离管带状。木射线分宽窄两类，窄木射线在肉眼下呈斑点状；宽木射线在弦切面上呈纺锤状，常见分隔，径切面上射线斑纹明显。木材纹理直，结构粗而匀；有光泽；无特殊气味及滋味。

显微特征：单管孔。导管分子单穿孔，穿孔板略倾斜至平行。管间纹孔式互列。环管管胞围绕于导管周围。轴向薄壁组织量多，主为离管带状，呈连续弦向带（宽1~4细胞），少数星散状或星散-聚合状，环管状偶见。木射线非叠生；窄木射线通常宽1（间或2列或成对）细胞、高1~24细胞，宽木射线最宽处宽至许多细胞、高至许多细胞。射线组织同形单列及多列。射线与导管间纹孔式主为刻痕状（图7-14）。

木材利用：为制作织布木梭的首要材料，适宜用作土木工程及运动器材、拼花地板、家具、走廊扶手等，为薪炭材的好材料。

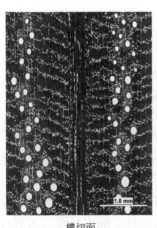 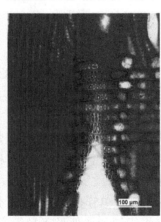 

横切面　　　　　　　　　径切面　　　　　　　　　弦切面

图7-14　青冈三切面

(7) 水青冈 Fagus longipetiolata 壳斗科（Fagaceae）水青冈属（Fagus）

树木及产地：乔木，高达25 m，胸径60 cm，树干通直。树皮浅灰色或灰色，薄而平滑。产于我国浙江、安徽、江西、四川、贵州、云南、湖北、广东及广西等地。

宏观特征：心边材区别不明显，木材浅红褐色至红褐色。生长轮明显，轮间呈深色带。半环孔材，散生。轴向薄壁组织略见，呈细短弦线或斑点状。木射线分宽窄两类，宽木射线被数根窄木射线分隔，在弦切面上呈短纵线。木材纹理直或斜，结构中；有光泽；无特殊气味及滋味。

显微特征：单管孔及2~3个短径列复管孔，少数呈管孔团。导管分子单穿孔及梯状复穿孔，穿孔板倾斜至甚倾斜。管间纹孔式对列，梯状－对列及梯状。轴向薄壁组织较多，星散－聚合状及离管带状。木射线非叠生；窄木射线较多、宽1至数细胞、高1～40细胞，宽木射线（复合型）宽至10～20细胞、高许多细胞。射线组织异Ⅲ型。射线与导管间纹孔式刻痕状（图7-15）。

木材利用：适宜作钢琴上的弦轴板、打弦器、键子底盘，又可作弦乐的琴桥，高级家具、贴面单板及胶合板、地板、墙板、走廊扶手、运动器械、鞋跟及鞋楦、船舶、车辆、文具、机械用材等。

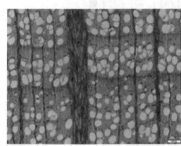  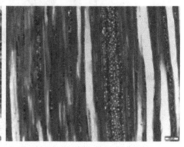

横切面　　　　　　　　径切面　　　　　　　　弦切面

图7-15　水青冈三切面

（8）麻栎 *Quercus acutissima*　壳斗科（Fagaceae）麻栎属（*Quercus*）

树木及产地：乔木，高25 m，胸径1 m。树皮暗褐色，不规则深纵裂。产于我国江苏、浙江、安徽、福建、江西、湖南、湖北、广东、海南、广西、贵州、云南、四川、陕西、山西、山东、河北、辽宁南部等地。

宏观特征：心边材区别略明显，边材暗黄褐色或灰黄褐色，心材浅红褐色。生长轮甚明显。环孔材，晚材管孔径列。轴向薄壁组织量多，主为星散－聚合及离管带状。木射线分宽窄两类，窄木射线肉眼下材身上呈斑点状；宽木射线被许多窄木射线分隔，在弦切面上呈褐色纺锤状，常见分隔。木材纹理直，结构粗；有光泽；无特殊气味及滋味。

显微特征：单管孔。导管分子单穿孔，穿孔板略倾斜。管间纹孔式互列。环管管胞量多。轴向薄壁组织量多，主为星散－聚合状及离管带状（宽1～3细胞），间呈星散状，环管状偶见。木射线非叠生；窄木射线通常单列（稀2列或成对）、高1～25细胞，宽木射线宽许多细胞、高许多细胞。射线组织同形单列及多列。射线与导管间纹孔式刻痕状，少数类管间纹孔式（图7-16）。

木材利用：适宜作运动器械、机器零件、桥梁、水车龙骨、鞋楦、船舰、家具、走廊扶手、乐器柄、拼花地板、门框及其他室内装修材料等。

（9）蒙古栎（柞木）*Quercus mongolica*　壳斗科（Fagaceae）栎属（*Quercus*）

树木及产地：落叶乔木，高可达30 m，最大胸径1 m。树皮灰褐色至暗灰褐色，纵向深沟裂。产于我国东北三省以及内蒙古、山西、河北、山东等地。

宏观特征：心边材区别明显，边材浅黄褐色，心材黄褐色或浅栗褐色。生长轮明显。环孔材，晚材管孔火焰状径列。轴向薄壁组织较多，离管带状。木射线分宽窄两类，窄木射线肉眼下材身上呈斑点状；宽木射线被许多窄木射线分隔，在弦切面上呈褐色纺锤状，

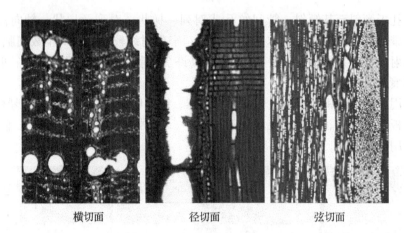

图 7-16　麻栎三切面
（引自 Insidewood 数据库）

常见分隔。木材纹理直，结构粗；有光泽；无特殊气味及滋味。

显微特征：主为单管孔，稀呈 2~3 个短径列复管孔，火焰状径列。导管分子单穿孔，穿孔板略倾斜至倾斜。管间纹孔式互列。环管管胞甚多。轴向薄壁组织量多，主为星散-聚合状及离管带状（宽 1~3 细胞），少数星散状，环管状偶见。木射线非叠生；窄木射线通常 1 列（稀 2 列或成对）、高 2~29 细胞，宽木射线（全为复合射线）宽许多细胞、高许多细胞。射线组织同形单列及多列。射线与导管间纹孔式刻痕状及类管间纹孔式（图 7-17）。

木材利用：适宜作运动器械、机器零件、桥梁、水车龙骨、鞋楦、船舰、家具、走廊扶手、乐器柄、拼花地板、门框及其他室内装修材料等。

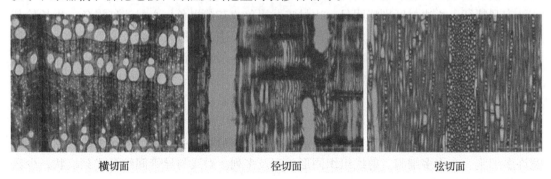

图 7-17　蒙古栎（柞木）三切面

（10）铁力木 *Mesua ferrea*　藤黄科（Guttiferae）铁力木属（*Mesua*）

树木及产地：常绿大乔木，高可达 30 m，胸径 3 m。树皮黑褐色，不规则开裂，片状剥落。产于我国云南。

宏观特征：心边材区别明显，边材浅红褐色，心材暗红褐色。生长轮不明显。散孔材，斜列或径列。轴向薄壁组织量多，呈离管带状。木材纹理交错，结构细；有光泽；无特殊气味和滋味。

显微特征：单管孔。导管分子单穿孔，穿孔板略倾斜及平行。管间纹孔式互列。环管管胞量多。轴向薄壁组织量多，离管带状（宽2～6细胞）。木射线非叠生；单列射线高1～23细胞，多列射线宽2细胞、高1～23细胞。射线组织异Ⅱ型及异Ⅲ型。射线与导管间纹孔式刻痕状及大圆形（图7-18）。

木材利用：宜做渔轮的骨架、舵杆、轴套及尾轴筒等；也宜做地板、家具等。

图7-18　铁力木三切面

（引自 Commercial timbers）

（11）山核桃 *Carya cathayensis*　核桃科（Juglandaceae）山核桃属（*Carya*）

树木及产地：乔木，高可达30 m，通常10 m多。树皮幼时灰色，平滑；老时暗灰色，常具灰白色块斑，细裂纹。产于我国浙江、福建、安徽、湖南、贵州等地的山地。

宏观特征：心边材区别明显，边材黄褐色或红褐色，心材暗红褐色。生长轮明显。环孔材，宽度略均匀或不均匀。轴向薄壁组织量多，离管带状、环管束状及轮界状。木材纹理直，结构细至中；有光泽；无特殊气味和滋味。

显微特征：单管孔，稀2～3个短径列复管孔。导管分子单穿孔，穿孔板略倾斜。管间纹孔式互列，稀对列。轴向薄壁组织量多，离管带状（宽2～3细胞）、星散－聚合状、环管束状及轮界状。木射线非叠生；单列射线数多、高1～33细胞，多列射线宽2～4细胞、高3～48细胞。射线组织异Ⅲ型。射线与导管间纹孔式类管间纹孔式（图7-19）。

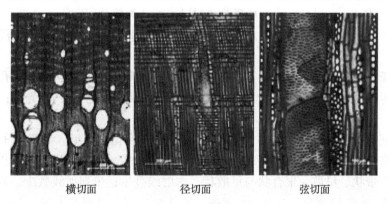

图7-19　山核桃三切面

（引自 Insidewood 数据库）

木材利用：宜作工农具柄（斧、锤、镐、锄等）、雪橇、木梯、木椅、运动器械、地板、机件、军工材(枪托、飞机推进器、机翼等)。

(12) 胡桃(核桃) *Juglans regia* 胡桃科(Juglandaceae)胡桃属(*Juglans*)

树木及产地：乔木，高达20m多。树皮灰色，老时浅纵裂。在我国华北、西北栽培最多，长江流域及西南等地也较为普遍。

宏观特征：心边材区别明显，边材浅黄褐色或浅栗褐色，心材红褐色或栗褐色，有时带紫色，间有深色条纹，久露空气中则呈巧克力色。生长轮明显。半环孔材，宽度略均匀至不均匀。轴向薄壁组织离管带状。木材纹理直或斜，结构细致；有光泽；无特殊气味和滋味。

显微特征：单管孔及2~5个短径列复管孔，稀呈管孔团，呈之字形排列。导管分子单穿孔，穿孔板略倾斜。管间纹孔式互列。轴向薄壁组织离管带状(通常1列，间或3列细胞)与少数星散-聚合状及环管状与星散状。木射线非叠生；单列射线高2~20细胞、多列射线宽2~5细胞、高4~52细胞。射线组织同形单列及多列。射线与导管间纹孔式类管间纹孔式(图7-20)。

木材利用：世界上优良的枪托材，宜作家具、收音机壳、缝纫机台板、墙板、车厢板及船舱装修、钢琴壳、机模、雕刻、飞机螺旋桨及机翼、车工、相架及内部装修等用材。

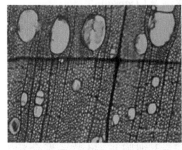  

横切面　　　　　　　　　径切面　　　　　　　　　弦切面

图7-20　核桃三切面

(13) 黄檀 *Dalbergia hupeana* 蝶形花科(Fabaceae)黄檀属(*Dalbergia*)

树木及产地：落叶小乔木或乔木，高可达20 m，胸径可至40 cm。树皮浅灰黄色，窄条片状剥落。产于我国长江流域。

宏观特征：心边材区别不明显，木材黄色。生长轮略明显至不明显。散孔材，宽度不均匀。轴向薄壁组织傍管带状及轮界状。木材纹理斜，结构细至中；有光泽；无特殊气味和滋味。

显微特征：单管孔及少数2~3个短径列复管孔，管孔团偶见。导管分子单穿孔，穿孔板平行及略平行。管间纹孔式互列。轴向薄壁组织量多，傍管带状及轮界状，少数为环管束状、离管带状、星散-聚合状与星散状。木射线叠生；单列射线数少、高1~7细胞、多列射线宽2(间或3)细胞、高3~16细胞。射线组织同形单列及多列。射线与导管间纹孔式类管间纹孔式(图7-21)。

木材利用：宜作车轴、车轮、工农具柄、床腿、单双杠、网球拍、枪柄、玩具、装饰品、算盘珠、雕刻、弦乐柄、木鱼、木琴、云板、家具、镜框等材料。

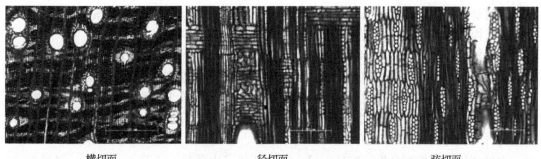

横切面　　　　　径切面　　　　　弦切面

图 7-21　黄檀三切面

(14) 槐树 *Sophora japonica*　蝶形花科(Fabaceae)槐树属(*Sophora*)

树木及产地：落叶乔木，高可达 25 m 可。树皮灰黑色，块状沟裂。原产于我国华北，后广为栽培。

宏观特征：心边材区别略明显，边材黄色或浅灰褐色，心材深褐色或浅栗褐色。生长轮明显。环孔材。轴向薄壁组织翼状及聚翼状。木材纹理颇直，结构中至粗；有光泽；无特殊气味和滋味。

显微特征：2~4 个短径列复管孔，单管孔及管孔团。导管分子单穿孔，穿孔板平行及略倾斜。管间纹孔式互列。轴向薄壁组织量多，主为环管束状或翼状、聚翼状及轮界状。分隔木纤维普遍。木射线局部略斜列；单列射线数极少、高 2~7 细胞，多列射线宽 2~8 (多数 4~6)细胞、高 3~37 细胞。射线组织同形单列及多列。射线与导管间纹孔式类管间纹孔式(图 7-22)。

木材利用：宜作各种农具及房屋建筑、家具与燃材，为农村重要用材之一，木材尚可制作鼓、车底板、胶合板等。

 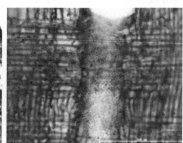 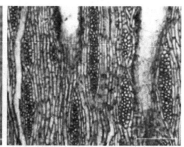

横切面　　　　　径切面　　　　　弦切面

图 7-22　槐树三切面

(15) 木莲 *Manglietia hupeana*　木兰科(Magnoliaceae)木莲属(*Manglietia*)

树木及产地：常绿乔木，高达 20 m。树皮浅灰色，不开裂，稍粗糙。产于我国亚热带地区。

宏观特征：心边材区别明显，边材浅栗褐色或灰黄褐色，生材时黄绿或灰绿色；心材黄色或暗褐色微绿，生材时鲜绿色带黄久露空气中转呈暗褐色微绿。生长轮略明显至明显,轮间呈细线。散孔材,宽度略均匀至均匀。轴向薄壁组织傍管带状及轮界状。木材纹理直,结构甚细;光泽强;气干材无特殊气味和滋味,生材有香气。

显微特征:单管孔及2~4个短径列复管孔,少数呈管孔团。导管分子梯状复穿孔,穿孔板甚倾斜。管间纹孔式梯状及梯状-对列。轴向薄壁组织量少,轮界状(宽2~5细胞)。分隔木纤维偶见。木射线非叠生;单列射线数甚少、高1~15细胞,多列射线宽2~3细胞、高4~32细胞。射线组织异Ⅱ型及异Ⅲ型。射线与导管间纹孔式刻痕状或大圆形,少数类管间纹孔式(图7-23)。

木材利用:宜作胶合板、家具、门、窗及其他室内装修、文具、工艺品、钢琴外壳、绘图板等材料。

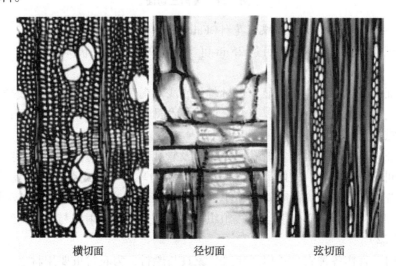

横切面　　　　　径切面　　　　　弦切面

图7-23　木莲三切面

(参考 Insidewood 数据库 *Manglietia* spp.)

(16)香椿 *Toona sinensis*　楝科(Meliaceae)香椿属(*Toona*)

树木及产地:落叶乔木,高达16 m,胸径达1 m多。树皮灰褐色或褐色,呈狭而不规则的长片状剥落。产于我国中部地区。

宏观特征:心边材区别明显,边材红褐色或灰红褐色;心材深红褐色。生长轮明显。环孔材,宽度略均匀。轴向薄壁组织环管束状。木材纹理直,结构中;有光泽;具芬芳气味;无特殊滋味。

显微特征:单管孔及2~4个短径列复管孔,少数管孔团。导管分子单穿孔,穿孔板平行及略倾斜至倾斜。管间纹孔式互列。轴向薄壁组织略多,环管束状、轮界状与少数星散状。分隔木纤维偶见。木射线非叠生;单列射线数少、高1~8细胞,多列射线宽2~5细胞、高3~18细胞。射线组织异Ⅲ型。射线与导管间纹孔式类管间纹孔式(图7-24)。

木材利用:为高级家具及机模的优等材料,宜作船壳板、游艇各部件、车厢、门、窗及其他室内装修、钢琴外壳、三弦琴的腹板、装饰雕刻、仪器、文具、猎枪把、网球拍、木犁、稻桶等用材。

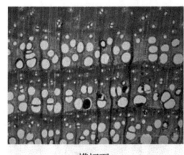 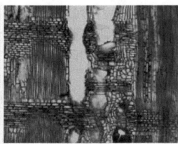 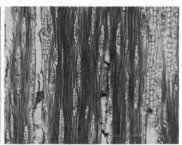

横切面　　　　　　　　　径切面　　　　　　　　　弦切面

图 7-24　香椿三切面

(17) 毛白杨 Populus tomentosa　杨柳科(Salicaceae)杨属(Populus)

树木及产地：乔木，高可达 30 m。树皮灰白色，老时深灰色，微纵裂。产于我国西北、华北、华东及辽宁。

宏观特征：心边材区别不明显，木材浅黄白色或浅黄褐色。生长轮明显，轮间呈浅色细线。散孔材或至半环孔材，宽度不均匀。轴向薄壁组织不见。木材纹理直，结构甚细；有光泽；无特殊气味和滋味。

显微特征：2~4 个短径列复管孔及单管孔，少数呈管孔团。导管分子单穿孔，穿孔板略倾斜至倾斜。管间纹孔式互列。轴向薄壁组织量少，轮界状(宽 1~2 细胞)，稀星散状。木射线非叠生；射线单列，高 2~25 细胞。射线组织同形单列。射线与导管间纹孔式为单纹孔(图 7-25)。

木材利用：宜作纸浆、人造丝、纤维板、刨花板、火柴杆盒、牙签、包装箱、木桶等用材。

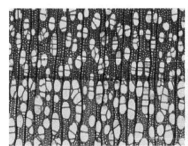  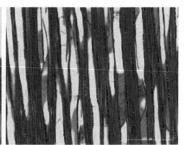

横切面　　　　　　　　　径切面　　　　　　　　　弦切面

图 7-25　毛白杨三切面

(18) 垂柳 Salix babylonica　杨柳科(Salicaceae)柳属(Salix)

树木及产地：乔木，高 18 m。树皮灰黑色，不规则开裂。产于我国河北、山西、山东、河南、陕西、甘肃、湖北、江苏、浙江、安徽、贵州、云南、广东、广西、黑龙江、吉林、辽宁和内蒙古。

宏观特征：心边材区别略明显，边材浅红褐色；心材红褐色至鲜红褐色。生长轮略明显，轮间呈细线。散孔材，宽度略均匀。轴向薄壁组织不见。木材纹理直，结构甚细；有光泽；无特殊气味和滋味。

显微特征：单管孔，少数呈 2~3 个短径列复管孔，管孔团偶见。导管分子单穿孔，穿孔板略倾斜至倾斜。管间纹孔式互列。轴向薄壁组织量少，轮界状（宽 1~2 细胞）。木射线非叠生；射线单列，高 1~28 细胞。射线组织同形单列。射线与导管间纹孔式为单纹孔（图 7-26）。

木材利用：宜作假肢、夹板、曲棍球球棍、马球球棍、网球拍、羽毛球拍、扁担、家具、包装箱、火柴、鞋楦、胶合板、砧板、洗衣板等用材。

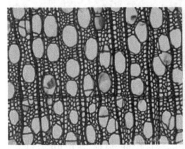 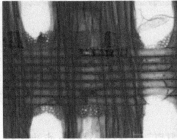 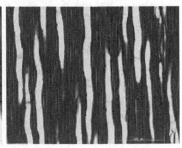

横切面　　　　　　　　　径切面　　　　　　　　　弦切面

图 7-26　垂柳三切面

(19) 椴树 *Tilia tuan*　　椴树科 (Tiliaceae) 椴树属 (*Tilia*)

树木及产地：落叶乔木，高 15 m。树皮浅灰色稍黄。产于我国江苏、江西、湖北、四川、贵州等地。

宏观特征：心边材区别不明显，木材黄白色。生长轮略明显，轮间呈浅色细线。散孔材，宽度均匀。轴向薄壁组织离管带状。波痕可见。木材纹理直，结构甚细；有光泽；微有油臭气味；无特殊滋味。

显微特征：2~4 个短径列复管孔及管孔团，少数单管孔。导管分子螺纹加厚明显；单穿孔，穿孔板略倾斜至倾斜。管间纹孔式互列。轴向薄壁组织略多，离管带状、星散-聚合状。木射线局部叠生；单列射线略多、高 1~21 细胞，多列射线宽 2~6 细胞、高 13~103 细胞。射线组织同形单列及多列与异Ⅱ型。射线与导管间纹孔式类管间纹孔式（图 7-27）。

木材利用：宜作单板及胶合板、制图板、测量平板、缝纫机台板、干物容器、家具、车厢板、隔板、房门、乐器、滑翔机填料、运动器械、印染机、百叶窗、文具、玩具、厨房用具、门、窗及室内装修等用材。

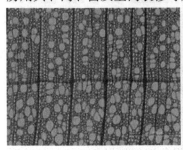  

横切面　　　　　　　　　径切面　　　　　　　　　弦切面

图 7-27　椴树三切面

(20) 榔榆 *Ulmus parviflora* 榆科(Ulmaceae)榆树属(*Ulmus*)

树木及产地：乔木，高 25 m，胸径 1 m。树皮褐色，不规则鳞片状剥落。产于我国江苏、浙江、安徽、福建、山东、江西、湖南、湖北、广东、广西、陕西、台湾、山西、河南等地。

宏观特征：心边材区别明显，边材浅褐色或黄褐色；心材红褐色或暗红褐色。生长轮明显。环孔材，宽度不均匀或略均匀。轴向薄壁组织傍管状，通常围绕晚材管孔排列成连续或不连续弦向带或波浪形。木材纹理直或斜，结构中；有光泽；无特殊气味和滋味。

显微特征：通常呈管孔团，少数为径列复管孔及单管孔。导管分子螺纹加厚仅存在于小导管管壁上，明显；单穿孔，穿孔板略平行或至倾斜。管间纹孔式互列。具环管管胞。轴向薄壁组织主为傍管状。木射线非叠生；单列射线稀少、高 1~12 细胞，多列射线宽 2~7 细胞、高 5~78 细胞。射线组织同形单列及多列。射线与导管间纹孔式类管间纹孔式（图 7-28）。

木材利用：宜作地板、枕木、坑木、桥梁各部、房屋建筑各部件、家具等用材。

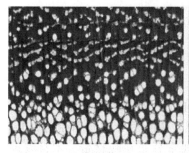  

横切面　　　　　　径切面　　　　　　弦切面

图 7-28　榔榆三切面

(21) 柚木 *Tectona grandis* 马鞭草科(Verbenaceae)柚木属(*Tectona*)

树木及产地：落叶大乔木，高达 50 m，胸径达 2.5 m，树干挺直。树皮浅灰色及灰色，浅纵裂。产于我国云南、海南、广东、广西、台湾等地。

宏观特征：心边材区别明显，边材黄褐色微红；心材浅褐色或褐色，久露空气中则转呈暗褐色。生长轮明显。环孔材至半环孔材，宽度略不均匀，间或略呈波浪形。轴向薄壁组织傍管状及轮界状。木材纹理直，结构粗；有光泽；微具皮革气味；无特殊滋味。

显微特征：单管孔及 2~3 个短径列复管孔。导管分子单穿孔，穿孔板平行至略倾斜。管间纹孔式互列。具环管管胞。轴向薄壁组织环管状、傍管束状及轮界状。分隔木纤维普遍。木射线非叠生；单列射线甚少、高 1~6 细胞，多列射线宽 2~5 细胞、高 4~72 细胞。射线组织同形单列及多列，稀异Ⅲ型。射线与导管间纹孔式类管间纹孔式（图 7-29）。

木材利用：船舶工业上主要用于甲板、船壳制造，同时亦用于桨、橹、桅杆及船舱修建等。房屋建筑上各部分均适合，主要用作门、窗、地板、楼梯和其他室内装修、屋架、搁栅、柱子等。板材与单板均用于高级家具制造。又可用作桥梁、海港码头、电杆、枕木、车辆、农具、机模、木雕、钢琴和风琴外壳、枪托等。

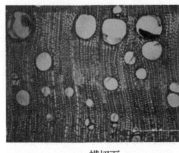  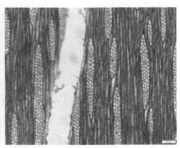

横切面　　　　　　　　　径切面　　　　　　　　　弦切面

图 7-29　柚木三切面

7.2　常见进口材的识别

7.2.1　针叶材

(1) 北美黄杉 *Pseudotsuga menziesii*　松科(Pinaceae)黄杉属(*Pseudotsuga*)

商品名：Douglas Fir，花旗松。

树木及产地：大乔木，高达 45~60 m，胸径 1~2 m。分布于加拿大西南部，美国西部及欧洲。

宏观特征：心边材区别略明显，心材淡红棕色，边材灰白色。生长轮略明显。早材至晚材急变，晚材带占年轮的 1/7 左右。木射线放大镜下可见。树脂道分轴向和径向 2 类，轴向树脂道横切面上肉眼下呈浅色斑点状，数少，单独，通常分布在晚材带。木材纹理直，结构中至粗，有光泽，有松脂气味，无特殊滋味。

显微特征：早材管胞横切面六角形或五角形，晚材管胞扁矩形。早材管胞径面壁具缘纹孔 1~2 列。晚材管胞径面壁具缘纹孔较早材少且小。早晚材管胞均可见明显平缓螺纹加厚。轴向薄壁组织缺如。木射线分单列和纺锤形 2 类。单列射线高 1~25 细胞；纺锤形射线具径向树脂道，具射线管胞。射线薄壁细胞水平壁薄，单纹孔明显，端壁节状加厚明显。交叉场纹孔云杉型，1~6 个（一般 4 个）。树脂道泌脂细胞壁厚(图 7-30)。

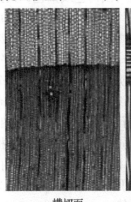  

横切面　　　　　　　　　径切面　　　　　　　　　弦切面

图 7-30　北美黄杉三切面

(Insidewood 数据库)

木材利用：用作建筑材、旋切单板、胶合板、耐久性构件、造船、桩木、枕木、门窗、地板、家具、储水槽等。

(2) 贝壳杉 Agathis dammara　南洋杉科(Araucariaceae)贝壳杉属(Agathis)

商品名：Bingdang, Agathis, Kauri pine, 南洋扁柏, 卡里松。

树木及产地：乔木，高38 m，直径0.45 m以上。分布于马来半岛和菲律宾。我国厦门、福州等地引种栽培。

宏观特征：心材浅黄褐，与边材区别不明显，边材色浅。生长轮略明显至不明显，轮间晚材带色深；早材至晚材渐变；晚材带甚窄。木射线放大镜下明显。树脂道缺如。木材有光泽，无特殊气味和滋味；纹理直；结构甚细而均匀。

显微特征：早材管胞横切面圆形及椭圆形，晚材管胞矩形、椭圆形及圆形。具线轴状树脂横隔。早材管胞径壁具缘纹孔1~3列，多角形及圆形；晚材管胞具缘纹孔数少。木射线单列，高1~13细胞，全部由射线薄壁细胞构成，少数含树脂。交叉场纹孔柏木Ⅱ型(南洋杉型)，1~7(通常3~6)个(图7-31)。

木材利用：可作房屋结构、室内装饰和镶嵌版材料及高级细木工制品、直尺、绘图板、火柴木模型、生活起居家具等用材。适合做胶合板及单板。树木可以生产清漆和大漆。

| 横切面 | 径切面 | 弦切面 |

图7-31　贝壳杉三切面

7.2.2　阔叶材

(1) 风车木 Conbretum imberbe　使君子科(Combretaceae)风车藤属(Combretum)

商品名：风车木，常冒充乌木、黑檀。

树木及产地：大乔木，高达20 m，胸径达40~70 cm。树皮深灰褐色。主产于莫桑比克、津巴布韦、赞比亚等热带非洲国家。

宏观特征：心边材区别明显，边材黄白色，心材暗褐色至咖啡色略带紫，久则呈黑紫色，具深浅相间条纹。生长轮明显。半环孔材；管孔内含丰富黑色树胶。轴向薄壁组织环管束状、翼状及聚翼状。木材略具油性感。木材纹理略斜，结构粗。

显微特征：导管在横切面上为圆形及卵圆形。晚材管孔单管孔及2~3个径列复管孔。导管分子单穿孔。管间纹孔式互列，多角形，系附物纹孔。轴向薄壁组织稀疏傍管状，有少数侧向伸展成翼状。木纤维壁甚厚，单纹孔略具狭缘。木射线非叠生；单列射线常见、高 8~20 细胞，多列射线宽 2~3 细胞、高通常 10~25 细胞。射线组织同形单列及多列。射线细胞内含大量白色菱形结晶。射线与导管间纹孔式类似管间纹孔式（图 7-32）。

木材利用：宜作高级家具、地板、雕刻、工艺品等用材。

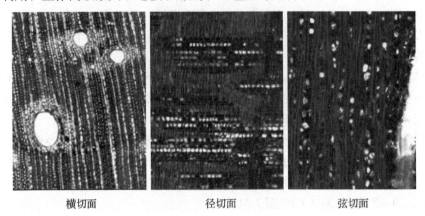

横切面　　　　　径切面　　　　　弦切面

图 7-32　风车木三切面
（Insidewood 数据库）

（2）胶漆树 *Gluta renghas*　漆树科（Anacardiaceae）胶漆属（*Gluta*）

商品名：Rengas，Gluta，Inhas，红心漆，印尼花梨，任嘎漆。

树木及产地：落叶乔木，树高可达 30 m。主产于马来西亚及印度尼西亚一带，多靠河边生长。

宏观特征：散孔材。心边材区别明显，心材浅红褐色，时有黑色条纹，边材浅粉褐色至浅褐色。生长轮明显。管孔放大镜下可见，数甚少至少，略大；主为单管孔，少数径列复管孔；散生；侵填体可见。轴向薄壁组织肉眼下可见，量多；轮界状、带状及环管束状。木射线放大镜下可见，中至略密；窄。波痕及胞间道未见。

显微特征：单管孔，少数短径列复管孔（通常 2 个）。导管分子单穿孔，穿孔板略倾斜。管间纹孔式互列。轴向薄壁组织量多，轮界状（宽 2~6 细胞）、带状（宽 2~4 细胞）、环管束状及少数疏环管状；树胶常见，晶体未见。木射线非叠生；单列射线高 2~9（多数 5~7）细胞，射线组织同形单列。射线与导管间纹孔式多为横列刻痕状，少数大圆形。胞间道系正常径向者，位于纺锤形射线中，由 10~15 个泌脂细胞组成（图 7-33）。

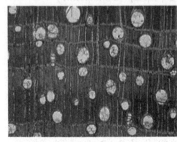  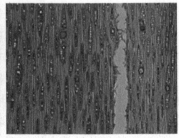

横切面　　　　　径切面　　　　　弦切面

图 7-33　胶漆树三切面
（Insidewood 数据库）

木材利用：树皮和木材中含有害树液，给加工带来一定影响。由于木材干缩率小，材色悦目且具黑色条纹，十分适合制造家具和其他木工制品、镶嵌版、地板、木船龙骨、刨切单板、车工制品、工具柄、手杖等。

(3) 木果缅茄 *Afzelia xylocarpa* 苏木科(Caesalpiniaceae)缅茄属(*Afzelia*)

商品名：Makharmong, Makha hua kham, Makha luang。

树木及产地：常绿乔木，高达 40 m，直径可达 1 m。分布于缅甸和泰国。

宏观特征：散孔材。心材浅褐至深褐色，久则呈暗红褐色。边材近白色。生长轮明显，放大镜下可见，界以轮界状轴向薄壁组织带；管孔肉眼下可见，少至略少，大小中等，散生；管孔内含深色树胶。轴向薄壁组织肉眼下可见或明显，翼状、聚翼状及轮界状。木射线肉眼下略见；波痕及胞间道未见；木材具光泽；无特殊气味和滋味；纹理直，时有交错；结构略粗，均匀。

显微特征：单管孔及 2~4 个径列复管孔，稀管孔团。导管分子单穿孔，平行或略倾斜。管间纹孔式互列。轴向薄壁组织为翼状、聚翼状及轮界状，含少量树胶；具分室含晶细胞，菱形晶体达 13 个或以上。木射线非叠生，局部呈规则斜列；单列射线少、高 1~9 细胞，多列射线通常宽 2~3(多 2)细胞、高 5~20 细胞(多数 10~15 细胞)。射线组织同形多列或同形单列及多列。射线与导管间纹孔式类管间纹孔式(图 7-34)。

木材利用：因木材重、硬，强度大且耐腐，所以多用作重型建筑、桥梁、桩、柱、枕木；室内装修如镶嵌版、门、窗、家具，农用机械如犁弯曲部件、工具柄、木锤头等。

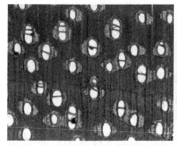
横切面

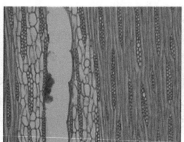
径切面

弦切面

图 7-34　木果缅茄三切面

(Commercial timbers 数据库)

(4) 阔萼摘亚木 *Dialium platysepalum* 苏木科(Caesalpiniaceae)摘亚木属(*Dialium*)

商品名：Keranji, Kralanh, 克然吉, 南洋红檀。

树木及产地：乔木，主干高达 18 m，直径可达 0.5 m。主产于印度尼西亚、马来西亚等地。

宏观特征：心边材区别明显，边材白色至浅褐色，心材浅金褐色至红褐色。生长轮不明显。散孔材；管孔肉眼可见至略明显；内含浅色沉积物。轴向薄壁组织带状及环管状。木射线放大镜下可见，弦面有细纱纹、波痕肉眼下略明显。木材光泽强；无特殊气味和滋味；纹理交错或波浪形；结构细至中。

显微特征：单管孔及 2~4 个径列复管孔，稀管孔团。导管分子单穿孔，平行。管间纹孔式互列。轴向薄壁组织带状（宽1~4细胞，多2~3细胞）及环管状，叠生，含有少量树胶；具分室含晶细胞，菱形晶体达13个或以上。木射线叠生；单列射线少、高3~11细胞，多列射线通常宽2~3细胞、高11~26（多数15~20）细胞。射线组织同形多列或同形单列及多列。射线与导管间纹孔式类管间纹孔式（图7-35）。

木材利用：可用于房屋建筑及室内装修、造船、家具及各种工农具柄、刨切装饰单板。

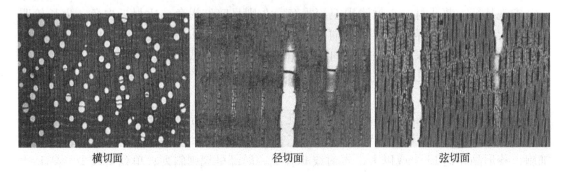

横切面　　　　　　　径切面　　　　　　　弦切面

图7-35　阔萼摘亚木三切面
（Commercial timbers 数据库）

（5）大花龙脑香 Dipterocarpus grandiflorus　　龙脑香科（Dipterocarpaceae）龙脑香属（Dipterocarpus）

商品名：Keruing，Apitong，克隆，阿必通。

树木及产地：大乔木，树高可达35 m，直径可达1.4 m。主产于马来西亚、印度、缅甸、泰国、苏门答腊、加里曼丹、菲律宾等地。

宏观特征：心边材区别明显，边材白色至浅巧克力色至浅灰褐色，心材灰红褐色至红褐色。生长轮不明显，有时界以深色纤维带。散孔材；管孔肉眼明显，分布不均匀，在生长轮末端管孔数通常较少；褐色树胶可见。轴向薄壁组织傍管状及细弦线。木射线肉眼下可见显；胞间道系正常轴向者，肉眼下呈白点状，单独或短弦列，长弦列者偶见。木材光泽弱；无特殊滋味；常有树脂气味；纹理通直；结构细至略粗，略均匀。

显微特征：单管孔，偶见短径列复管孔（2~3个）；导管分子单穿孔，水平或斜列。管间纹孔式未见；与环管管胞间纹孔式互列，系附物纹孔。环管管胞量少，围于导管四周，并与薄壁细胞混杂。轴向薄壁组织稀疏到丰富：①傍管型，疏环管状，少数环管束状；②离管型，星散至星散－聚合；③周边薄壁组织，围绕胞间道呈弦带状，晶体及树胶未见。木射线非叠生；单列射线少、高3~13（多数6~9）细胞，多列射线宽2~5（多数3~4）细胞、高11~26（多数15~20）细胞。射线组织异Ⅱ及Ⅲ型；鞘细胞量少，树胶可见，晶体偶见；胞间道系正常轴向者，埋藏于薄壁细胞中，单独分布，少数2~7个弦列；射线与导管间纹孔式大圆形，少数刻痕状（图7-36）。

木材利用：经防腐处理可广泛应用于一般建筑、码头、地板、枋木、柱、梁、电杆、汽车火车车厢、实验室装修及内部器具。

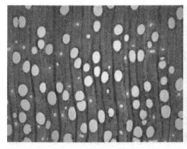  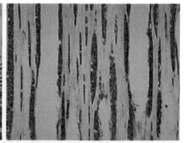

横切面　　　　　　　　　　径切面　　　　　　　　　　弦切面

图 7-36　大花龙脑香三切面

（Commercial timbers 数据库）

（6）五齿娑罗双 *Shorea contorta*　龙脑香科（Dipterocarpaceae）娑罗双属（*Shorea*）

商品名：red meranti，red seraya，meranti merah，梅兰蒂，浅红梅兰蒂。

树木及产地：大乔木，树高 50 m。产于菲律宾，在沙捞越也有少量分布。

宏观特征：心边材区别不明显，边材白色至浅巧克力色至灰褐色，心材深红褐色。生长轮不明显，有时界以深色纤维带。散孔材；管孔肉眼下明显，分布略均匀，侵填体可见；轴向薄壁组织傍管状及翼状。木射线放大镜下明显；胞间道系正常轴向者，肉眼下呈长弦列及点状。木材具光泽；无特殊气味和滋味；纹理交错；结构细，均匀。

显微特征：单管孔及短径列复管孔；导管分子单穿孔，水平或斜列。管间纹孔式未见；与环管管胞间纹孔式少见，互列，系附物纹孔。环管管胞量少，围于导管四周，并与薄壁细胞混杂。轴向薄壁组织丰富：①傍管型，环管束状至翼状，偶尔 2~3 个相连呈聚翼状；②离管型，星散状；③周边薄壁组织，围绕胞间道呈弦带状长弦列，晶体及树胶未见。木射线非叠生；单列射线少、高 3~11（多数 3~8）细胞，多列射线宽 2~5（多数 2~4）细胞、高 13~74（多数 40~65）细胞。射线组织异Ⅲ型；鞘细胞偶见，树胶可见，晶体未见；胞间道系正常轴向者，埋藏于薄壁细胞中，长弦列；射线与导管间纹孔式大圆形，少数刻痕状（图 7-37）。

木材利用：宜用作家具室内装修、门窗及门窗框、护墙板、壁脚板、模型材、单板、胶合板、船板、纸浆及造纸等。

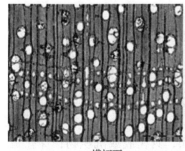 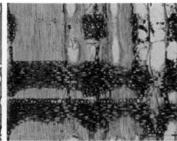 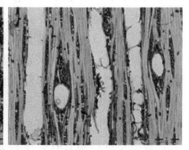

横切面　　　　　　　　　　径切面　　　　　　　　　　弦切面

图 7-37　五齿娑罗双三切面

（Commercial timbers 数据库）

(7) 非洲崖豆木 Millettia laurentii　蝶形花科(Fabaceae)崖豆属(Millettia)

商品名：wenge, mibotu, jambire, 温杰。

树木及产地：大乔木，高可达15~29 m，胸径1.0 m。主干直，无板根。产于扎伊尔、喀麦隆、刚果、加蓬等中非地区。

宏观特征：心边材区别明显，边材浅黄色，心材黑褐色，具深色线状条纹。生长轮不明显。散孔材；管孔肉眼下可见，放大镜下明显，散生，数少。轴向薄壁组织带肉眼下明显，傍管带状。木射线放大镜下可见。波痕肉眼下明显。木材具光泽；无特殊气味和滋味；纹理直；结构中，不均匀。

显微特征：单管孔及2~4个径列复管孔，稀管孔团。穿孔板单一，略倾斜。导管叠生。管间纹孔式互列，系附物纹孔。轴向薄壁组织傍管带状(不规则，有时为断续带状，宽2~8细胞)，疏环管状，有时侧向伸展、翼状、轮界状；叠生，含有树胶；具分室含晶细胞，菱形晶体达10个或以上。木射线叠生；单列射线少、高1~10细胞，多列射线通常宽2~5(多数2~4)细胞、高10~15细胞。射线组织同形多列或同形单列及多列。射线与导管间纹孔式类管间纹孔式(图7-38)。

木材利用：可用于重型建筑、耐久材、车辆、运动器材、高级家具、装饰单板、地板、雕刻等。

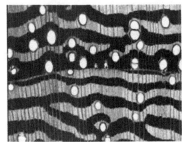  

横切面　　　　　　径切面　　　　　　弦切面

图7-38　非洲崖豆木三切面

(Commercial timbers 数据库)

(8) 特氏古夷苏木 Guibourtia tessmannii　苏木科(Caesalpiniaceae)古夷苏木属(Guibourtia)

商品名：bubinga, essingang, kevazingo, waka, 布宾加。

树木及产地：大乔木，高16~20 m，胸径达0.8~1.5 m。树干通直，圆柱形，常有较大板根，高达3 m。分布于喀麦隆、赤道几内亚、加蓬、刚果、扎伊尔等原始林中。

宏观特征：心边材区别明显，边材奶油色，宽2~8 cm，心材红褐色，常具深色条纹。生长轮略明显，界以轮界状轴向薄壁组织。散孔材；管孔放大镜下明显，甚少至少。轴向薄壁组织放大镜下明显，环管状、翼状及轮界状。木射线放大镜下可见。木材具光泽；无特殊气味和滋味；纹理直至略交错；结构细而匀。

显微特征：单管孔，少数2~3个径列复管孔及稀管孔团，具树胶或沉积物；穿孔板单一，略倾斜。管间纹孔式互列，系附物纹孔。轴向薄壁组织疏环管状、翼状及轮界状；部分细胞含有树胶；分室含晶细胞可见，菱形晶体达3~6个。木射线非叠生；单列射线少、高2~7细胞，多列射线通常宽2~4细胞、高4~20(多10~16)细胞。射线组织同形多列或同形单列及多列。射线与导管间纹孔式类管间纹孔式(图7-39)。

木材利用：宜用作豪华家具、装饰单板、护墙板、铺地木块，也可用于建筑、枕木、测量、工具柄、生活器具、玩具等。

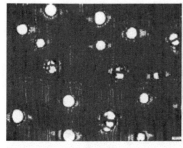 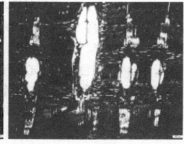 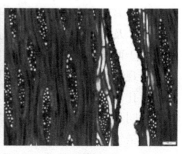

横切面　　　　　　　　径切面　　　　　　　　弦切面

图7-39　特氏古夷苏木三切面

(9)加蓬圆盘豆 *Cylicodiscus gabunenis*　含羞草科(Mimosaceae)圆盘豆属(*Cylicodiscus*)

商品名：okan，adadua，oduma，African greenheart，奥坎。

树木及产地：大乔木，高达55 m以上，胸径达1 m以上，枝下高可达24 m。主干圆柱形，具板根。从塞拉利昂、喀麦隆到加蓬、刚果等热带雨林地区普遍生长，在尼日利亚、加纳特别丰富。

宏观特征：心边材区别明显，边材浅黄色，宽5~8 cm，心材金黄褐色，久露大气中变深呈红褐色，具带状条纹。生长轮不明显。散孔材；管孔肉眼下可见，放大镜下明显，略呈斜列，数少。轴向薄壁组织肉眼下可见，放大镜下明显，翼状及环管状。木射线放大镜下可见。木材具光泽；生材时有不愉快气味，干材无特殊气味和滋味；纹理交错；结构细而匀。

显微特征：单管孔，少数2~3个径列复管孔，稀管孔团；常含树胶；穿孔板单一，略倾斜。管间纹孔式互列，系附物纹孔。轴向薄壁组织翼状，少数聚翼状；常含有树胶；分室含晶细胞可见，菱形晶体达15个或以上。木射线非叠生；局部整齐排列，多列射线通常宽2~4细胞，高6~27(多15~20)细胞。射线组织同形多列。射线与导管间纹孔式类管间纹孔式(图7-40)。

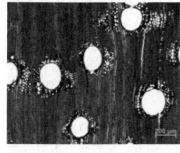  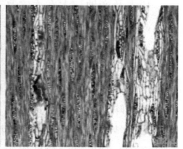

横切面　　　　　　　　径切面　　　　　　　　弦切面

图7-40　加蓬圆盘豆三切面

(Insidewood 数据库)

木材利用：宜用作码头用桩、柱、桥梁、电杆、枕木、矿柱、载重地板、造船车辆、农业机械、雕刻、车工制品、机械垫木等。

(10) 红卡雅楝 Khaya vorensis   楝科(Meliaceae)卡雅楝属(Khaya)

商品名：African mahogany, acajou, lagos wood, 非洲桃花心木。

树木及产地：大乔木，高达30 m，枝下高12~25 m，胸径1~2 m。具发达板根。主要分布于西非热带雨林，如科特迪瓦、喀麦隆、加蓬、加纳、尼日利亚等地。

宏观特征：心边材区别略明显，边材黄褐色，窄，心材金黄色。生长轮不明显。散孔材；管孔放大镜下明显，散生，数略少。轴向薄壁组织放大镜下略见，环管状。木射线放大镜下明显。木材具光泽；无特殊气味和滋味；纹理直，有时交错；结构细。

显微特征：单管孔，少数2~3个径列复管孔；具树胶；穿孔板单一，略倾斜。管间纹孔式互列。轴向薄壁组织量少，疏环管状，少数环管束状，部分含有树胶；分室未见；分隔木纤维普遍。木射线非叠生；单列射线甚少、高3~7细胞，多列射线通常宽2~6(多为4~5)细胞、高5~31(多7~14)细胞。射线组织异Ⅱ型。射线与导管间纹孔式类管间纹孔式(图7-41)。

木材利用：宜作高级家具的装饰单板、车船车厢高级装饰单板、门窗、家具、乐器、枪托等用材。

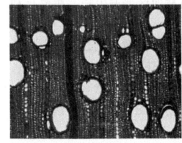 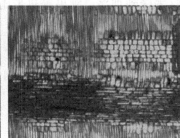 

横切面　　　　　　　径切面　　　　　　　弦切面

图7-41　红卡雅楝三切面

(11) 红蚁木 Tabebuia rosa   紫葳科(Bignonlaceae)蚁木属(Tabebuia)

商品名：apamate, white-cedar, bios blanchet, apamate, 阿帕马特。

树木及产地：大乔木，高12~18 m，直径达0.5~0.6 m。树干有时弯曲或形状不规则，高约6~11 m；板根高2~3m。分布于巴西和圭亚那地区。

宏观特征：心边材区别不明显，边材新切面黄白色，空气中久呈浅褐色，心材灰褐色或红褐色，具深红褐色或紫色条纹。生长轮略明显。散孔材；管孔放大镜下明显，散生，数少。轴向薄壁组织放大镜下明显，呈弦向带状。木射线放大镜下可见。木材略具光泽；无特殊气味和滋味；纹理直或交错；结构细至略粗，均匀。

显微特征：单管孔及2~4个径列复管孔，含侵填体；穿孔板单一，略斜或水平。管间纹孔式互列。轴向薄壁组织丰富，环管束状、翼状、聚翼状、带状、轮界状。木射线叠生；单列射线多、高2~9细胞，多列射线通常宽2~3(多2)细胞、高7~15(多9~11)细胞。射线组织同形单列及多列。射线与导管间纹孔式类管间纹孔式(图7-42)。

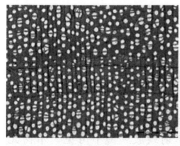 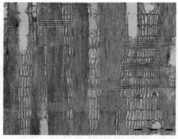 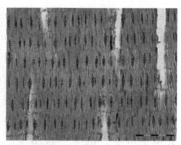

横切面　　　　　　　径切面　　　　　　　弦切面

图 7-42　红蚁木三切面

(Commercial timbers 数据库)

木材利用：宜用作一般建筑材、地板、造船材、车辆材、家具、箱盒、体育用材、农具、单板、胶合板、室内装修、细木工、纤维板、刨花板。

(12) 硬木军刀豆 *Machaerium sclleroxylon*　蝶形花科(Fabaceae)军刀豆属(*Machaerium*)

商品名：caviuna, morado, pau-ferro, jacaranda, 莫雷多。

树木及产地：大乔木，高达 25 m，直径 0.8 m；主干圆柱形。分布于玻利维亚、巴西、阿根廷、巴拉圭、秘鲁等地。

宏观特征：心边材略明显，边材近白色至浅黄色，心材紫褐色，具深浅相间条纹。生长轮略明显。散孔材；管孔放大镜下明显，散生，数略少，管孔内常含树胶。轴向薄壁组织放大镜下略见，星散-聚合状、带状及轮界状。木射线放大镜下明显，波痕放大镜下可见。木材具光泽；无特殊气味和滋味；纹理直至略交错；结构细而匀。

显微特征：单管孔，少数 2~4 个径列复管孔及管孔团；部分管孔含树胶或沉积物；穿孔板单一，平行至略倾斜。管间纹孔式互列，系附物纹孔。轴向薄壁组织星散及星散-聚合状，环管束状，少数侧向伸展似翼状及轮界状；分室含晶细胞普遍，菱形晶体达 12 个或以上，叠生。木射线叠生；主要为单列射线，高 7~12 细胞，多列射线很少、宽 2 细胞、高略同单列射线。射线组织同形单列或同形单列及多列。射线与导管间纹孔式类管间纹孔式(图 7-43)。

木材利用：用作建筑、家具、细木工、装饰单板、车旋制品、工具柄等。

 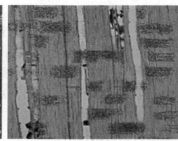 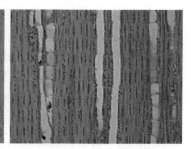

横切面　　　　　　　径切面　　　　　　　弦切面

图 7-43　硬木军刀豆三切面

(Commercial timbers 数据库)

(13) 二齿铁线子 Manilkara bidentata 山榄科(Sapotaceae)铁线子属(Manilkara)

商品名：macaranduba，bulletwood，beefwood，balata franc，子弹木。

树木及产地：大乔木，树高30~45 m，直径0.6~1.2 m；树干通圆，直，枝下高15~25 m；不具板根，但基部膨大。广泛分布于西印度群岛、美洲中南部以及圭亚那、苏里南、委内瑞拉、波多黎各等地。

宏观特征：心边材略明显，边材色浅，心材红棕色。生长轮不明显。散孔材；管孔放大镜下可见，散生，数略少。轴向薄壁组织放大镜下不见。木射线放大镜下可见。木材无光泽；无特殊气味和滋味；纹理直，偶交错；结构细，均匀。

显微特征：单管孔，少数2~3个径列复管孔；侵填体丰富，树胶可见；穿孔板单一，略倾斜。管间纹孔式互列。轴向薄壁组织单列带状、星散状，环管束状；具含晶细胞，菱形晶体达2~8个。木射线非叠生；单列射线高2~8细胞，多列射线宽2~3细胞、高8~25（多数10~20）细胞，连接射线可见。射线组织异Ⅱ型，树胶丰富。射线与导管间纹孔式类管间纹孔式(图7-44)。

木材利用：宜用作桥梁、水利工程、提琴弓、重型建筑、船体、地板、家具构件、工具柄、台球棒、楼梯、刀具、木瓦、单板、枕木、矿柱、车辆、细木工、体育器材、农具、乐器、柱、桩、玩具、装饰物、旋切材及一些特殊用材如梭子、织机、搅拌器等。

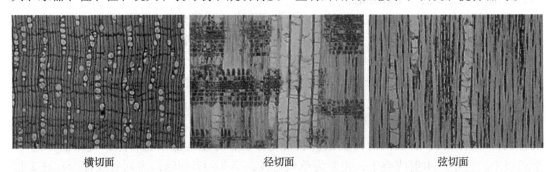

横切面　　　　　　　　径切面　　　　　　　　弦切面

图7-44 二齿铁线子三切面
(Commercial timbers 数据库)

(14) 乔木维腊木 Bulnesia arborea 蒺藜科(Zygophyllaceae)维腊木属(Bulnesia)

商品名：verawood，vera，palo santo，lignum vitae，绿檀。

树木及产地：大乔木，高达30 m，直径0.5 m；树干通直，枝下高4.5~6 m。分布于委内瑞拉、秘鲁、巴西、阿根廷、玻利维亚、巴拉圭、智利南部、哥伦比亚等地。

宏观特征：心边材明显，边材浅黄色，心材浅黄褐色到橄榄绿色及巧克力褐色，具深色条纹。生长轮明显。散孔材；管孔放大镜下可见，径列，富含深绿色沉积物。轴向薄壁组织放大镜下可见，傍管状。木射线放大镜下可见，波痕放大镜下可见。木材具光泽；表面有明显蜡质感，具浓郁香气；纹理交错；结构细。

显微特征：2~5个径列复管孔及单管孔；部分管孔含树胶或沉积物；穿孔板单一，平行至略倾斜；叠生。管间纹孔式互列。轴向薄壁组织环管状、翼状、星散及短切线状；具分室含晶细胞；叠生。木射线叠生；单列射线高3~7细胞，多列射线宽2~3细胞、高略同单列射线。射线组织同形单列或同形单列及多列。射线与导管间纹孔式类管间纹孔式

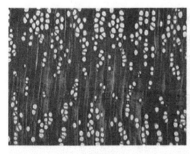
横切面
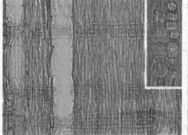
径切面
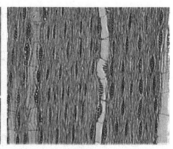
弦切面

图 7- 45　乔木维腊木三切面

(Commercial timbers 数据库)

(图 7- 45)。

木材利用：用作工艺品、家具、地板、纺织用材、体育用材、建筑用材等；心材提取物可制作香水基材及芳香精油；树皮可制茶。

(15) 红桤木 *Alnus rubra*　桦木科(Betulaceae)桤木属(*Alnus*)

商品名：alder, American alder, red alder, 赤杨木。

树木及产地：大乔木，高 9~15 m，直径 0.3 m；树干通直，枝下高 4.5 m。分布于太平洋沿岸的不列颠哥伦比亚省、美国俄勒冈州、华盛顿州以及卡斯特山西部地区。

宏观特征：心边材不明显，木材浅黄至浅红至褐色。生长轮明显。散孔材；管孔放大镜下可见，多而小。轴向薄壁组织放大镜下可见，傍管。木射线分宽窄两种，窄射线放大镜下可见，宽(聚合)射线肉眼下明显；波痕未见。木材无光泽；无特殊气味和滋味；纹理直；结构细。

显微特征：单管孔及 2~5 个径列复管孔；穿孔板梯状，15 个以上横隔；叠生。管间纹孔式互列。轴向薄壁组织星散及星散 - 聚合状。木射线非叠生；窄射线单列，高 1~30 细胞，聚合木射线由许多小木射线组成，高超出切片范围，射线组织同形单列及多列。射线与导管间纹孔式类管间纹孔式(图 7- 46)。

木材利用：用作细木工制品、家具、木制器皿材料和家庭常用木制品，细木工板的芯板。

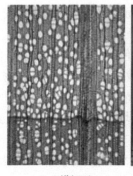
横切面

径切面
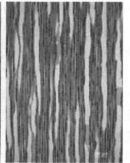
弦切面

图 7- 46　红桤木三切面

(Insidewood 数据库)

(16) 黑核桃 *Juglans nigra* 胡桃科(Juglandaceae)核桃属(*Juglans*)

商品名：American walnut，American black walnut，Eastern black walnut，黑胡桃。

树木及产地：乔木，高 21~27 m，直径 0.6~1.2 m。分布于美国西部，西到德克萨斯中部。

宏观特征：心边材明显，边材稍带白至淡黄色，心材淡褐色至浓巧克力色或紫褐色；生长轮明显。半环孔材；管孔肉眼下可见，早材至晚材缓变。轴向薄壁组织放大镜下可见，连续或断续弦线状。木射线放大镜下可见。木材无光泽；无特殊气味和滋味；纹理直或不规则；结构细。

显微特征：单管孔及 2 至数个径列复管孔；单穿孔，晚材导管内壁有不规则网状加厚。管间纹孔式互列。轴向薄壁组织切线状(宽 1 细胞)、星散、星散-聚合状，常含晶体。木射线非叠生；单列射线高 5~10 细胞，多列射线宽 2~5 细胞、高 14~26 细胞。射线组织同形单列及多列与异Ⅲ型。射线与导管间纹孔式类管间纹孔式(图 7-47)。

木材利用：宜用作单板、家具、细木工、室内装修、枪托等。

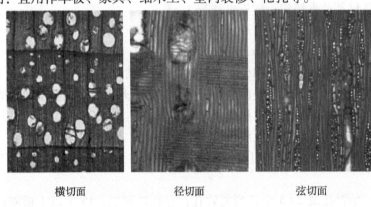

横切面　　径切面　　弦切面

图 7-47 黑核桃三切面
(Insidewood 数据库)

(17) 黑樱桃 *Prunus serotina* 蔷薇科(Rosaceae)樱桃木属(*Prunus*)

商品名：black Cherry，American Cherry，黑稠李，红木稠李。

树木及产地：乔木，高 13~21 m，直径 0.3~1.0 m。分布于从加拿大安大略省到美国佛罗里达州，从北达科他到德克萨斯均有分布。

宏观特征：心边材略明显，边材为微白色至浅红色，心材浅至深红褐色；生长轮明显，轮间介以管孔组织带。半环孔材至散孔材；管孔放大镜下可见，小而密。轴向薄壁组织放大镜下不见。木射线肉眼下明显。木材无光泽；无特殊气味和滋味；纹理直；结构细。

显微特征：单管孔及短径列复管孔(2~3 个)，侵填体明显；管间纹孔式互列，导管与射线间纹孔类管间纹孔式；导管内壁螺纹加厚明显。轴向薄壁组织量少，星散状。木射线非叠生；单列射线少、高 1~8 细胞，多列射线宽 2~5 细胞、高 20~40 细胞。射线组织同形单列及多列(图 7-48)。

木材利用：宜用作楼梯扶手、实木地板、椅类、床类、书桌等高级仿古典工艺家具，浇筑模型、烟斗、乐器、小型船舶、高档细木工制品等。

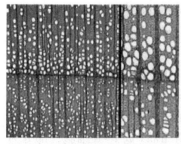  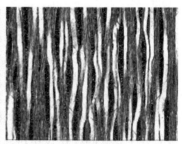

横切面　　　　　　　　　径切面　　　　　　　　　弦切面

图 7-48　黑樱桃三切面

(Commercial timbers 数据库)

(18) 欧洲水青冈 *Fagus sylvatica*　壳斗科(Fagaceae)水青冈属(*Fagus*)

商品名：beech, common beech, European beech, 水青冈。

树木及产地：乔木，高 30 m 或以上，直径 1.2 m；枝下高 15 m，平均 9 m。分布于欧洲。

宏观特征：心边材不明显，木材白色至灰棕色，空气中变成红棕色，带深色花纹；生长轮明显，轮间介以深色晚材带。半环孔材至散孔材；管孔肉眼下可见。轴向薄壁组织放大镜下可见。木射线肉眼下明显，聚合射线沿生长轮膨胀。木材具光泽；无特殊气味和滋味；纹理直；结构细。

显微特征：径列复管孔及少数呈管孔团，晚材管孔侵填体可见；单穿孔及梯状复穿孔；管间纹孔式对列、对列－梯状及梯状。轴向薄壁组织星散－聚合及离管带状。木射线非叠生；窄木射线宽 1 至数细胞、高 1~40 细胞或以上，宽木射线宽至 10~20 细胞或以上，高许多细胞。射线组织同形单列及多列及异Ⅲ型(图7-49)。

木材利用：宜作体育器械、纺织机械部件、轻工业产品、钢琴调音板、课桌椅、室内装修、胶合板、家具、旋切制品、玩具、工具柄、细木工、地板等用材。

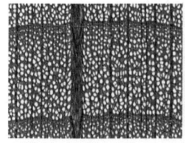 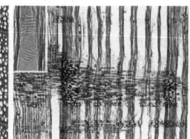 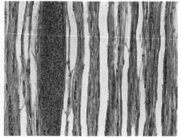

横切面　　　　　　　　　径切面　　　　　　　　　弦切面

图 7-49　欧洲水青冈三切面

(Commercial timbers 数据库)

(19) 印度紫檀 *Pterocarpus indicus*　蝶形花科(Fabaceae)紫檀属(*Pterocarpus*)

商品名：amboyna, padauk, narra, new Guinea rosewood, 纳拉, 帕岛克。

树木及产地：大乔木，高可达 23~40 m，胸径 1.5 m，板根高达 3 m。产于印度、缅甸、菲律宾、巴布亚新几内亚、马来西亚及印度尼西亚等地区。

宏观特征：心边材区别明显，边材白色或浅黄色，心材材色变化较大，金黄褐色、褐色或红褐色，具深浅相间条纹。生长轮略明显至明显。半环孔材至散孔材；管孔肉眼下可见至略明显，散生，数少，中至略大。轴向薄壁组织放大镜下明显，傍管带状及聚翼状。木射线放大镜下可见。波痕放大镜下明显。木屑水浸液具明显蓝绿色荧光。木材具光泽；新切面具香气；无特殊滋味；纹理斜或略交错；结构中，均匀。

显微特征：单管孔及 2~8 个径列复管孔，稀管孔团。穿孔板单一，平行或略倾斜。导管叠生。管间纹孔式互列，系附物纹孔。轴向薄壁组织傍管带状（宽 1~8 细胞，部分为断续带状，有时具分支），翼状及聚翼状；叠生，含有树胶；具分室含晶细胞，菱形晶体达 16 个或以上。木射线叠生；单列射线高 2~9 细胞。射线与导管间纹孔式类管间纹孔式（图 7-50）。

木材利用：可用于高级家具、细木工、钢琴、电视机、收音机外壳、旋切单板等。

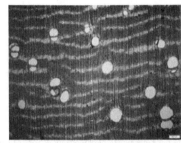 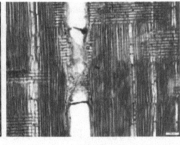 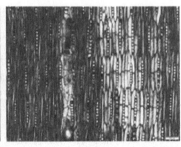

横切面　　　　　　　　径切面　　　　　　　　弦切面

图 7-50　印度紫檀三切面

思考题

1. 简述松科、杉科、柏科、壳斗科、蝶形花科代表性树种的木材识别特征。
2. 简述红豆杉科树种的木材主要识别特征。

第 8 章

珍贵木材的识别与鉴定

第8章 图片

【难点与重点】重点是经常涉案的国家重点保护植物名录、濒危野生动植物种国际贸易公约（CITES）及其他珍贵木材的宏观和显微识别特征。难点是掌握经常涉案木材的识别特征，能在一线执法工作中进行初步的研判和识别。

楠木（*Phoebe zhennan*）、檀香紫檀（*Pterocarpus santalinus*）等名贵木材的材质优良、资源稀缺，在木材流通领域具有较高的经济价值，因此在走私、盗伐、滥伐等案件中是主要的涉案对象。我国作为木材的消费和进口大国，一线执法工作人员掌握珍贵木材的鉴定基础知识，具备初步物种研判能力，对打击非法木材贸易及相关的违法活动具有重要的意义。本章对国产和进口的主要珍贵木材的宏观和显微特征进行描述，配备相应的木材解剖图，为读者提供珍贵木材识别和鉴定资料。

8.1 常见珍贵木材的识别

8.1.1 国产材

8.1.1.1 针叶材

（1）红松 *Pinus koraiensis*　松科（Pinaceae）松属（*Pinus*）

树木及产地：大乔木，高达 50 m，胸径达 1 m。树皮幼时灰褐色，近乎平滑，大树灰褐或灰色，纵裂成不规则长方形的块状剥落。主产于我国长白山区、吉林山区及小兴安岭林区，为东北林区最重要的森林树种之一。近年来木材也大量从俄罗斯进口。为国家二级重点保护植物。

宏观特征：心边材区别明显，心材红褐色，久则转深，边材浅黄褐色至黄褐色带红。

生长轮略明显，宽度均匀，甚窄。早材至晚材缓变。树脂道分轴向和径向两类，轴向树脂道横切面上肉眼下呈浅色斑点状，数多，单独，通常分布在晚材带或轮内2/3处。木材纹理直，结构细而均匀，有光泽，松脂气味较浓，无特殊滋味。

显微特征：横切面早材管胞方形及多边形，晚材管胞方形至长方形。弦切面木射线具单列和纺锤形两类，单列射线高1~15细胞；纺锤射线具径向树脂道，树脂道上下方射线细胞2~3列，两端尖削而成单列，高3~12细胞具缘纹孔1列；交叉场纹孔窗格状或偶见松木型，1~2个（图8-1）。

木材利用：红松资源现已不多，径级较大，能适合多种用途，系建筑与包装良材。宜作室内装修、军工品包装箱、出口包装箱盒、甲板、桅杆、绘图板、风琴键盘、家具用材等。

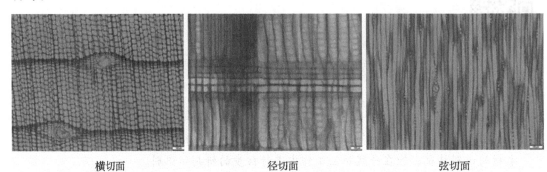

横切面　　　　　　　径切面　　　　　　　弦切面

图8-1　红松三切面

(2) 金钱松 *Pseudolarix amabilis*　松科（Pinaceae）金钱松属（*Pseudolarix*）

树木及产地：落叶乔木，高达30 m。树皮深褐色，窄鳞片状剥落。产于我国华东、华中地区，为我国特有种，国家二级重点保护植物。

宏观特征：木材黄白色、浅黄褐或黄褐色，心边材区别不明显。生长轮明显，轮间晚材带色深，宽度略均匀；早材至晚材急变或略急变。木材光泽弱，无特殊气味和滋味（图8-2）。

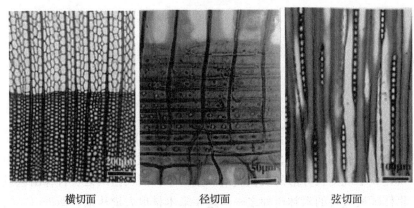

横切面　　　　　　　径切面　　　　　　　弦切面

图8-2　金钱松三切面

（姜笑梅等，《中国裸子植物木材志》，2010）

显微特征：早材管胞横切面为不规则多边形及长方形，晚材管胞方形至长方形。弦切面木射线具单列和纺锤形两类，单列射线高 1~15 细胞；纺锤射线具径向树脂道，树脂道上下方射线细胞 2~3 列，两端尖削而成单列，高 3~12 细胞具缘纹孔 1 列；交叉场纹孔窗格状或偶见松木型，1~2 个。

木材利用：生长较快，通直高大，适宜作纸浆材；又宜作装盛食物的木桶、茶叶箱及家具；房屋建筑上宜作房柱、地板和门、窗。

（3）黄杉 *Pseudotsuga sinensis*　松科（Pinaceae）黄杉属（*Pseudotsuga*）

树木及产地：乔木，高达 50 m，胸径达 1 m。树皮灰色或深灰色，老时不规则开裂，厚块片状剥落。主产于我国云南、贵州、四川、广西、湖北、湖南等地，为国家二级重点保护植物。

宏观特征：心边材区别明显，边材黄白至浅黄褐色，心材红褐至橘红色。生长轮甚明显，宽度不均匀；早材至晚材急变。木射线稀至中，甚细。树脂道分轴向和径向两类。轴向树脂道在横切面上肉眼下可见，白点状，数少，单独或 2 至数个弦列，多分布于晚材带内；在纵切面上呈深色条纹。木材有光泽，具松脂气味；无特殊滋味。

显微特征：横切面早材管胞方形、多边形，晚材管胞长方形。轴向薄壁组织星散状、轮界状。弦切面木射线具单列和纺锤形两类：单列射线高 1~9 细胞；纺锤射线具径向树脂道，树脂道上下方射线细胞 2~3 列，两端尖削成单列，高 2~8 细胞。管胞螺纹加厚甚明显，均匀分布于早晚材管胞壁上。径切面轴向管胞具缘纹孔 1 列，螺纹加厚甚明显；交叉场纹孔杉木型及云杉型，2~5 个（图 8-3）。

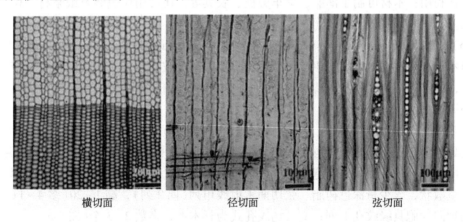

横切面　　　　　径切面　　　　　弦切面

图 8-3　黄杉三切面

（姜笑梅等，《中国裸子植物木材志》，2010）

木材利用：产量少，就本属木材的材质，无论是板材、原条、胶合板等均适宜作房屋结构及其他建筑用材，并为纺织业、造船业的良材。

（4）水松 *Glyptostrobus pensilis* Koch　杉科（Taxodiaceae）水松属（*Glyptostrobus*）

树木及产地：乔木，高达 20 m。树皮灰褐色，浅纵裂，条片状剥落，胸径以下呈膨肿状。主产于我国广东、福建、江西、广西及云南等地，为国家一级重点保护植物。

宏观特征：心边材区别明显，边材浅黄褐色，心材浅红褐带紫或黄褐色。生长轮略明显或明显，宽度不均匀，常有断轮出现；轮间晚材带色深，甚窄；早材至晚材渐变至略急变。轴向薄壁组织在放大镜下可见，呈褐色斑点（含树脂）。木材有光泽，有香气；触之有油性感；无特殊滋味。

显微特征：横切面早材管胞长方形至多边形，晚材管胞长方形。轴向薄壁组织星散状及带状，含少量深色树脂。弦切面木射线通常单列，高2~13（多5~10）细胞。径切面轴向管胞具缘纹孔1列；交叉场纹孔式为杉木型，1~6（多2~4）个（图8-4）。

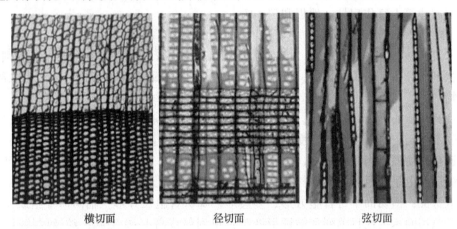

横切面　　　　　　径切面　　　　　　弦切面

图8-4　水松三切面

（姜笑梅等，《中国裸子植物木材志》，2010）

木材利用：木材可制小渔船、货车旁板、农具等，还可用作包装及纸浆材。树根宜做各种瓶塞、救生用具等。

(5) 水杉 *Metasequoia glyptostroboides*　　杉科（Taxodiaceae）水杉属（*Metasequoia*）

树木及产地：乔木，高达40 m，胸径达2.5 m。树皮灰色或灰褐色，浅裂，窄长条片状剥落，树基往往膨大。我国特产树种，原产于我国四川、湖北及湖南，现国内已普遍栽种，为国家一级重点保护植物。

宏观特征：心边材区别明显，边材黄白或浅黄褐色，心材红褐或红褐色带紫。生长轮明显，宽度略均匀或不均匀；早材至晚材略急变至急变。木材有光泽，略具香气；无特殊滋味。

显微特征：横切面早材管胞近圆形、多边形及方形，晚材管胞长方形。轴向薄壁组织甚少，星散状，含少量深色树脂。弦切面木射线单列（偶2列），高1~20（多4~11）细胞。径切面轴向管胞具缘纹孔1列；交叉场纹孔式为杉木型，多数2~3个（图8-5）。

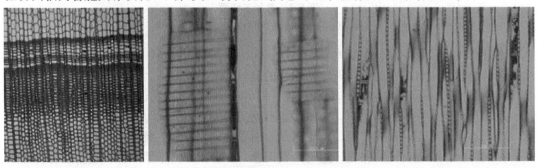

横切面　　　　　　径切面　　　　　　弦切面

图8-5　水杉三切面

木材利用：树干高大通直，宜作房屋建筑、室内装修、楼板、包装用材等；此外生长快，管胞长，薄壁薄，宜作造纸和其他纤维工业原料。

(6)福建柏 *Fokienia hodginsii* 柏科(Cupressaceae)福建柏属(*Fokienia*)

树木及产地：乔木，高达20 m，胸径达80 cm。树皮暗褐色，长条片状剥落。主产于我国华东、华南、西南等地，为国家二级重点保护植物。

宏观特征：心边材区略明显或不明显，边材浅黄褐色或灰黄褐色，心材黄褐或浅红褐色。生长轮明显；假年轮间或出现；早材至晚材渐变。轴向薄壁组织在放大镜下明显，星散状弦向排列，深褐色。木材有光泽，具柏木香气；味苦；触之有油性感。

显微特征：横切面早材管胞方形，晚材管胞长方形。轴向薄壁组织量多，星散状及带状，含少量深色树脂。弦切面木射线单列，高1~16(多3~8)细胞。径切面轴向管胞具缘纹孔1列；交叉场纹孔式为柏木型，多数1~4(多2~3)个(图8-6)。

木材利用：宜作建筑、家具、仪器箱盒、工艺美术品用材等。

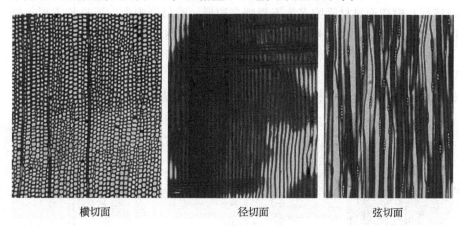

横切面　　　　径切面　　　　弦切面

图 8-6　福建柏三切面

(7)红豆杉 *Taxus chinensis* 红豆杉科(Taxaceae)红豆杉属(*Taxus*)

树木及产地：乔木，高达30 m，胸径60~100 cm。树皮灰褐色或红褐色，条片状剥落。主产于我国西北、西南及华南地区，为国家一级重点保护植物。

宏观特征：心边材区别甚明显，边材黄白或浅黄色，心材橘黄红至玫瑰红色，久置空气中则颜色转深为紫红色。生长轮明显，宽度不均匀；早材至晚材渐变。木材光泽略强；无特殊气味和滋味。

显微特征：横切面早材管胞多为不规则多边形，晚材管胞为方形至长方形；轴向薄壁组织缺如。弦切面木射线单列(偶对列或2列)，高1~10(多2~6)细胞，少数射线细胞含深色树脂。管胞壁具明显螺纹加厚，略倾斜。径切面轴向管胞具缘纹孔1列；交叉场纹孔式为柏木型，通常2~3个(图8-7)。

木材利用：宜作高级雕刻、高雅室内装饰及高等家具用材等。

(8)榧树 *Torreya grandis* 红豆杉科(Taxaceae)榧树属(*Torreya*)

树木及产地：乔木，高达20 m，胸径达1 m。树皮浅灰褐色，纵裂，条状剥落。主产于我国江苏、浙江、福建、安徽、湖南、云南等地，为国家二级重点保护植物。

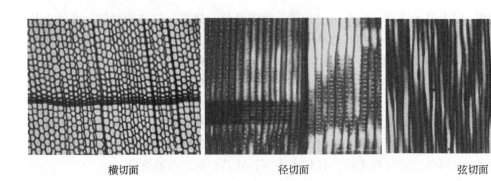

图 8-7 红豆杉三切面

宏观特征：心边材区别略明显，边材黄白色，心材嫩黄或黄褐色。生长轮明显，宽度均匀；早材至晚材渐变。木材有光泽；略具难闻气味(似药味)；无特殊滋味。

显微特征：横切面早材管胞多为不规则多边形，晚材管胞为方形至长方形；轴向薄壁组织星散状。弦切面木射线单列，高 1~8(多 2~5)细胞。管胞壁具明显螺纹加厚，常在纹孔上下方成对排列。径切面轴向管胞具缘纹孔 1 列；交叉场纹孔式为柏木型，通常 2~3 个(图 8-8)。

木材利用：宜作算盘珠、棋子、装饰品、雕刻、文具、家具用材等。

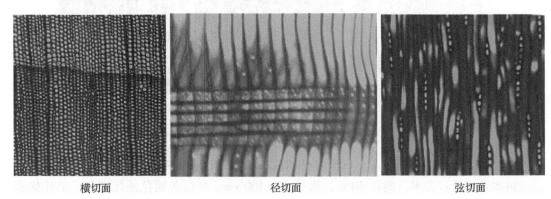

图 8-8 榧树三切面

（9）银杏 *Ginkgo biloba*　银杏科(Ginkgoaceae)银杏属(*Ginkgo*)

树木及产地：乔木，高达 40 m，胸径达 5 m。树皮幼时银灰色，老时呈灰褐色，深纵裂。我国特有树种，除海南及西北地区外，各地均有栽培，为国家一级重点保护植物。

宏观特征：心边材区别明显，边材浅黄褐或带浅红褐色，心材黄褐或红褐色。生长轮略明显，宽度略均匀；早材至晚材渐变。木材略有光泽；新切面上有难闻气味；无特殊滋味。

显微特征：横切面早材管胞多为不规则多边形，晚材管胞为长方形、多边形。弦切面木射线单列，高 1~6 细胞；射线细胞内含晶簇。径切面轴向管胞具缘纹孔 1~2 列；轴向薄壁组织通常为纵向分室大形薄壁细胞(异细胞)，内含特大晶簇；交叉场纹孔式为柏木型，稀杉木型，通常 2~4 个(图 8-9)。

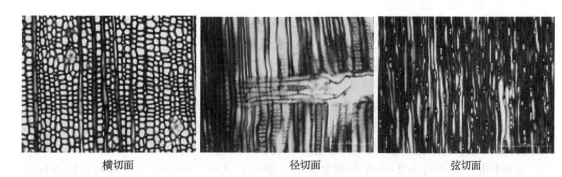

| 横切面 | 径切面 | 弦切面 |

图 8-9　银杏三切面

木材利用：宜作车工制品、雕刻、文化用品、X 射线机滤线板、纺织印染滚筒、机模、家具用材等。

8.1.1.2　阔叶材

(1) 香樟 *Cinnamomum camphora*　Presl 樟科(Lauraceae)樟属(*Cinnamomum*)

树木及产地：常绿大乔木，高达 40 m，胸径达 4 m。树皮幼时绿色，平滑；老时则变为黄褐或灰黄褐色，纵裂。主产于我国长江流域及以南地区，为国家二级重点保护植物。

宏观特征：心边材区别明显，边材黄褐至灰褐或浅黄褐色微红，心材红褐或红褐微带紫色。生长轮略明显，宽度不均匀。散孔材至半环孔材，管孔斜列或散生；具侵填体。轴向薄壁组织环管状。木材纹理交错，结构细；光泽强；樟脑气味浓厚，经久不衰；味苦。

显微特征：单管孔及 2~3 个径列复管孔，稀呈管孔团。导管分子单穿孔，穿孔板略倾斜。管间纹孔式互列。轴向薄壁组织环管状及轮界状，薄壁细胞内含甚多油细胞或黏液细胞。木射线非叠生；单列射线极少，多列射线通常宽 2~3 细胞，高 10~20 细胞，同一射线内偶见 2 次多列部分。射线组织异形Ⅱ型，稀异形Ⅲ型。射线细胞内含丰富油细胞及少量树胶。射线与导管间纹孔式多为刻痕状及大圆形(图 8-10)。

木材利用：木材耐腐、耐虫、耐水湿，适于作船材、车辆、房屋建筑及室内装修、枕木、农具、棺椁等用材。木材樟脑气味浓厚，经久不衰，宜作衣箱、衣柜，防虫蛀。

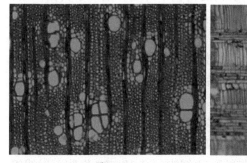  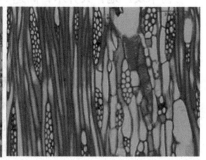

| 横切面 | 径切面 | 弦切面 |

图 8-10　香樟三切面

(2) 楠木(桢楠) *Phoebe zhennan* 樟科(Lauraceae)楠属(*Phoebe*)

树木及产地：常绿大乔木，高达 40 m，胸径达 1 m。树皮浅灰黄或浅灰褐色，平滑，具有明显的褐色皮孔。主产于我国西南地区，为国家二级重点保护植物。

宏观特征：心边材区别不明显，木材黄褐色带绿。生长轮明显，宽度颇均匀。散孔材；管孔略少，大小一致，分布略均匀，斜列或散生；具侵填体。轴向薄壁组织量少，环管状。木射线细，放大镜下可见；肉眼下径切面上可见射线斑纹。木材纹理交错，结构甚细；有光泽；新切面有香气，易消失；滋味微苦。

显微特征：单管孔及 2～3 个径列复管孔，偶见管孔团。导管分子单穿孔，偶见梯状复穿孔，穿孔板略倾斜至甚倾斜。管间纹孔式互列。薄壁细胞内含丰富油细胞或黏液细胞。木纤维壁薄，具缘纹孔略明显；具分隔木纤维。木射线非叠生，局部排列稍整齐；单列射线少，多列射线通常宽 2～3 细胞，高 10～20 细胞，同一射线内偶见 2 次多列部分。射线组织异形Ⅱ型及异形Ⅲ型。射线细胞内含丰富树胶，油细胞与黏液细胞多数。射线与导管间纹孔式为刻痕状与肾形(图 8-11)。

木材利用：由于木材结构细致，材色淡雅均匀，油漆性能良好，宜作高档家具、钢琴盒、雕刻、门、窗及其他室内装饰等用材。

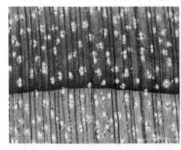 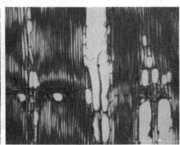 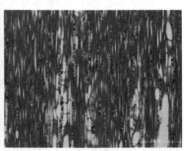

横切面　　　　　　　径切面　　　　　　　弦切面

图 8-11　楠木三切面

(3) 润楠 *Machilus pingii* 樟科(Lauraceae)润楠属(*Machilus*)

树木及产地：大乔木，高达 30 m，胸径达 1 m。树皮褐色不开裂。主产于我国四川，为国家二级重点保护植物。

宏观特征：心边材区别明显，边材灰褐或灰黄褐色，心材红褐色。生长轮明显，宽度不均匀。散孔材；管孔略少，大小一致，分布略均匀，散生或斜列；具侵填体。轴向薄壁组织傍管状。木材有光泽；干材无特殊气味和滋味；木片泡水无黏液。

显微特征：单管孔及 2～3 个径列复管孔(偶至 5 个)。导管分子单穿孔及少数复穿孔，复穿孔呈梯状，具分枝；穿孔板略倾斜至甚倾斜。管间纹孔式互列。轴向薄壁组织环管状及星散状；薄壁细胞内含丰富油细胞或黏液细胞，部分具树胶。具分隔木纤维。木射线非叠生；单列射线甚少，高 1～6 细胞；多列射线通常宽 2～3 细胞，高 10～20 细胞。射线组织异形Ⅱ型及异形Ⅲ型。射线细胞内含丰富树胶及少量油细胞。射线与导管间纹孔式为大圆形，刻痕状(图 8-12)。

木材利用：宜作高档家具、钢琴盒、船壳、车厢、雕刻、门、窗及其他室内装饰等用材。

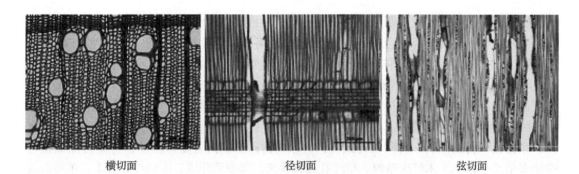

| 横切面 | 径切面 | 弦切面 |

图 8-12　润楠三切面

(4) 黄檗 *Phellodendron amurense*　芸香科(Rutaceae)黄檗属(*Phellodendron*)

树木及产地：大乔木，高达 30 m，胸径达 1 m。树皮灰白至灰褐色，外皮木栓层发达，内皮味苦，黄色。主产于我国大小兴安岭、长白山及华北地区，俄罗斯、朝鲜与日本亦产，为国家二级重点保护植物。

宏观特征：心边材区别明显，边材浅黄褐色，心材栗褐色。生长轮明显。环孔材；早材至晚材急变；早材管孔略大，连续排列成明显早材带，通常宽 2~3 列；晚材管孔小，分布不均匀，斜列、弦列或波浪形。轴向薄壁组织环管状，轮界状及围绕管孔排列成波浪状。木材有光泽；无特殊气味；滋味微苦。

显微特征：导管在早材横切面上为圆形及卵圆形，在晚材横切面上为多角形；主为管孔团，稀单管孔及径列复管孔。导管分子局部叠生，树胶常见，螺纹加厚明显；单穿孔，穿孔板略倾斜。管间纹孔式互列。轴向薄壁组织量少，环管状及轮界状；薄壁细胞内含少量树胶，可见菱形晶体。木纤维壁薄，单纹孔或略具狭缘。木射线非叠生；单列射线较少，高 2~9 细胞；多列射线宽 3~4 细胞，高 10~20 细胞。射线组织同形单列及多列，少数异形Ⅲ型。射线细胞含树胶。射线与导管间纹孔式类似管间纹孔式(图 8-13)。

木材利用：宜作家具、船舶、车厢、枪托、房屋建筑、室内装修等用材。木栓发达，可作绝缘材料及软木制品。

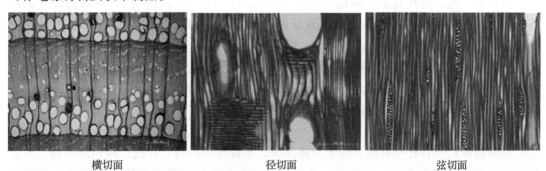

| 横切面 | 径切面 | 弦切面 |

图 8-13　黄檗三切面

(5) 榉树 *Zelkova schneideriana*　榆科(Ulmaceae)榉属(*Zelkova*)

树木及产地：落叶大乔木，高达 25 m，胸径达 40 cm。树皮灰色或红褐色，光滑，老时呈块状剥落。主产于我国西南、长江以南地区，为国家二级重点保护植物。

宏观特征：心边材区别明显，边材黄褐色，心材浅栗褐色带黄。生长轮明显，宽度不均匀。环孔材；早材至晚材急变；早材管孔中至略大，连续排列成明显早材带，宽1~5（多数2~3）列；通常含侵填体。晚材管孔小，呈连续或不连续弦向带或波浪形。轴向薄壁组织环管状，通常围绕晚材管孔排列成波浪形或弦向带。木材有光泽；无特殊气味和滋味。

显微特征：导管在早材横切面上为卵圆及椭圆形，在晚材横切面上为多角形；通常呈管孔团，少数呈径列复管孔。导管分子局部叠生，螺纹加厚仅存在于小导管管壁上；单穿孔，穿孔板平行及倾斜。管间纹孔式互列。轴向薄壁细胞内含菱形晶体，分室含晶细胞可连续多至5个以上。木纤维壁厚，单纹孔或具狭缘；具胶质纤维。木射线非叠生；单列射线较少，高1~15细胞；多列射线宽4~7细胞，高20~40细胞。射线组织异形Ⅲ型或同形单列及多列。射线细胞内含树胶及菱形晶体。射线与导管间纹孔式类似管间纹孔式（图8-14）。

木材利用：宜作高级家具、船舶龙骨、鼓槌、木鱼、装饰用材等。

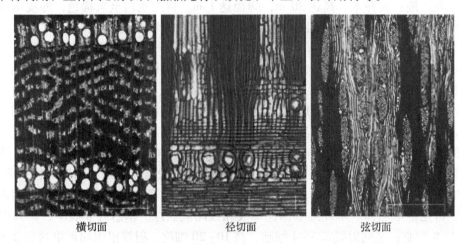

横切面　　　　径切面　　　　弦切面

图8-14　榉树三切面

（6）青檀 *Pteroceltis tatarinowii*　榆科（Ulmaceae）青檀属（*Pteroceltis*）

树木及产地：落叶乔木，高达20 m，胸径达1.7 m。树皮浅灰色，不规则长片状剥落。我国特产，主产于我国华北至华南及贵州、四川、西藏等地，为国家二级重点保护植物。

宏观特征：心边材区别不明显，木材黄褐色。生长轮略明显，宽度不均匀。散孔材；管孔略多，分布不均匀；径列或斜列；具侵填体。轴向薄壁组织量多，环管束状、翼状、聚翼状及轮界状，在生长轮外面部分与管孔相连呈弦线或波浪形。木材有光泽；无特殊气味和滋味。

显微特征：导管在早材横切面上为卵圆形；单管孔及径列复管孔，斜列或径列。导管分子单穿孔，穿孔板平行，略倾斜。管间纹孔式互列。轴向薄壁细胞不含树胶，晶体少见。木纤维壁厚，单纹孔或具狭缘；径列条常见。具胶质纤维。木射线局部叠生；单列射线较少，高1~11细胞；多列射线宽2~4细胞，高15~30细胞，同一射线内出现2次多列部分。射线组织异形Ⅱ型，少数异形Ⅲ型。射线细胞内含菱形晶体。射线与导管间纹孔式类似管间纹孔式（图8-15）。

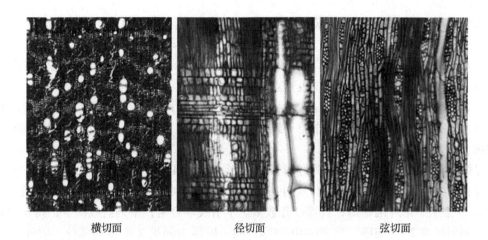

| 横切面 | 径切面 | 弦切面 |

图 8-15 青檀三切面

木材利用：宜作家具、舟车、运动器材、车工、工农具柄及其他农具用材等。

(7) 鹅掌楸 *Liriodendron chinense*　木兰科（Magnoliaceae）鹅掌楸属（*Liriodendron*）

树木及产地：落叶大乔木，高达 40 m，胸径达 1 m。树皮浅灰褐色，深纵裂，内皮纤维质，外皮木栓质。主产于我国西南、黄河中下游及长江以南地区，为国家二级重点保护植物。

宏观特征：心边材区别略明显，边材黄白或浅红褐色，心材灰黄褐色或微带绿色。生长轮略明显，轮间呈浅色线，宽度略均匀或不均匀。散孔材；管孔略多，略小；大小一致，分布颇均匀，散生或斜列。木材有光泽；无特殊气味和滋味。木材纹理交错，结构甚细。

显微特征：导管在横切面上为圆形至椭圆形；单管孔及 2～3 个径列复管孔。导管分子梯状复穿孔，穿孔板倾斜。管间纹孔式对列。轴向薄壁组织量少，轮界状。木纤维壁薄，具缘纹孔数多。木射线非叠生；单列射线极少，高 1～6 细胞；多列射线宽 2～3 细胞，高 10～30 细胞，同一射线内偶见 2 次多列部分。射线组织异形Ⅲ型，稀异形Ⅱ型。射线与导管间纹孔式为单侧复纹孔式（图 8-16）。

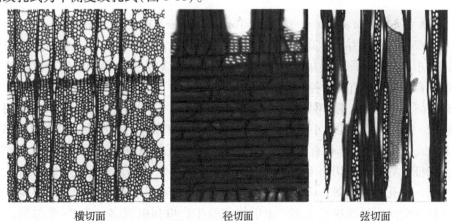

| 横切面 | 径切面 | 弦切面 |

图 8-16 鹅掌楸三切面

木材利用：宜作家具、室内装修、包装箱、镜框、笔杆等用材。

(8) 厚朴 *Magnolia officinalis* 木兰科(Magnoliaceae)木兰属(*Magnolia*)

树木及产地：落叶大乔木，高达25 m，胸径达1 m。树皮灰褐或灰紫褐色。主产于我国西南、长江以南地区，为国家二级重点保护植物。

宏观特征：心边材区别不明显，木材灰黄褐。生长轮略明显，轮间呈浅色细线，宽度略均匀。散孔材；管孔数多；大小略一致，分布略均匀，散生。木材有光泽；无特殊气味和滋味。木材纹理直，结构甚细。

显微特征：导管在横切面上为圆形及卵圆形；单管孔及2~3个径列复管孔。导管分子单穿孔，穿孔板倾斜。管间纹孔式对列，少数梯状对列。轴向薄壁组织量少，轮界状，带宽2~3细胞。木纤维壁薄，具缘纹孔数多。木射线非叠生；单列射线甚少，高5~14细胞；多列射线宽2~3细胞，高20~40细胞，同一射线内偶见2次多列部分。射线组织异形Ⅲ型。射线细胞内含少量树胶。射线与导管间纹孔式多为单侧复纹孔式(图8-17)。

木材利用：宜作家具、室内装饰材料、玩具及雕刻用材。

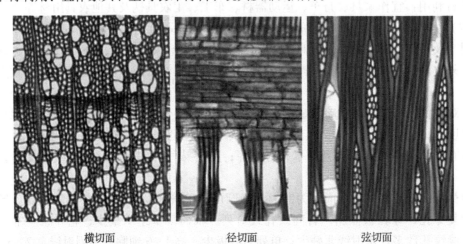

横切面　　　径切面　　　弦切面

图 8-17　厚朴三切面
(Insidewood 数据库)

(9) 白木香 *Aquilaria sinensis* 瑞香科(Thymelaeaceae)沉香属(*Aquilaria*)

树木及产地：常绿乔木，高达25 m，胸径达60 cm。树皮灰白色，粗糙或微细裂。主产于我国广东、广西、海南、福建，为国家二级重点保护植物及濒危野生动植物种国际贸易公约(CITES)附录Ⅱ监管物种。

宏观特征：心边材区别不明显，木材黄白色，久露空气中材色转深。生长轮不明显，轮间呈深色线。散孔材；管孔略小至中；大小略一致，分布颇均匀，散生。内含韧皮部甚多且明显，多孔式呈岛屿型。木材有光泽；微具甜香气味；无特殊滋味。木材纹理直，结构细。

显微特征：导管在横切面上为圆形或卵圆形；2~3个径列复管孔及少数单管孔。导管分子单穿孔，穿孔板略倾斜。管间纹孔式互列，系附物纹孔。轴向薄壁组织甚少，稀疏环管状。木纤维壁薄，具缘纹孔数多。木射线非叠生；单列射线多，高2~9细胞；多列射线宽2细胞，高5~15细胞，射线细胞不规则形。射线组织异形Ⅲ型，极少数异形Ⅱ型。

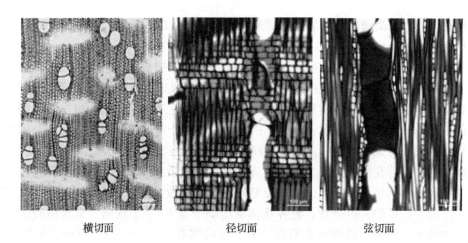

图 8-18 白木香三切面

射线与导管间纹孔式类似管间纹孔式(图 8-18)。

木材利用：宜作佛珠、手镯、雕刻等用材。

(10) 蚬木 *Excetrodendron hsiemvu* 椴树科(Tiliaceae)蚬木属(*Excetrodendron*)

树木及产地：常绿大乔木，高达 20 m，胸径达 1 m。树皮浅灰褐色，稍被白粉，不规则纵裂。主产于我国广西及云南东南部，为国家二级重点保护植物。

宏观特征：心边材区别明显，边材黄褐色微红或浅红褐色，心材红褐至深红褐色；偏心严重。生长轮不明显。散孔材；管孔略少，略小至中；大小一致，分布不均匀，斜列或散生。木材有光泽；无特殊气味和滋味。木材纹理交错，结构细。

显微特征：导管在横切面上为圆形及卵圆形；2~3 个径列复管孔及单管孔。导管分子叠生，单穿孔，穿孔板略倾斜。管间纹孔式互列。轴向薄壁组织叠生，量少，环管状，含少量树胶，偶见菱形晶体。木纤维叠生，胞壁甚厚，具缘纹孔数多。木射线叠生；单列射线极少，高 3~15 细胞；多列射线宽 2~3 细胞，高 10~15 细胞，单列部分细胞与多列细胞等宽。射线组织异形Ⅱ型，稀异形Ⅲ型。射线细胞内含丰富树胶及菱形晶体。射线与导管间纹孔式类似管间纹孔式(图 8-19)。

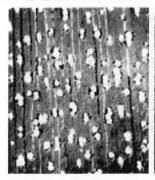 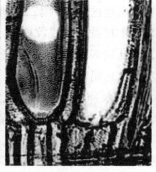 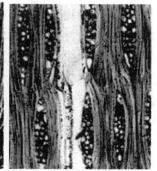

横切面　　　　径切面　　　　弦切面

图 8-19 蚬木三切面

(成俊卿等，《中国木材志》，1992)

木材利用：宜作高级家具、装饰、雕刻、秤杆、算盘珠、乐器、枕木等用材。

(11) 紫椴 *Tilia amurensis* 椴树科(Tiliaceae)椴树属(*Tilia*)

树木及产地：落叶大乔木，高达30 m，胸径达1 m。树皮土褐色，表面通常平滑，浅纵裂。主产于我国东北、华北地区及内蒙古，为国家二级重点保护植物。

宏观特征：心边材区别不明显，木材黄褐或黄红褐色。生长轮略明显，宽度均匀，轮间呈浅色细线。散孔材；管孔数多，略小；大小一致，分布均匀，斜列或径列。木材有光泽；微有油臭气味；无特殊滋味。木材纹理直，结构甚细。

显微特征：导管在横切面上为圆形及卵圆形；单管孔及2~3个径列复管孔。导管分子叠生，螺纹加厚明显，单穿孔，穿孔板略倾斜。管间纹孔式互列。轴向薄壁组织略多，叠生或局部叠生，星散－聚合状，轮界状薄壁组织带宽1~2个细胞，常含树胶。木纤维叠生或局部叠生，壁薄，具缘纹孔明显。木射线局部叠生；单列射线较少，多数高3~8细胞；多列射线宽3~4细胞，高20~60细胞。射线组织同形单列及多列。射线细胞内含树胶。射线与导管间纹孔式类似管间纹孔式（图8-20）。

木材利用：宜作砧板、火柴杆、铅笔杆、乐器、工艺玩具等用材。

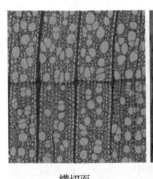 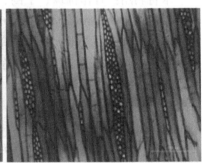

横切面　　　径切面　　　弦切面

图8-20　紫椴三切面

(12) 喜树 *Camptotheca acuminata* 蓝果树科(Nyssaceae)喜树属(*Camptotheca*)

树木及产地：落叶大乔木，高达30 m，胸径达2 m，枝下高可达10 m以上。树皮浅灰色，光滑。主产于我国长江流域以南地区，为国家二级重点保护植物。

宏观特征：心边材区别不明显，木材黄白或浅黄褐色，但易变色呈浅灰褐色。生长轮略明显，轮间呈浅色线。散孔材；管孔数多，略小；大小颇一致，分布略均匀，散生。木材有光泽；无特殊气味和滋味。木材纹理略斜，结构细。

显微特征：导管在横切面上为圆形及卵圆形；单管孔及少数2~3个径列复管孔，稀呈管孔团。导管分子梯状复穿孔，穿孔板倾斜至甚倾斜。管间纹孔式对列，间或局部呈梯状。轴向薄壁组织甚少，星散状。薄壁细胞通常不含树胶，具菱形晶体，分室含晶细胞可连续多至17个或以上。木纤维壁薄，具缘纹孔明显，数多。木射线非叠生；单列射线少，高1~14细胞；多列射线通常宽2细胞，高多数8~20细胞，同一射线内通常出现2~4次多列部分。射线组织异形Ⅱ型及异形Ⅰ型。部分射线细胞内含树胶。射线与导管间纹孔式类似管间纹孔式（图8-21）。

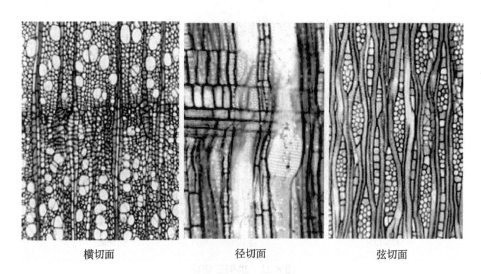

横切面　　　　径切面　　　　弦切面

图 8-21　喜树三切面

(Insidewood 数据库)

木材利用：色浅，轻软，易加工，无气味，宜作食品包装盒、火柴杆、牙签、造纸等用材。

(13) 珙桐 *Davidia involucrata*　蓝果树科(Nyssaceae) 珙桐属(*Davidia*)

树木及产地：落叶大乔木，高达 15~20 m，胸径达 1~2 m。树皮灰褐色，小薄片状剥落。主产于我国湖北西部、四川、贵州及云南北部。我国特有种，为国家一级重点保护植物。

宏观特征：心边材区别不明显，木材黄白或浅黄褐色。生长轮略明显，轮间呈细线，宽度略均匀或不均匀。散孔材；管孔数多，略小；大小略一致，分布略均匀，径列或散生。木材有光泽；无特殊气味和滋味。木材纹理斜或直，结构细。

显微特征：导管在横切面上为圆形、卵圆形及方形；单管孔及少数 2~3 个径列复管孔，偶见管孔团。导管分子梯状复穿孔，穿孔板倾斜至甚倾斜。管间纹孔式对列，间或局部呈梯状及梯状-对列。轴向薄壁组织甚少，星散状；部分薄壁细胞含树胶。木纤维壁薄，具缘纹孔明显，数多。木射线非叠生；单列射线少，高 1~21 细胞；多列射线通常宽 2~3 细胞，高多数 10~15 细胞，同一射线内有时出现 2 次多列部分。射线组织异形 I 型，稀异形 II 型。部分射线细胞含树胶。射线与导管间纹孔式类似管间纹孔式(图 8-22)。

木材利用：宜作食品包装盒、火柴杆、牙签、雕刻、玩具及其他工艺美术品等用材。

(14) 坡垒 *Hopea hainanensis*　龙脑香科(Dipterocarpaceae) 坡垒属(*Hopea*)

树木及产地：常绿大乔木，高达 25 m，胸径达 50 cm。主产于越南、印度、马来西亚及我国海南、广西、云南南部，为国家一级重点保护植物。

宏观特征：心边材区别明显，心材黄褐色或深黄褐色。散孔材。生长轮不明显。轴向薄壁组织环管状及细弦线状。木材纹斜至交错，结构细而匀。

显微特征：导管在横切面上为圆形及卵圆形。单管孔及少数 2~3 个径列复管孔。导管分子单穿孔。管间纹孔式互列。轴向薄壁组织翼状、聚翼状或连成带状。轴向树胶道略

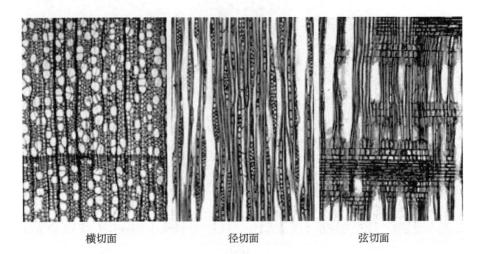

横切面　　　　　　径切面　　　　　　弦切面

图8-22　珙桐三切面

（Insidewood数据库）

小于管孔，散生。木射线非叠生；单列射线少；多列射线宽多数2~3细胞，高多10~20细胞。射线组织异形Ⅱ型（图8-23）。

木材利用：宜作楼梯扶手、实木地板，以及椅类、床类、书桌等高级仿古典工艺家具用材等。

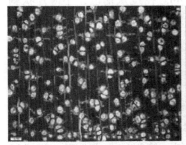  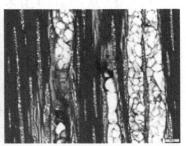

横切面　　　　　　径切面　　　　　　弦切面

图8-23　坡垒三切面

（15）格木 Erythrophleum fordii　苏木科（Caesalpiniaceae）格木属（Erythrophleum）

树木及产地：常绿乔木，高达25 m，胸径达40 cm。树皮浅红褐色，粗糙。主产于我国东南沿海地区、华南及台湾，为国家二级重点保护植物。

宏观特征：心边材区别明显，边材黄褐色，心材红褐或深褐色微黄。生长轮不明显。散孔材；管孔略少，略小至中；大小一致，分布均匀，散生，与薄壁组织相连呈短弦列。木材有光泽；无特殊气味和滋味。木材纹理交错，结构细。

显微特征：导管在横切面上为圆形及卵圆形；单管孔及2~3个径列复管孔，树胶常见。导管分子单穿孔，穿孔板略平行。管间纹孔式互列，系附物纹孔。轴向薄壁组织量多，翼状及聚翼状；薄壁细胞偶见树胶，菱形晶体常见，分室含晶细胞可连续多至10个或以上。木纤维壁厚，单纹孔或具狭缘；具胶质纤维。木射线局部整齐斜列；单列射线甚多，多数高 2~10 细胞；多列射线宽常 2 细胞，高 5~10 细胞。射线组织同形单列及多列。射线细胞内含少量树胶。射线与导管间纹孔式类似管间纹孔式（图 8-24）。

木材利用：宜作高等家具、工农具柄、桥梁、渔船龙骨、枕木、秤杆等用材。

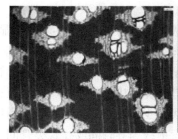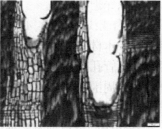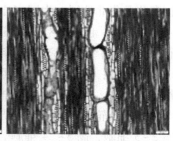

横切面　　　　　　　径切面　　　　　　　弦切面

图 8-24　格木三切面

（16）红椿 *Toona ciliata*　楝科（Meliaceae）香椿属（*Toona*）

树木及产地：乔木，高达 25~35 m，胸径达 1.5 m。树皮灰褐色，小片状剥落。主产于东南亚及大洋洲，我国福建、湖南、广东、广西、四川和云南等地亦产，为国家二级重点保护植物。

宏观特征：心边材区别明显，边材浅黄白色，心材浅砖红色至红褐色。生长轮明显。半环孔材；早材管孔 1~2 列，管孔具黑色树胶和侵填体；早材至晚材缓变；晚材管孔小，径列。轴向薄壁组织轮界状及环管束状。木材有光泽；具芳香气味；无特滋味。木材纹理直，结构略粗。

显微特征：导管在横切面上为圆形及卵圆形。晚材管孔单管孔及 2~7 个径列复管孔。导管分子单穿孔。管间纹孔式互列，多角形。部分轴向薄壁细胞含树胶，菱形晶体可见。分隔木纤维可见。木射线非叠生；单列射线少，高 1~8 细胞；多列射线宽 2~5 细胞，高 4~16 细胞。射线组织异形Ⅲ型，稀异形Ⅱ型。射线细胞含丰富树胶及菱形晶体。射线与导管间纹孔式类似管间纹孔式（图 8-25）。

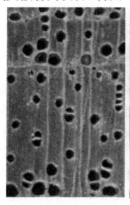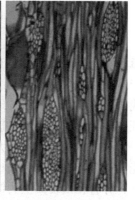

横切面　　　　　　　径切面　　　　　　　弦切面

图 8-25　红椿三切面

（Insidewood 数据库，参考 *Toona* spp.）

木材利用：宜作高级装饰板、雕刻、钢琴外壳等用材。

(17) 水曲柳 *Fraxinus mandshurica*　木犀科(Oleaceae)白蜡树属(*Fraxinus*)

树木及产地：落叶乔木，高 20~25m，胸径 40~60cm。树皮灰白色，纵横开裂。产于我国东北及华北地区，为国家二级重点保护植物。

宏观特征：心边材区明显，边材黄白或浅黄褐色；心材灰褐色或浅栗褐色。生长轮明显。环孔材。轴向薄壁组织傍管状及轮界状。木材纹理直，结构粗；有光泽；无特殊气味和滋味。

显微特征：单管孔及 2 个短径列复管孔。导管分子单穿孔，穿孔板略倾斜至倾斜。管间纹孔式互列。环管管胞位于早材导管周围。轴向薄壁组织环管束状、环管状、少数似翼状与聚翼状及轮界状，稀星散状。木射线非叠生；单列射线较少，高 1~10 细胞，多列射线宽 2~3 细胞，高 5~24 细胞。射线组织同形单列及多列。射线与导管间纹孔式类管间纹孔式(图 8-26)。

木材利用：宜作木横担、工农具柄、垒球棒、船桨、雪橇、冰球棍、兵乓球拍、标枪、室内装修、枕木、缝纫机台板、钢琴与风琴外壳、滑翔机螺旋桨、枪托、木桶、胶合板、火车车厢、家具等用材。

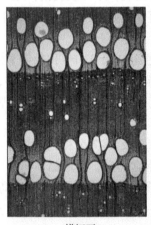 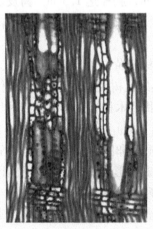 

横切面　　　　　　　径切面　　　　　　　弦切面

图 8-26　水曲柳三切面
(Insidewood 数据库)

(18) 红豆树 *Ormosia hosiei*　蝶形花科(Papilionaceae)红豆树属(*Ormosia*)

树木及产地：乔木，高达 20 m，胸径达 1 m。树皮幼时绿色，光滑；老时灰色，浅纵裂。主产于我国秦岭以南的华东、华中、华南、西南地区，为国家二级重点保护植物。

宏观特征：心边材区别明显，边材浅黄褐色，心材栗褐色。生长轮不明显或略明显，宽度略均匀。散孔材；管孔数少，大小一致，分布均匀。轴向薄壁组织量多，翼状及聚翼状。木材有光泽；无特殊气味和滋味。木材纹理直，结构细。

显微特征：导管在横切面上为圆形及卵圆形。单管孔及 2~3 个径列复管孔，含少量树胶。导管分子叠生，单穿孔。管间纹孔式互列，系附物纹孔。轴向薄壁组织聚翼状及轮界状，前者排列成长弦带或波浪形。木纤维壁厚，胶质木纤维普遍。木射线叠生；单列射线甚少，高多数 5~10 细胞；多列射线宽 2~5 细胞，高通常 10~30 细胞。射线组织异形

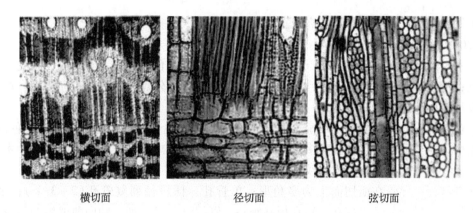

横切面　　　　　　　径切面　　　　　　　弦切面

图 8-27　红豆树三切面
(成俊卿等,《中国木材志》, 1992)

Ⅲ型。射线与导管间纹孔式类似管间纹孔式(图8-27)。

木材利用：宜作高级家具、地板、雕刻、工艺品等用材。

(19) 降香黄檀 Dalbergia odorifera　蝶形花科(Fabaceae)黄檀属(Dalbergia)

树木及产地：落叶乔木，高达15 m，直径达80 cm。树皮灰色或灰白色，浅纵裂。主产于我国海南中部和南部，为国家二级重点保护植物。

宏观特征：心边材区别明显，边材灰黄褐或浅黄褐色，心材红褐至深红褐或紫红褐色，深浅不均匀，常间杂黑色条纹。生长轮不明显。散孔材至半环孔材。管孔数少，中等大小，肉眼下可见，散生或斜列；具红褐色或黑褐色树胶；可见侵填体。弦切面波痕可见。木材具光泽；新切面辛辣气味浓郁，久则微香。木材纹理斜或交错，结构细。

显微特征：导管主为单管孔，少数径列复管孔(多为2~3个)，散生；2~12 个/mm^2；最大弦向直径208 μm，平均114 μm。管间纹孔式互列，系附物纹孔；单穿孔，导管与射线间纹孔式类似管间纹孔式。轴向薄壁组织为翼状、聚翼状及带状(多数宽1~4 细胞)；分室含晶细胞普遍；叠生。木纤维壁厚，叠生。木射线7~13 根/mm；叠生。单列射线甚少，高1~7 细胞。多列射线宽2~3 细胞，高3~14 细胞。射线组织同形单列及多列(图8-28)。

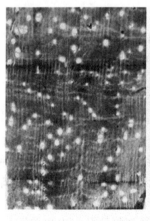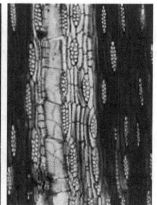

横切面　　　　　　　径切面　　　　　　　弦切面

图 8-28　降香黄檀三切面

木材利用：宜作高级家具、高级工艺品用材等。

(20) 杜仲 *Eucommia ulmoides*　杜仲科(Eucommiaceae)杜仲属(*Eucommia*)

树木及产地：乔木，高达20 m，胸径达1 m。树皮灰色，纵裂，不脱落，内皮具火焰状花纹；折断时有银白色富于弹性的胶质丝；髓心呈片状分隔。主产于我国西南、黄河中下游及长江以南地区。

宏观特征：心边材区别不明显，木材黄褐色微红。生长轮略明显，轮间呈浅色细线，宽度略均匀。半环孔材；管孔甚多，甚小；由内往外逐渐减小，分布均匀，散生。木材光泽弱；无特殊气味和滋味。木材纹理直，结构细。

显微特征：导管在横切面上为多角形；单管孔，稀短径列复管孔(2~3个)；散生；具螺纹加厚。导管分子单穿孔，穿孔板甚倾斜。管间纹孔式互列。轴向薄壁组织量少，星散状。木射线非叠生；单列射线较少，高6~10细胞；多列射线宽2~3细胞，高5~25细胞，同一射线内有时出现2次多列部分。射线组织同形单列及多列。射线细胞含树胶。射线与导管间纹孔式类似管间纹孔式(图8-29)。

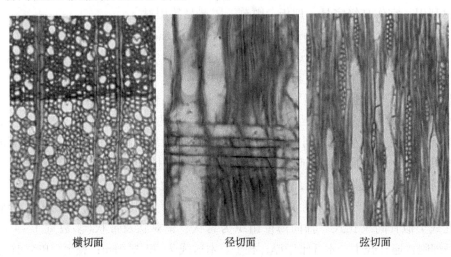

横切面　　　　　径切面　　　　　弦切面

图8-29　杜仲三切面
(Insidewood 数据库)

木材利用：宜作家具、木结构、雕刻、车工及农具和日用器皿等用材。其叶、皮、果均含有银白色胶质丝，系植物硬性橡胶，绝缘性能良好，可作高级绝缘材料。

8.1.2　进口材

(1) 棱柱木 *Gonystylus bancanus*　棱柱木科(Gonystylaceae)棱柱木属(*Gonystylus*)

树木及产地：乔木，高达30 m，胸径达60 cm。主产于东南亚、巴布亚新几内亚、所罗门群岛和太平洋地区，为濒危野生动植物种国际贸易公约(CITES)附录Ⅱ监管物种。

宏观特征：心边材区别不明显，木材乳白色至浅黄色，久置呈黄色。生长轮略明显。散孔材。轴向薄壁组织细弦线状。木材纹理略交错，结构略细。

显微特征：导管在横切面上为圆形及卵圆形。2~4个径列复管孔，少数单管孔，具沉积物。导管分子单穿孔。管间纹孔式互列。轴向薄壁组织不规则细线状(宽1~4细胞)、海鸥形翼状及聚翼状。木射线非叠生；射线单列（偶2列或对列），高多1~21细胞。射线组织同形单列。射线细胞具菱形晶体（图8-30）。

木材利用：木材不耐腐，易变色，宜作地板、绘图板、筷子等用材。

横切面　　　　　　　径切面　　　　　　　弦切面

图8-30　棱柱木三切面
（刘鹏等，《东南亚热带木材》，2008）

（2）檀香紫檀 *Pterocarpus santalinus*　蝶形花科（Fabaceae）紫檀属（*Pterocarpus*）

树木及产地：大乔木，高达20 m，直径达50 cm。主产于南洋群岛热带地区及东南亚地区，为濒危野生动植物种国际贸易公约（CITES）附录Ⅱ监管物种。

宏观特征：心边材区别明显，边材黄白色，心材新切面为橘红色，久则为红紫色或紫黑色，具深色相间条纹。散孔材，导管富含红色或紫色树胶。生长轮不明显。弦切面波痕可见。木屑水浸出液紫红色，有荧光。木材有光泽，具香气。木材硬重，纹理交错，结构细。

显微特征：导管主为单管孔，少数径列复管孔（多为2~3个），散生；3~14个/mm²；部分管孔含深色树胶，最大弦向直径228 μm，平均92 μm。管间纹孔式互列，系附物纹孔；单穿孔，导管与射线间纹孔式类似管间纹孔式。轴向薄壁组织为翼状、聚翼状和傍管带状（宽1~4细胞），呈波浪形；分室含晶细胞普遍；叠生。木纤维壁厚，叠生。木射线12~18根/mm；叠生。单列射线（偶2列），高2~7细胞，射线组织同形单列（图8-31）。

木材利用：宜作高级家具、笔筒、手镯等高级工艺品等用材。

（3）大果紫檀 *Pterocarpus macarocarpus*　蝶形花科（Fabaceae）紫檀属（*Pterocarpus*）

树木及产地：大乔木，高达30 m，直径达2.5 m。主产于印度、斯里兰卡等国家；我国海南和台湾亦有栽培。

宏观特征：心边材区别明显，边材黄白色，心材橘红、砖红或紫红色，常具深色条纹。散孔材至半环孔材。生长轮明显。弦切面波痕明显。木屑水浸出浅黄褐色，荧光弱。木材有光泽，具清香气味。木材硬重，纹理交错，结构细。

显微特征：导管横切面卵圆形至圆形，单管孔，具少数2~3个径列复管孔；管孔内常含树胶。导管分子叠生，单穿孔。管间纹孔式互列。轴向薄壁组织叠生，傍管带状、聚翼状及细线状（宽1~4细胞）。木纤维壁厚，叠生。射线组织同形单列，叠生，高多数5~9细胞，偶见成对或2列（图8-32）。

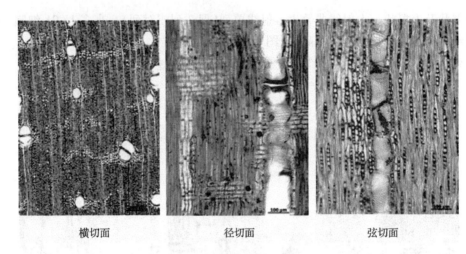

| 横切面 | 径切面 | 弦切面 |

图 8-31 檀香紫檀三切面

| 横切面 | 径切面 | 弦切面 |

图 8-32 大果紫檀三切面

木材利用：宜作高级家具、高级工艺品用材等。

（4）卢氏黑黄檀 Dalbergia louvelii　蝶形花科（Fabaceae）黄檀属（Dalbergia）

树木及产地：乔木，高达 15 m，直径达 40 cm。主产于非洲马达加斯加等地，为濒危野生动植物种国际贸易公约（CITES）附录Ⅱ监管物种。

宏观特征：心边材区别明显，心材新切面橘红色，久则转为深紫或黑紫色，具深浅相间条纹。生长轮不明显。散孔材。管孔数少，在肉眼下几不得见。弦切面波痕不明显。木材具光泽；酸香气微弱。木材纹理交错，结构细。

显微特征：导管横切面卵圆形；单管孔及少数 2~3 个径列复管孔；部分管孔内含树胶。导管分子叠生；单穿孔。管间纹孔式互列。轴向薄壁组织叠生；主为同心层型的细线（宽 1~2 细胞）。木纤维壁厚，叠生。射线组织同形单列（偶成对），叠生，高 2~11 细胞（图 8-33）。

木材利用：宜作木地板、高级家具、高级工艺品用材等。

（5）微凹黄檀 Dalbergia retusa　蝶形花科（Fabaceae）黄檀属（Dalbergia）

树木及产地：乔木，高达 13~18 m，直径达 50~60 cm。主产于巴拿马、墨西哥等中美洲国家，为濒危野生动植物种国际贸易公约（CITES）附录Ⅱ监管物种。

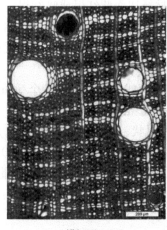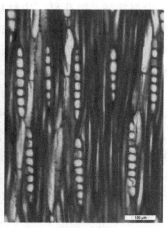

横切面　　　　　　　　　径切面　　　　　　　　　弦切面

图8-33　卢氏黑黄檀三切面

宏观特征：散孔材。边材浅黄白色，与心材区别明显。心材新锯解时橙黄色明显，久露大气呈红褐色、紫红褐色，常带黑色条纹。生长轮不明显。管孔放大镜下明显，数甚少。轴向薄壁组织放大镜下可见，环管状、翼状及带状。木射线放大镜下略明显、密、甚窄。波痕不明显。有辛辣气味；结构细而均匀；纹理直至交错。

显微特征：导管主为单管孔，少数径列复管孔（多为 2~3 个），散生；1~6 个/mm²；部分含树胶；最大弦向直径 239 μm，平均 138 μm。管间纹孔式互列；单穿孔，导管与射线间纹孔式类似管间纹孔式。轴向薄壁组织为星散状、星散－聚合状，呈带状（多宽 1 细胞，与木射线相交，局部网状可见）、环管束状及少数翼状；分室含晶细胞普遍；叠生。木纤维壁厚，叠生。木射线 12~15 根/mm；叠生。单列射线（少数宽 2 或 3 细胞）高 2~13（多数 8~10）细胞，射线组织同形单列，少数两列（图 8-34）。

木材利用：宜作高等家具、高级工艺品用材等。

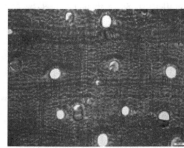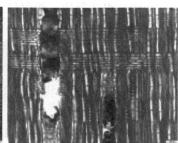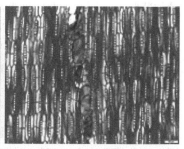

横切面　　　　　　　　　径切面　　　　　　　　　弦切面

图8-34　微凹黄檀三切面

（6）交趾黄檀 *Dalbergia cochinchinensis*　蝶形花科（Fabaceae）黄檀属（*Dalbergia*）

树木及产地：乔木，高达 12~16 m，直径达 1 m。主产于越南、老挝、柬埔寨和泰国等国家，为濒危野生动植物种国际贸易公约（CITES）附录Ⅱ监管物种。

宏观特征：散孔材。边材灰白色，与心材区别明显。心材新切面紫红褐或暗红褐，常带黑褐或栗褐色深条纹。生长轮不明显或略明显。管孔肉眼下略见，数甚少至略少。轴向薄壁组织颇明显，为带状及翼状。木射线放大镜下可见。波痕放大镜下可见。有酸香气或微弱；构造细；纹理通常直。

显微特征：导管主为单管孔，少数径列复管孔（多为2~5个），散生；2~13个/mm²；含深色树胶，最大弦向直径244 μm，平均104 μm。管间纹孔式互列，系附物纹孔；单穿孔，导管与射线间纹孔式类似管间纹孔式。轴向薄壁组织为翼状、带状（宽1~4细胞），与射线交叉局部略呈网状；分室含晶细胞普遍；叠生。木纤维壁甚厚，叠生。木射线10~15根/mm；叠生。单列射线较多，高1~13细胞。多列射线宽2~3细胞，高6~14细胞，射线组织同形单列及多列（图8-35）。

木材利用：宜作高等家具、高级工艺品用材等。

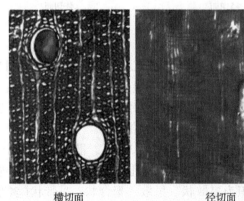

横切面　　　　径切面　　　　弦切面

图8-35　交趾黄檀三切面

（7）桃花心木 *Swietenia mahagoni*　楝科（Meliaceae）桃花心木属（*Swietenia*）

树木及产地：常绿乔木，高达25 m，直径可达4 m，基部扩大成板根；树皮淡红色，鳞片状脱落。原产于西印度群岛、南佛罗里达等地，现引种到世界上各热带地区。为濒危野生动植物种国际贸易公约（CITES）附录Ⅱ监管物种。

宏观特征：心边材区别明显，心材暗红褐色，边材浅黄褐色至浅红褐色。生长轮放大镜下明显。散孔材。管孔肉眼可见，略少，大小略一致，分布均匀；散生；内含有黄色沉积物和树胶。轴向薄壁组织放大镜下较明显，轮界状或环管状。波痕可见。木材光泽强，无特殊气味和滋味。

显微特征：导管横切面卵圆形或圆形；单管孔及少数2~3个径列复管孔，偶见管孔团；部分管孔内含沉积物或树胶。管间纹孔式互列。轴向薄壁组织轮界状，环管状及环管束状，稀星散状；大部分含树胶，菱形晶体常见。木纤维壁薄，具单纹孔，多为分隔木纤维。单列射线少，高1~11细胞；多列射线宽2~5细胞，高6~20细胞。射线组织异形Ⅱ及异形Ⅲ型。部分射线细胞内含树胶，菱形晶体通常较多（图8-36）。

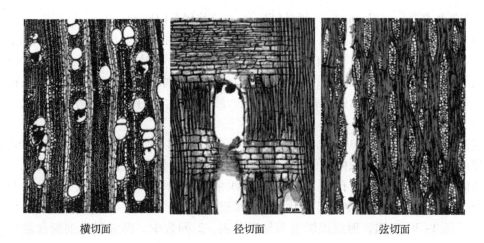

| 横切面 | 径切面 | 弦切面 |

图 8-36 桃花心木三切面

(8) 巴西苏木 *Cæsalpinia echinata*　苏木科 (Caesalpiniaceae) 苏木属 (*Cæsalpinia*)

树木及产地：大乔木，高达 30 m，直径 0.5~0.8 m。主产于巴西等地，为濒危野生动植物种国际贸易公约 (CITES) 附录Ⅱ监管物种。

宏观特征：心边材区别明显，心材新切面橘红色，久则呈深红或红褐色；边材浅黄或近白色。生长轮略明显。散孔材。轴向薄壁组织环管状或轮界状。木射线略少，甚窄。波痕略见。木材纹理至或略交错，有光泽，无特殊气味和滋味。

显微特征：导管在横切面上为圆形及卵圆形。单管孔，少数径列复管孔 (多 2~3 个)，稀管孔团；散生。部分导管具沉积物。导管分子单穿孔。管间纹孔式互列。轴向薄壁组织为翼状、聚翼状、疏环管状及轮界状；具分室含晶细胞，内含菱形晶体可达 8 个或以上；略叠生。木纤维壁厚，单纹孔具狭缘。木射线部分射线叠生；单列射线少，高 2~10 细胞；多列射线宽 2 (稀 3) 细胞，高多 8~30 细胞。射线组织同形单列及多列。射线细胞多含树胶，具菱形晶体 (图 8-37)。

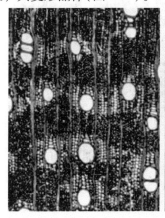

| 横切面 | 径切面 | 弦切面 |

图 8-37 巴西苏木三切面
(Insidewood 数据库)

(9) 乌木 *Diospyros ebenum*　柿树科(Ebenaceae)柿树属(*Diospyros*)

树木及产地：乔木，高达 15~18 m，胸径达 60 cm。主产于非洲及东南亚热带地区。

宏观特征：散孔材。边材灰白色，与心材区别明显。心材全部乌黑，浅色条纹稀见。生长轮不明显。管孔肉眼下略见，数少至略少。轴向薄壁组织丰富，颇密，在放大镜下不可见，带状、疏环管状。木射线放大镜下可见。波痕未见。无香气；结构甚细；纹理通常直至略交错。

显微特征：导管主为单管孔，少数径列复管孔(多为 2~3 个)，散生；4~12 个/mm^2；含褐黑或黑色树胶，最大弦向直径 141 μm，平均 98 μm。管间纹孔式互列；单穿孔，导管与射线间纹孔式类似管间纹孔式。轴向薄壁组织带状(宽 1~2 细胞，多数 1 细胞，与木射线相交，网状较明显)，少数疏环管状。木纤维壁厚。木射线 11~14 根/mm；非叠生。单列射线，高 2~30 细胞，射线组织主为异形单列，2 列数少。部分射线细胞含菱形晶体(图 8-38)。

木材利用：宜作胶合板、室内装修、火柴杆等用材。

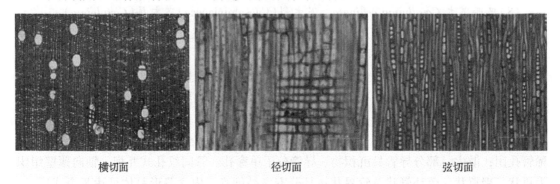

横切面　　径切面　　弦切面

图 8-38　乌木三切面

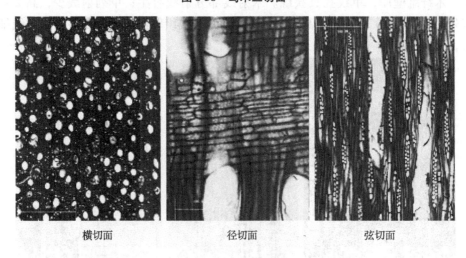

横切面　　径切面　　弦切面

图 8-39　檀香木三切面

(10) 檀香木 *Santalum album*　檀香科(Santalaceae)檀香属(*Santalum*)

树木及产地：小乔木至乔木，高达 8~15 m，胸径达 20~30 cm。主产于印度哥达维利亚河流域，南至迈索尔邦及印度尼西亚，东、西达努沙登加省及东帝汶。另外，澳大利亚、斐济及南太平洋其他岛国亦产。

宏观特征：心边材区别明显，边材黄白色，心材红褐色。散孔材。生长轮不明显。管孔与轴向薄壁组织放大镜下可见。木材纹理直，结构细。

显微特征：导管在横切面上为圆形及卵圆形。单管孔及少数2~4个径列复管孔。导管分子单穿孔。管间纹孔式互列。轴向薄壁组织星散状、环管状及短弦线状。木纤维壁薄至厚。木射线非叠生；单列射线少，高2~6细胞；多列射线宽2~3细胞，高5~12细胞。射线组织异形Ⅱ型及异形Ⅲ型(图8-39)。

木材利用：宜作高等家具、手镯、珠宝盒、高级工艺品等用材。

8.2 红木和阴沉木

红木和阴沉木(乌木)都是一类木材的统称，都属于广为人知的名贵木材，本节分别对这两类木材进行系统介绍。

8.2.1 红木

红木自古至今都被人们视为珍贵木材，用红木制做的家具，名贵高雅，色泽迷人，线条流畅，牢固耐用，集实用、观赏和保值于一体，既是豪华的生活用品又是收藏的珍品。我国的红木绝大多数是从东南亚、热带非洲和拉丁美洲进口的，红木的识别和区分，主要是以简便实用的宏观特征(如密度、结构、材色和纹理等)为依据，辅以必要的木材解剖特征来确定其属种。

8.2.1.1 红木的范围

红木国家标准(GB/T 18107—2017)从木材解剖学的角度，研究明清家具残片的木材特征、目前红木家具用料，参考国内外正确定名的木材标本和资料制定而成。经研究确定红木指的是5属8类木材的心材，具体如下：

5属包括蝶形花科的紫檀、黄檀、崖豆属；柿树科的柿树属和苏木科的决明属(原铁刀木属)，这5属树种的心材材色都是经过空气氧化之后变深的。

8类包括紫檀木、花梨木、香枝木、黑酸枝木、红酸枝木、乌木、条纹乌木、鸡翅木。其中紫檀木类为红紫色，花梨木类为红褐色，黑酸枝木类为黑紫色，红酸枝木类为红褐色，乌木类为乌黑色，条纹乌木类和鸡翅木类主要为黑色。在红木的观察和识别中，能区分到8大类中的具体一类是认识红木的初步要求，可参见红木分类检索表。

红木分类检索表

1. 轴向薄壁组织傍管型，主为翼状及/或傍管带状 ……………………………………… 2
1. 轴向薄壁组织离管型，主为细线状及/或窄带状 ……………………………………… 6
2. 轴向薄壁组织主为傍管宽带状，肉眼下甚明显 ……………………………………… 鸡翅木类

2. 轴向薄壁组织主为翼状、聚翼状 ·· 3
3. 心材主为黑色或红紫色；有酸香气；木材浸出液无荧光 ··· 黑酸枝类
3. 心材主为红色；木材浸出液无或有荧光 ·· 4
4. 心材主为红紫或紫黑色；木材甚重，沉于水；木材浸出液有荧光 ································· 紫檀木类
4. 心材主为红褐或紫红褐色；木材重或甚重，沉于水或浮于水；木材浸出液有或无荧光 ······ 5
5. 常有酸香气；生长轮不明显；射线宽1～2列（个别1列）；木材浸出液无荧光 ············· 红酸枝类
5. 常有芳香气；生长轮颇明显；射线宽1列（个别1～2列）；木材浸出液有或无荧光 ······ 花梨木类
5. 芳香气浓郁；生长轮颇明显；射线宽1～3列；木材浸出液无荧光 ······························· 香枝木类
6. 心材全部乌黑色 ··· 乌木类
6. 心材黑色或栗褐色，间有浅色或非黑色块状条纹 ·· 条纹乌木类

（杨家驹等，《木材识别——主要乔木树种》，2009）

8.2.1.2 红木的类别

本部分内容中的木材特征描述、表格、木材显微图片均来自红木国家标准 GB/T 18107—2000 和 2017，气干密度为含水率12%测定。

（1）紫檀木类

①要求：紫檀属（*Pterocarpus*）树种。木材含水率12%时气干密度大于 1.00 g/cm³。木材的心材，材色红紫，久则转为黑紫色。

②紫檀木类树种及其木材特征 见表8-1。

表8-1 紫檀木类树种的木材构造特征

树种名称		商品名	生长轮类型	心材材色	木材特征					主要产地	CITES (2017)	备注
中文名	拉丁名				轴向薄壁组织	结构	气干密度	波痕	香气			
紫檀木（类）	*Pterocarpus* spp.	紫檀木	散孔材	红至紫色，久则较为深紫或黑紫	同心层式细线	细至甚细	甚大	可见	有香气或微弱	热带地区		木材甚重硬，色黑紫
檀香紫檀	*Pterocarpus santalinus*	Red Sanders	散孔材	新切面橘红色，久转为深紫或黑色	同心层式或略呈波浪型的傍管细线	甚细至细	甚大	略见	香气无或很微弱	印度	附录二	甚重硬，色黑紫

- 檀香紫檀 *Pterocarpus santalinus*

具体特征参见本章8.1.2节。

（2）花梨木类

①要求 紫檀属（*Pterocarpus*）树种。木材含水率12%时气干密度平均大于 0.76 g/cm³。木材的心材，材色红褐至紫红，常带深色条纹。

②花梨木类树种及其木材特征 见表8-2。

- 安达曼紫檀 *Pterocarpus dalbergioides*

树木及分布：乔木。主产于印度安达曼群岛。

宏观特征：散孔材，半环孔材倾向明显。心材红褐至紫红褐色，常带黑色条纹。生长

表 8-2 花梨木类树种及其木材特征

树种名称		商品名	木材特征							主要产地	CITES (2017)	备注
中文名	拉丁名		生长轮类型	心材材色	轴向薄壁组织	结构	气干密度	波痕	香气			
花梨木（类）	Pterocarpus spp.	花梨木	散孔材至半环孔材	红褐、浅红褐至紫红色	傍管断续波浪形及同心层细线状	细	通常大	可见	有香气或很微弱	热带地区		散孔材至半环孔材倾向
安达曼紫檀	Pterocarpus dalbergioider	Andaman padauk	散孔材，半环孔材倾向明显	红褐至紫红褐色，常带黑色条纹	同心式或略呈波浪形的傍管细线状	细	中至大	略见	香气无或很微弱	安达曼群岛	无	1. 轴向薄壁组织较多 2. 管孔数较少
刺猬紫檀	Pterocarpus erinaceus	Ambila	散孔材，半环孔材倾向明显	紫红褐或红褐色，常带黑色条纹	带状及细线状	细	大	可见	香气无或很微弱	热带非洲	附录二	1. 轴向薄壁组织较多 2. 管孔数较少
印度紫檀	Pterocarpus indicus	Amboyna	半环孔材或散孔材	红褐、深红褐或金黄，常带深浅相间的深色条纹	同心层式傍管窄带断续聚翼状及细线	细	大	明显	有香气或很微弱	印度、东南亚、中国台湾、广东及云南	无	1. 有著名的Amboyna树包（瘤）花纹 2. 株间材色和重量变异甚大 3. 轴向薄壁组织较多
大果紫檀	Pterocarpus macarocarpus	Burma padauk	散孔材或半环孔材	橘色、砖红或紫红色，常带深色条纹	同心层式傍管窄带断续聚翼状及细线	细	甚大	明显	香气浓郁	中南半岛	无	轴向薄壁组织较多
囊状紫檀	Pterocarpus marsupiurm	Bijasal	散孔材或半环孔材	金黄褐或浅黄紫红褐色，常带深色条纹	同心层式傍管带状及细线状	细	大	略明显或明显	香气无或很微弱	印度斯里兰卡	无	射线组织同形单列及2列

轮颇明显。管孔在生长轮内部，肉眼下颇明显。轴向薄壁组织放大镜下明显，主为带状及断续聚翼状。木射线放大镜下可见。波痕放大镜下略见。木屑水浸出液呈黄绿至淡蓝色荧光。香气无或很微弱；结构细；纹理典型交错，鹿斑花纹。气干密度（12% 含水率）为 $0.69 \sim 0.87 \text{g/cm}^3$。

显微特征：导管主为单管孔，少数径列复管孔（多为 2~3 个），散生；2~5 个/mm²；弦向直径最大 310 μm，平均 149 μm。管间纹孔式互列，系附物纹孔；单穿孔，导管与射线间纹孔式类似管间纹孔式。轴向薄壁组织为翼状、聚翼状及断续带状（多数宽 2~4 细胞，在生长轮外部较多），呈同心式；分室含晶细胞普遍；叠生。木纤维壁薄至厚，叠生。木射线 13~15 根/mm；叠生。单列射线（偶两列），高 3~14 细胞，射线组织同形单列（图 8-40）。

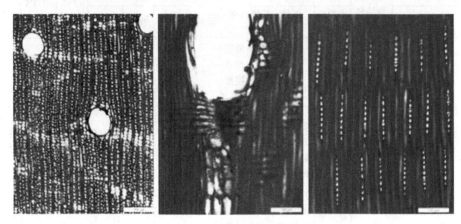

图 8-40 安达曼紫檀的显微构造

- 刺猬紫檀 *Pterocarpus erinaceus*

树木及分布：乔木，高可达 30 m，胸径 0.6~0.9 m。主产于塞内加尔、几内亚比绍等热带非洲国家。

宏观特征：散孔材，半环孔材倾向明显。心材紫红褐或红褐色，常带深色条纹。生长轮略明显或明显。管孔在生长轮内部，肉眼下可见，数甚少至略少。轴向薄壁组织放大镜下明显或可见，主为翼状、聚翼状及带状。木射线放大镜下明显。波痕可见。木屑水浸出液呈黄绿至淡蓝色荧光。香气无或很微弱；结构细；纹理交错。气干密度（12%含水率）约 0.85g/cm³。

显微特征：导管主为单管孔，少数径列复管孔（多为 2~3 个），散生；2~7 个/mm²；部分管孔含红色树胶，最大弦向直径 290 μm，平均 177 μm。管间纹孔式互列，系附物纹孔；单穿孔，导管与射线间纹孔式类似管间纹孔式。轴向薄壁组织为翼状、聚翼状、带状（多数宽 2~5 细胞）；分室含晶细胞普遍，部分略膨大；叠生。木纤维壁薄至厚，叠生。木射线 12~15 根/mm；叠生。单列射线（偶两列），高 3~10 细胞，射线组织同形单列（图 8-41）。

- 印度紫檀 *Pterocarpus indicus*

树木及分布：乔木，高 25~40 m，胸径可达 1.5 m。主产于印度、缅甸、菲律宾、马来西亚及印度尼西亚；我国广东、广西、海南、云南有引种栽培。

宏观特征：半环孔材或散孔材。边材近白色或浅黄色，与心材区别明显。心材红褐、深红褐或金黄色，常带深浅相间的深色条纹。生长轮明显。管孔在生长轮内部，肉眼下颇明显，数甚少至略少。轴向薄壁组织放大镜下明显，带状、聚翼状。木射线放大镜下可见。波痕明显。木屑水浸出液呈黄绿至淡蓝色荧光。新切面有香气或很微弱；结构细；纹理斜至略交错，有著名的 Amboyna 树包（瘤）花纹。此种株间材色和重量差异很大。气干密度（12%含水率）为 0.53~0.94 g/cm³。

显微特征：导管主为单管孔，少数径列复管孔（多为 2~3 个），散生；1~12 个/mm²；常含黄色沉积物，最大弦向直径 258 μm，平均 141 μm。管间纹孔式互列，系附物纹孔；

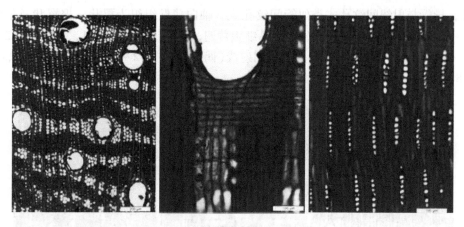

图 8-41 刺猬紫檀的显微构造

单穿孔，导管与射线间纹 孔式类似管间纹孔式。轴向薄壁组织为翼状、聚翼状及带状（宽 1~5 细胞），呈波浪形；分室含晶细胞普遍；叠生。木纤维壁薄至厚，叠生。木射线 7~14 根/mm；叠生。单列射线（偶 2 列），高 2~9 细胞，射线组织同形单列（图 8-42）。

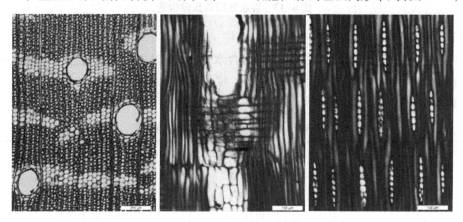

图 8-42 印度紫檀的显微构造

● 大果紫檀 *Pterocarpus macrocarpus*

具体特征参见本章 8.1.2 节。

● 囊状紫檀 *Pterocarpus marsupium*

树木及分布：乔木，高可达 30 m。主产于印度、斯里兰卡。

宏观特征：散孔材，半环孔材倾向明显。心材金黄褐或浅黄紫红褐色，常带深色条纹。生长轮颇明显。管孔在生长轮内部者较大（但占生长轮的比例较小），肉眼下可见，数少。轴向薄壁组织肉眼下明显，主为带状。木射线放大镜下可见至明显。波痕略明显或明显。木屑水浸出液呈黄绿至淡蓝色荧光。香气无或很微弱；结构细，纹理交错。气干密度（12% 含水率）为 0.75~0.80 g/cm^3。

显微特征：导管主为单管孔，少数径列复管孔（多为 2~3 个），散生；3~5 个/mm^2；常含黄色沉积物，最大弦向直径 344 μm，平均 174 μm。管间纹孔式互列，系附物纹孔；

单穿孔,导管与射线间纹孔式类似管间纹孔式。轴向薄壁组织为翼状、聚翼状及带状(多数宽2~4细胞),主为同心式;分室含晶细胞普遍;叠生。木纤维壁厚,直径最大20 μm,叠生。木射线11~14根/mm;叠生。单列射线(偶两列),高2~12细胞,射线组织同形单列(图8-43)。

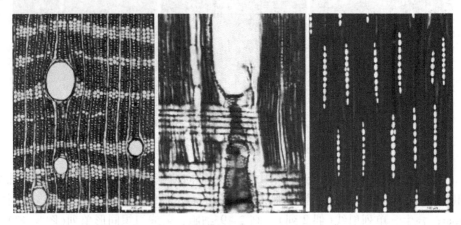

图8-43 囊状紫檀的显微构造

(3)香枝木类

①要求 黄檀属(*Dalbergia*)树种。木材含水率12%时气干密度大于0.80 g/cm³。木材的心材,辛辣香气浓郁,材色红褐或黄褐,常带深色条纹。

②香枝木类树种及其木材特征 见表8-3。

表8-3 香枝木类树种及其木材特征

树种名称			木材特征							主要产地	国家重点保护野生植物名录(1999)	备注
中文名	拉丁名	商品名	生长轮类型	心材材色	轴向薄壁组织	结构	气干密度	波痕	香气			
香枝木(类)	*Dalbergia* spp.	香枝木	散孔材至半环孔材	红褐或深红色	同心层式细线状或窄带状	细	大	可见	新切面辛辣气味浓郁	亚洲热带地区		
降香黄檀	*Dalbergia odorifera*	Scented rosewood	散孔材至半环孔材	紫红褐或深红褐,常带黑色条纹	傍管带状	细	大	可见	新切面辛辣气味浓郁,久则微香	中国海南	二级	1.轴向薄壁组织较少 2.射线1~3列,可见4列

- 降香黄檀 *Dalbergia odorifera*

具体特征参见本章8.1.1节。

(4)黑酸枝木类

①要求 黄檀属(*Dalbergia*)树种。木材含水率12%时气干密度平均大于0.85 g/cm³。木材的心材,材色栗褐色,常带黑条纹。

②黑酸枝木类树种及其木材特征 见表8-4。

表 8-4 黑酸枝木类树种及其木材特征

树种名称		商品名	木材特征						主要产地	CITES (2017)	备注
中文名	拉丁名		生长轮类型	心材材色	轴向薄壁组织	结构	气干密度	波痕	香气			
黑酸枝木（类）	*Dalbergia spp.*	黑酸枝木	散孔材	栗褐色，常带明显的黑色条纹	同心层式细线状或窄带状	细	绝大多数甚大	可见或明显	有酸香气或很微弱	热带地区	附录二	1. 绝大多数沉于水 2. 散孔材
刀状黑黄檀	*Dalbergia cuttrata*	Burma Blackwood	散孔材	新切面紫、黑或栗褐，常带紫或黑褐窄条纹	同心层式波浪形傍管带状及细线状	细	大至甚大	可见	新切面有酸香气	缅甸、印度	附录二	轴向薄壁组织较多
阔叶黄檀	*Dalbergia latifolia*	Indian Rose-wood	散孔材	浅金褐、黑褐、紫褐或深紫红，常有紫黑色条纹	断续带状，局部波浪形	细	大至甚大	可见	新切面有酸香气	印度、印度尼西亚	附录二	射线组织有异形Ⅲ型倾向
卢氏黑黄檀	*Dalbergia louuelii*	Bois de rose	散孔材	新切面橘红色，久转为深紫	细心式略呈波浪形的傍管细线状	甚细至细	甚大	可见	酸香气微弱	马达加斯加	附录二	1. 射线单列 2. 轴向薄壁组织较少
东非黑黄檀	*Dalbergia melanoxylon*	African Blackwood Grenadille afrique	散孔材	黑褐至黑紫褐，常带黑色条纹	星散聚合，断续聚翼状	甚细	甚大	可见	无酸香气或很微弱	东非	附录二	1. 木射线迭生不明显 2. 向薄壁组织较少
巴西黑花檀	*Dalbergia nigra*	Brazilian rosewood	散孔材	黑褐、巧克力色至紫褐色，常带有明显的黑色窄条纹	细线状	细	大至甚大	明显	新切面酸香气浓郁	热带南美洲，特别是巴西		射线组织异形Ⅲ倾向明显
亚马逊黄檀	*Dalbergia spruceana*	Jacaranda-do-para	散孔材	红褐、深紫灰褐，常带黑色条纹细线状	环管束状	细	大	不明显	无酸香气或很微弱	南美亚马逊		管孔数较少
伯利兹黄檀	*Dalbergia steuensonii*	Honduras rosewood	散孔材	浅红褐、黑褐或紫褐，常带黑色条纹	细线状	细	大至甚大	可见	无酸香气或很微弱	中美洲		1. 轴向薄壁组织较少 2. 管孔数较少

- 刀状黑黄檀 *Dalbergia cultrate*

树木及分布：乔木，高可达 25 m，胸径可达 0.6 m 或以上。主产于缅甸、印度、越南和我国云南。

宏观特征：散孔材。心材新切面紫黑或紫红褐，常带深褐或栗褐色条纹。生长轮不明显或略明显。管孔心材处肉眼下略见，数甚少至略少。轴向薄壁组织较多，肉眼下明显，主为带状及翼状。木射线肉眼下不可见。波痕放大镜下可见。新切面有酸香气；结构细；纹理颇直。气干密度(12%含水率)为 0.89~1.14g/cm³。

显微特征：导管主为单管孔，少数径列复管孔(多为2~3个)，散生；1~12个/mm²；最大弦向直径182 μm，平均118 μm。管间纹孔式互列，系附物纹孔；单穿孔，导管与射线间纹孔式类似管间纹孔式。轴向薄壁组织为傍管带状(宽3~12细胞)、翼状；分室含晶细胞普遍；叠生。木纤维壁厚，叠生。木射线17~21根/mm；叠生。单列射线甚少，高3~10细胞。多列射线宽2~3细胞，高5~10细胞，射线组织同形单列及多列(多数2~3列)(图8-44)。

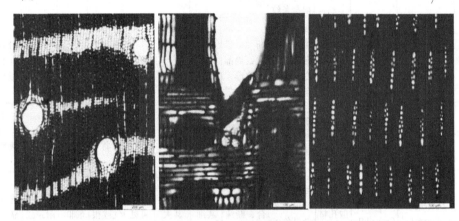

图8-44 刀状黑黄檀的显微构造

- 阔叶黄檀 *Dalbergia latifolia*

树木及分布：乔木，高可达43 m，胸径可达1.5 m。主产于印度、印度尼西亚。

宏观特征：散孔材。边材浅黄白色，与心材区别明显。心材浅金黄、黑褐、紫褐或深紫红，常有较宽但相距较远的紫黑色条纹。生长轮不明显或略明显。管孔肉眼下明显，数少至略少。轴向薄壁组织肉眼下颇明显，主为翼状、聚翼状及带状。木射线放大镜下可见。波痕放大镜下可见。新切面有酸香气；结构细；纹理交错；气干密度为(12%含水率) 0.75~1.04 g/cm³，多数为0.82~0.86 g/cm³。

显微特征：导管主为单管孔，少数径列复管孔(多为2~4个)，散生；3~17个/mm²；含树胶；最大弦向直径276 μm，平均144 μm。管间纹孔式互列，系附物纹孔；单穿孔，导管与射线间纹孔式类似管间纹孔式。轴向薄壁组织为翼状、聚翼状及带状(宽2~4细胞)，呈波浪形；分室含晶细胞普遍；叠生。木纤维壁薄至略厚，叠生。木射线6~10根/mm；叠生。单列射线甚少，高2~10细胞；多列射线宽2~3细胞，高4~17细胞(多7~10细胞)，射线组织同形单列及多列，稀异形Ⅲ型(图8-45)。

- 卢氏黑黄檀 *Dalbergia louvelii* R. Viguier

具体特征参见本章8.1.2节。

- 东非黑黄檀 *Dalbergia melanoxylon* Guill. & Perr

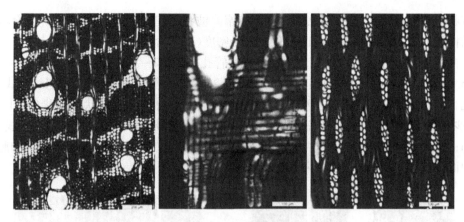

图 8-45 阔叶黄檀的显微构造

树木及分布：乔木，高 5~9 m，胸径 0.5~0.6 m。主产于坦桑尼亚、莫桑比克、肯尼亚、乌干达等非洲国家。

宏观特征：散孔材。边材黄褐色，与心材区别明显。心材黑褐至黄紫褐，常带黑色条纹。生长轮不明显。管孔肉眼下可见，数少至略少。轴向薄壁组织较少，肉眼下通常不见，主为星散聚合、翼状。木射线放大镜下可见。波痕放大镜下可见。无酸香气或很微弱；结构甚细；纹理通常直。气干密度（12% 含水率）为 1.00~1.33g/cm³。

显微特征：导管主为单管孔，少数径列复管孔（多为 2~3 个），散生；5~14 个/mm²；常含深色树胶；最大弦向直径 133 μm，平均 72 μm。管间纹孔式互列，系附物纹孔；单穿孔；导管与射线间纹孔式类似管间纹孔式。轴向薄壁组织为翼状、星散–聚合状；分室含晶细胞普遍；叠生。木纤维壁甚厚，叠生。木射线 11~17 根/mm；叠生。单列射线，高 3~14 细胞。多列射线宽 2 细胞，高 7~12 细胞。射线组织同形单列及多列（图 8-46）。

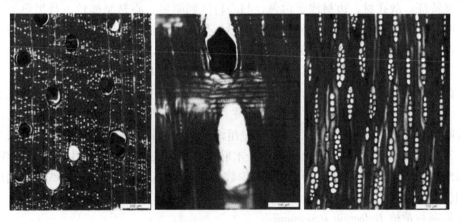

图 8-46 东非黑黄檀的显微构造

- 巴西黑黄檀 *Dalbergia nigra*

树木及分布：乔木，高可达 38 m，胸径 0.9~1.2 m。主产于巴西等热带南美洲国家。

宏观特征：散孔材。边材近白色，与心材区别明显。心材材色变异较大，褐色、红褐到紫黑色。生长轮不明显。管孔放大镜下明显，数少。轴向薄壁组织放大镜下可见，环管状及带状。木射线放大镜下可见，略密，甚窄。波痕略见。无特殊气味；新切面略具甜味；结构细，均匀；纹理直，有时波伏。气干密度(12%含水率)约 0.87g/cm³。

显微特征：导管主为单管孔，少数径列复管孔（多为 2~3 个）及管孔团，散生；2~7 个/mm²；部分含树胶及沉积物；最大弦向直径 261 μm，平均 149 μm。管间纹孔式互列；单穿孔，导管与射线间纹孔式类似管间纹孔式。轴向薄壁组织为翼状、带状（宽 1~3 细胞）、少数星散-聚合状；具分室含晶细胞；叠生。木纤维壁薄至厚，叠生。木射线 5~10 根/mm；叠生。单列射线，高 2~10 细胞，多列射线宽 2(偶 3)细胞，高 5~10 细胞。射线组织同形单列及多列或异形Ⅲ型（图 8-47）。

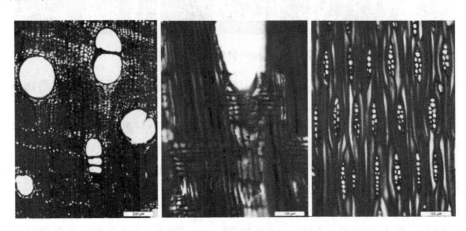

图 8-47　巴西黑黄檀的显微构造

- 亚马孙黄檀 *Dalbergia spruceana*

树木及分布：乔木，树皮灰白色。主产于南美洲亚马孙地区。

宏观特征：散孔材。边材浅黄白色，与心材区别明显。心材栗褐色，具黑色条纹。生长轮不明显。管孔肉眼下可见，放大镜下明显，数甚少。轴向薄壁组织放大镜下略见，环管状及带状。木射线放大镜下略见；略密；窄。波痕未见。无特殊气味；结构略粗，略均匀；纹理直至略交错。气干密度(12%含水率)为 0.98~1.10g/cm³。

显微特征：导管主为单管孔，少数径列复管孔（2~6 个，多为 2~3 个），散生；1~4 个/mm²；含树胶；最大弦向直径 281 μm，平均 209 μm。管间纹孔式互列；单穿孔，导管与射线间纹孔式类似管间纹孔式。轴向薄壁组织为环管束状、翼状、星散-聚合状及带状（宽 1~3 细胞）；略叠生。木纤维壁甚厚。木射线 10~16 根/mm；略叠生。单列射线略多，高 4~15（多数 6~9）细胞。多列射线宽 2（少数 3）细胞，高 5~17 细胞。射线组织同形单列及多列（图 8-48）。

- 伯利兹黄檀 *Dalbergia stevensonii*

树木及分布：乔木，高 15~30 m，胸径可达 0.9 m。主产于伯利兹等中美洲国家。

宏观特征：半环孔材。边材色浅。心材浅红褐色，具深浅相间条纹。生长轮明显。管孔放大镜下明显，数略少。轴向薄壁组织丰富；环管状、翼状、带状及轮界状。木射线放大镜下明显；略密；甚窄。波痕略明显。新切面略具香气，久则消失；结构细，略均匀；纹理直至略交错。气干密度(12%含水率)为 0.93~1.19 g/cm³。

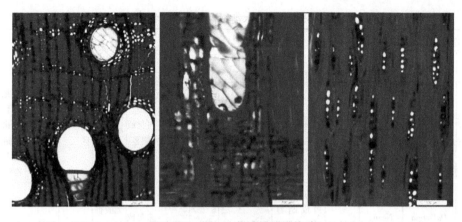

图 8-48 亚马孙黄檀的显微构造

显微特征：导管为单管孔及径列复管孔(2~6个，多为2~4个)，少数管孔团，散生；8~32个/mm²；最大弦向直径312 μm，平均82 μm。管间纹孔式互列；系附物纹孔；单穿孔，导管与射线间纹孔式类似管间纹孔式。轴向薄壁组织为疏环管状、翼状、带状(宽1~2细胞，不连续)及轮界状；分室含晶细胞量多；叠生。木纤维壁甚厚，叠生。木射线9~12根/mm；叠生。单列射线高4~11细胞。多列射线宽2(偶有3)细胞，高6~13细胞。射线组织同形单列及多列(图8-49)。

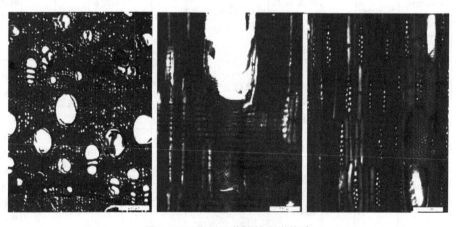

图 8-49 伯利兹黄檀的显微构造

(5)红酸枝木类

①要求 黄檀属(*Dalbergia*)树种。木材含水率12%时气干密度平均大于0.85 g/cm³。木材的心材，材色红褐至紫红。

②红酸枝木类树种及其木材特征 见表8-5。

表 8-5　红酸枝木类树种及其木材特征

树种名称			木材特征							主要产地	CITES (2017)	备注
中文名	拉丁名	商品名	生长轮类型	心材材色	轴向薄壁组织	结构	气干密度	波痕	香气			
红酸枝木（类）	*Dalbergia* spp.	红酸枝木	散孔材至半环孔材	红褐或紫红褐色	同心层式细线状或窄带状	细	绝大多数甚大	可见或明显	有酸香气或很微弱	热带地区		1. 绝大多数沉于水 2. 由于纹理交错在径切面上常形成带状花纹
巴里黄檀	*Dalbergia bariensis*	Neang noon	散孔材	新切面紫红褐或暗红褐，常带黑褐或栗褐色细条纹	细线状	细	甚大	未见或可见	无酸香气或微弱	亚洲	附录二	常沉于水
赛州黄檀	*Dalbergia cearensis*	Kingwood Violetta	散孔材	粉红褐、深紫褐或金黄，常带黑褐或黑褐色细条纹	星散和环管束状，稀短聚翼及细线状	甚细	甚大	明显	无酸香气或微弱	热带南美洲，特别是巴西	附录二	射线组织有异形Ⅲ型倾向
交趾黄檀	*Dalbergia cochinchinensis*	Siamrosewood	散孔材	新切面紫红褐或暗红褐，常带黑褐或栗褐色细条纹	同心层式细线状	细	甚大	可见	有酸香气或微弱	中南半岛	附录二	射线单列及2列3列可见
绒毛黄檀	*Dalbergia frutescens* var. *tomentosa*	Brazilian tulipwood	散孔材至半环孔材	微红、紫红，常带深红或橙红褐色深条纹	星散聚合、聚翼	细	大至甚大	可见	无酸香气或很微弱	热带南美洲，特别是巴西	附录二	射线组织有异形Ⅲ型倾向
中美洲黄檀	*Dalbergia granadillo*	Cocobolo Granadillo	散孔材	新切面暗红褐、橘红褐至深红褐，常带黑褐色条纹	细线状、星散聚合、环管束状	细	甚大	明显	新切面气味辛辣	南美洲及墨西哥	附录二	1. 特征和用途与微凹黄檀略同 2. 射线组织同形单列，2列可见
奥氏黄檀	*Dalbergia oliueri*	Burma tulipwood	散孔材	新切面柠檬红、红褐至深红褐，常带明显的黑色条纹	同心层式带状及细线状	细	甚大	可见	新切面有酸香气或微弱	中南半岛		1. 射线组织异形Ⅲ型稀见 2. 轴向薄壁组织较多
微凹黄檀	*Dalbergia retusa*	Cocobolo	散孔材	新切面暗红褐、橘红褐至深红褐，常带黑褐色条纹	细线状、星散聚合、环管束状	细	甚大	不明显	新切面气味辛辣	南美及中美洲		1. 特征和用途与中美洲黄檀略同 2. 射线单列，2列成对可见

● 巴里黄檀 *Dalbergin bariensis* Pierre

树木及分布：乔木。主产于越南、泰国、柬埔寨、缅甸和老挝。

宏观特征：散孔材。心材新切面紫红褐或暗红褐，常带黑褐或栗褐色细条纹。生长轮明显。管孔肉眼下略见，数甚少至略少。轴向薄壁组织颇明显，为带状。木射线放大镜下明显。波痕放大镜下未见或可见。酸香气无或很微弱；结构细；纹理交错。气干密度（12%含水率）为 $1.07 \sim 1.09 \mathrm{g/cm^3}$。

显微特征：导管主为单管孔，少数径列复管孔（多为 2~4 个），散生；0~12 个/mm²；常含深色树胶；最大弦向直径 296 μm，平均 88 μm。管间纹孔式互列，系附物纹孔；单穿孔，导管与射线间纹孔式类似管间纹孔式。轴向薄壁组织为翼状、带状（宽 1~3 细胞），与射线交叉大部呈网状；分室含晶细胞普遍；叠生。木纤维壁甚厚，叠生。木射线 8~12 根/mm；叠生。单列射线甚少，高 2~7 细胞。多列射线宽 2~3 细胞，高 4~10 细胞。射线组织同形单列及多列（图 8-50）。

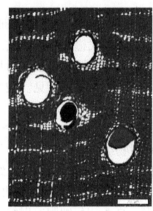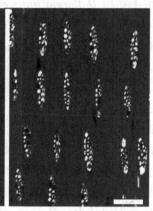

图 8-50　巴里黄檀的显微构造

● 赛州黄檀 *Dalbergia cearensis*

树木及分布：乔木。主产于巴西等热带南美洲国家。

宏观特征：散孔材。边材白色，与心材区别明显。心材材色变异大，浅红至浅红褐色，具紫褐或黑褐色细条纹。生长轮明显。管孔肉眼下略见，数略少至略多。轴向薄壁组织放大镜下明显，为环管束状、聚翼状、带状。木射线放大镜下明显。波痕放大镜下明显。酸香气无或很微弱；结构细而匀；纹理常斜。气干密度（12%含水率）约 $0.95 \mathrm{g/cm^3}$。

显微特征：导管为单管孔及径列复管孔（多为 2~4 个），散生；12~39 个/mm²；最大弦向直径 250 μm，平均 77 μm。管间纹孔式互列，系附物纹孔；单穿孔，导管与射线间纹孔式类似管间纹孔式。轴向薄壁组织为翼状、聚翼状、环管束状、断续带状（宽 1~3 细胞）及星散-聚合状；分室含晶细胞普遍；叠生。木纤维壁甚厚，叠生。木射线 8~11 根/mm；略叠生。单列射线，高 5~8 细胞。多列射线宽 2 细胞，高 5~15 细胞。射线组织同形单列及多列，有异形Ⅲ型倾向（图 8-51）。

● 交趾黄檀 *Dalbergia cochinchinensis*

具体特征参见本章 8.1.2 节。

图 8-51　赛州黄檀的显微构造

- 绒毛黄檀 *Dalbergia frulescens* var. *tomentosa*

树木及分布：乔木，树高 6~10 m，胸径 40 cm 左右。主产于巴西等热带南美洲国家。

宏观特征：散孔材或半环孔材。心材微红、紫红、常带深红褐或橙红褐色条纹。生长轮明显。管孔肉眼下略见至可见，数甚少至略少。轴向薄壁组织放大镜下明显，为星散-聚合状、聚翼状、环管束状及带状。木射线放大镜下可见。波痕放大镜下可见。酸香气无或微弱；结构细；纹理通常直。气干密度（12% 含水率）为 0.90~1.10 g/cm³。

显微特征：导管主为单管孔，少数径列复管孔（多为 2~3 个），散生；2~8 个/mm²；最大弦向直径 309 μm，平均 154 μm。管间纹孔式互列，系附物纹孔；单穿孔，导管与射线间纹孔式类似管间纹孔式。轴向薄壁组织为星散-聚合状，呈弦向带状（宽 1~2 细胞）、翼状、聚翼状；分室含晶细胞普遍；叠生。木纤维壁厚，叠生。木射线 12~15 根/mm；叠生。单列射线甚少，高 3~9 细胞。多列射线宽 2~3 细胞，高 5~15 细胞。射线组织同形单列及多列，有异形Ⅲ型倾向（图 8-52）。

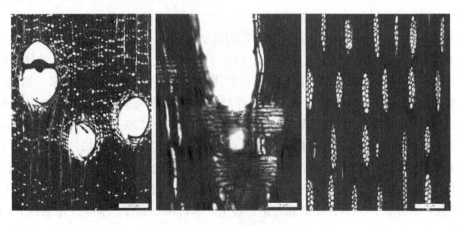

图 8-52　绒毛黄檀的显微构造

- 中美洲黄檀 *Dalbergia granadillo*

树木及分布：乔木。主产于墨西哥及南美洲国家。

宏观特征：散孔材。心材新切面暗红褐、橘红褐至深红褐，常带黑色条纹。生长轮明显。管孔肉眼下可见至明显，数甚少至少。轴向薄壁组织放大镜下明显，为环管束、星散-聚合状，呈弦向带状（多为1细胞）。木射线放大镜下明显（新切面上桔红色）。波痕不明显。新切面气味辛辣；结构细；纹理直或交错。气干密度（12%含水率）为0.98~1.22 g/cm³。

显微特征：导管主为单管孔，少数径列复管孔（多为2~3个），散生；1~5个/mm²；含树胶，最大弦向直径264 μm，平均199 μm。管间纹孔式互列，系附物纹孔；单穿孔，导管与射线间纹孔式类似管间纹孔式。轴向薄壁组织为环管束状、星散-聚合状、带状（多数宽1细胞，与木射线相交局部网状略见）；分室含晶细胞普遍；叠生。木纤维壁厚，叠生。木射线14~17根/mm；叠生。单列射线，高3~8细胞，射线组织同形单列，2列可见（图8-53）。

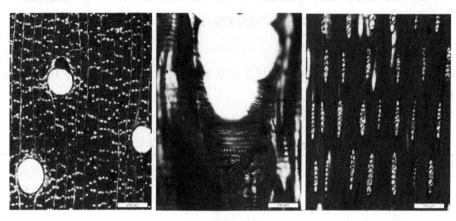

图8-53 中美洲黄檀的显微构造

- 奥氏黄檀 *Dalbergia oliveri*

树木及分布：乔木，高可达25 m，通常18~24 m；胸径可达2 m，通常0.5 m。主产于泰国、缅甸和老挝。

宏观特征：散孔材或半环孔材。边材黄白色，与心材区别明显。心材新切面柠檬红、红褐至深红褐，常带明显的黑色条纹。生长轮明显或略明显。管孔肉眼下颇明显，数甚少至略少。轴向薄壁组织数多，在肉眼下明显，为傍管带状（呈同心式）。木射线放大镜下可见。波痕放大镜下可见。新切面有酸香气或微弱；结构细；纹理通常直或交错。气干密度（12%含水率）约1.00 g/cm³。

显微特征：导管主为单管孔，少数径列复管孔（多为2~4个），散生；1~11个/mm²；常含褐黄至红褐色树胶，最大弦向直径312 μm，平均189 μm。管间纹孔式互列，系附物纹孔；单穿孔，导管与射线间纹孔式类似管间纹孔式。轴向薄壁组织为翼状及带状（宽1~8细胞，多数2~4细胞，常与射线交叉呈明显的网状）及星散-聚合状；分室含晶细胞普遍；叠生。木纤维壁厚，叠生。木射线9~12根/mm；叠生。单列射线甚少，高2~7细胞。多列射线宽2~3细胞，高4~9细胞。射线组织同形单列及多列，异形Ⅲ型稀见（图8-54）。

- 微凹黄檀 *Dalbergia retusa*

具体特征参见本章8.1.2节。

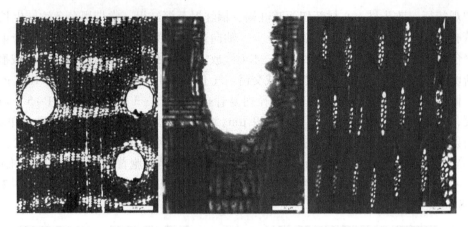

图 8-54 奥氏黄檀的显微构造

(6) 乌木类

①要求 柿属(*Diospyros*)树种。木材含水率12%时气干密度平均大于 0.90 g/cm³。木材的心材，材色乌黑。

②乌木类树种的木材构造特征 见表 8-6。

表 8-6 乌木类树种及其木材特征比较

树种名称			木材特征							主要产地	保护级别	备注
中文名	拉丁名	商品名	生长轮类型	心材材色	轴向薄壁组织	结构	气干密度	波痕	香气			
乌木（类）	*Diospyros* spp.	乌木	散孔材	全部乌黑	同心层式离管细线，疏环管数少	细	甚大	未见	无	热带地区		心材全部乌黑色
乌木	*Diospyros ebenum*	Ceylon ebony	散孔材	全部乌黑，浅色条纹稀见	同心层式离管细线	甚细	大至甚大	未见	无	斯里兰卡及印度南部	无	轴向薄壁组织较多
厚瓣乌木	*Diospyros crassiflora*	Ceylon ebony	散孔材	全部乌黑	同心层式离管细线	甚细	甚大	未见	无	热带西非	无	

● 乌木 *Diospyros ebenum*

具体特征参见本章 8.1.2 节。

● 厚瓣乌木 *Diospyros crassiflora*

树木及分布：乔木，高 15～18 m，胸径可达 0.6 m。主产于尼日利亚、喀麦隆、加蓬、赤道几内亚等中非和西非国家。

宏观特征：散孔材。边材红褐色，与心材区别明显。心材全部乌黑。生长轮不明显。管孔肉眼下略见，数少至略少。轴向薄壁组织丰富，放大镜下不可见，主为离管带状、疏环管状。木射线放大镜下不见。波痕未见。香气无；结构甚细；纹理通常直至略交错。气干密度(12% 含水率)为 0.85～1.17 g/cm³。

显微特征：导管为单管孔及径列复管孔（多为2～4个），散生；3～8 个/mm²；多数含深色树胶,最大弦向直径 102 μm,平均 54 μm。管间纹孔式互列;单穿孔,导管与射线间纹孔式类似管间纹孔式。轴向薄壁组织为带状(多数宽 1 细胞,与木射线相交,网状明显),少数疏环管状,具分室含晶细胞。木纤维壁厚。木射线 14~19 根/mm;非叠生。单列射线,高 1~30 细胞,射线组织异形单列。射线细胞多含深色树胶;直立或方形射线细胞比横卧射线细胞高(图 8-55)。

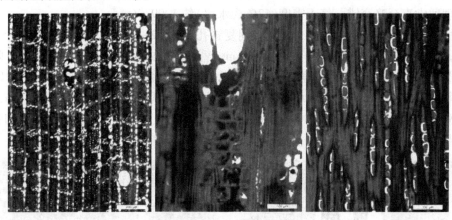

图 8-55 厚瓣乌木的显微构造

(7)条纹乌木类

①要求 柿树属(*Diospyros*)树种。木材含水率 12% 时气干密度平均大于 0.90 g/cm³。木材的心材,材色黑或栗褐,间有浅色条纹。

②条纹乌木类树种及其木材特征 见表 8-7。

表 8-7 条纹乌木类树种及其木材特征比较

树种名称			木材特征							主要产地	保护级别	备注
中文名	拉丁名	商品名	生长轮类型	心材材色	轴向薄壁组织	结构	气干密度	波痕	香气			
条纹乌木(类)	*Diospyros* spp.	条纹乌木	散孔材	黑色或栗褐色,间有浅色黑条纹	同心层式离管细线,疏环管数少	细	绝大多数甚大	未见	无	热带地区		心材乌黑色,带有条纹
苏拉威西乌木	*Diospyros celehica*	Macassar ebony	散孔材	黑或栗褐色,带深色条纹	同心层式离管细线	细	甚大	未见	无	印度尼西亚	无	
菲律宾乌木	*Diospyros philippcesis*	Kamagong ebony	散孔材	黑、乌黑或栗褐色,带黑色及栗褐色条纹	同心层式离管细线	甚细	大至甚大	未见	无	菲律宾,斯里兰卡,中国台湾	无	
毛药乌木	*Diospyros pilosanthera*	Bolong-eta	散孔材	全部乌黑	同心层式离管细线	细	大至甚大	未见	无	菲律宾	无	

● 苏拉威西乌木 *Diospyros celebica* Bakh

树木及分布：乔木，高可达 40 m，胸径可达 1.0 m。主产于印度尼西亚。

宏观特征：散孔材。边材红褐色，与心材区别明显。心材黑或栗褐色，带黑色及栗褐色条纹。生长轮不明显。管孔肉眼下明显，数略少。轴向薄壁组织丰富，颇密，放大镜下不见，主为带状、疏环管状。木射线放大镜下可见。波痕放大镜下不可见。香气无；结构细；纹理通常直至略交错。气干密度（12% 含水率）约 1.09 g/cm³。

显微特征：导管主为单管孔，少数径列复管孔（多为 2~3 个），散生；5~17 个/mm²；含树胶，最大弦向直径 179 μm，平均 118 μm。管间纹孔式互列；单穿孔，导管与射线间纹孔式类似管间纹孔式。轴向薄壁组织为带状（宽 1~2 细胞，多数 1 细胞，与木射线相交，网状较明显）；少数疏环管状；晶体未见。木纤维壁厚。木射线 13~17 根/mm；非叠生。单列射线（稀 2 列，偶 3 列），高 1~32 细胞，射线组织异形单列。部分射线细胞含深色树胶与菱形晶体（图 8-56）。

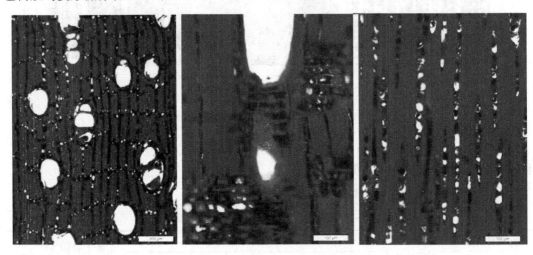

图 8-56　苏拉威西乌木的显微构造

● 菲律宾乌木 *Diospyros philippensis* Gurke

树木及分布：乔木。主产于菲律宾、斯里兰卡和我国台湾。

宏观特征：散孔材。边材浅红色褐色，与心材区别明显。心材黑、乌黑或栗褐色，带黑色及栗褐色条纹。生长轮不明显。管孔放大镜下可见，数甚少。轴向薄壁组织放大镜下不见，主为带状、疏环管状。木射线在放大镜下略见，甚窄。波痕未见。香气无；结构甚细；纹理通常直至略交错。气干密度（12% 含水率）为 0.78~1.09 g/cm³。

显微特征：导管主为单管孔，少数径列复管孔（多为 2~4 个），散生；2~8 个/mm²；含黑或黑褐色树胶，最大弦向直径 182 μm，平均 98 μm。管间纹孔式互列；单穿孔，导管与射线间纹孔式类似管间纹孔式。轴向薄壁组织为带状（多数宽 1 细胞，与木射线相交，网状较明显）。木纤维壁厚。木射线 12~15 根/mm；非叠生。单列射线（偶两列），高 3~15 细胞，射线组织异形单列，2 列稀见（图 8-57）。多数射线细胞含深色树胶与菱形晶体。

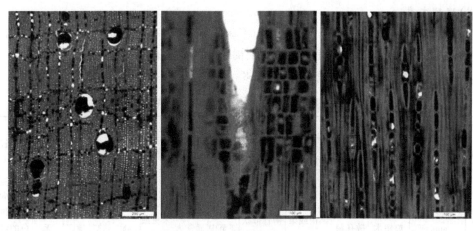

图 8-57　菲律宾乌木的显微构造

- 毛药乌木 *Diospyros pilosanthera*

树木及分布：乔木，高可达 35 m，主产于菲律宾。

宏观特征：散孔材。心材全部乌黑。生长轮不明显。管孔肉眼下略见，数少。轴向薄壁组织丰富，颇密，在放大镜下可见，主为离管带状、疏环管状。木射线放大镜下可见。波痕未见。香气无，结构细，纹理通常直至略交错。气干密度(12% 含水率)为 0.90~0.97 g/cm³。

显微特征：导管主为单管孔，少数径列复管孔(多为 2~3 个)，散生；3~4 个/mm²；含黑或黑褐色树胶，管孔弦向直径多数 132~200 μm，平均 137 μm。管间纹孔式互列；单穿孔，导管与射线间纹孔式类似管间纹孔式。轴向薄壁组织为带状(多数宽 1 细胞，与木射线相交，网状较明显)；疏环管状数少。木纤维壁厚。木射线 15~20 根/mm；非叠生。单列射线(偶两列)，高 3~17 细胞，射线组织异形单列，2 列稀见(图 8-58)。多数射线细胞含深色树胶与菱形晶体。

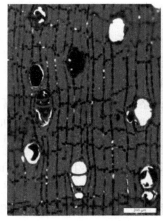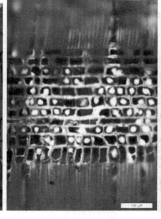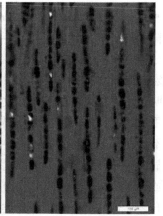

图 8-58　毛药乌木的显微构造

(8) 鸡翅木类

① 要求　崖豆属(*Millettia*)和决明属(*Cassia*)。含水率12%时气干密度平均大于0.8 g/cm³。木材的心材，材色是黑褐色或栗褐色，弦面上有鸡翅花纹。

② 鸡翅木类树种及其木材特征　见表8-8。

表8-8　鸡翅木类树种及其木材特征

树种名称		商品名	生长轮类型	木材特征						主要产地	保护级别	备注
中文名	拉丁名			心材材色	轴向薄壁组织	结构	气干密度	波痕	香气			
鸡翅木(类)	*Millettia* spp. *Cassia* sp.	鸡翅木	散孔材	黑褐或栗褐	傍管带状或聚翼状	细至中	通常大	未见或略见	无	热带地区	无	略等宽浅色的轴向薄壁组织带与深色的纤维带在弦切面上相间，形成鸡翅状花纹
非洲崖豆木	*Millettia laurentii*	Wenge	散孔材	黑褐，带黑色条纹	傍管带状或聚翼状	细至中	大	不明显	无	刚果(布)及刚果(金)	无	轴向薄壁组织带与纤维略带等宽或稍窄
白花崖豆木	*Millettia leucantha*	Thinwin	散孔材	黑褐或栗褐，带黑色条纹	傍管带状或聚翼状	细至中	甚大	略见	无	缅甸及泰国	无	轴向薄壁组织带与纤维组织带略等宽或稍窄
铁刀木	*Cassia siamea*	Siamese senna	散孔材	栗褐或黑褐色，带黑色条纹	聚翼状或傍管带状	细至中	中至甚大	未见	无	南亚及东南亚，中国云南、福建、广东、广西	无	轴向薄壁组织带状，纤维组织带窄或略等宽

● 非洲崖豆木 *Millettia laurentii*

树木及分布：乔木，高15~29 m，胸径可达1.0 m。主产于扎伊尔、喀麦隆、刚果(布)、刚果(金)、加蓬。

宏观特征：散孔材。边材浅黄色，与心材区别明显。心材黑褐，常带黑色条纹。生长轮不明显。管孔肉眼下可见，放大镜下明显，散生；数少；略大。轴向薄壁组织丰富，在肉眼下明显，主为傍管带状或聚翼状，与纤维组织带略等宽或稍窄。木射线放大镜下明显。波痕不明显。香气无；结构细至中；纹理通常直。气干密度(12%含水率)约0.80 g/cm³。

显微特征：导管主为单管孔，少数径列复管孔(多为2~3个)，散生；1~9个/mm²；含黑或黑褐色树胶，最大弦向直径336 μm，平均197 μm。管间纹孔式互列，系附物纹孔；单穿孔，导管与射线间纹孔式类似管间纹孔式。轴向薄壁组织为傍管带状(宽3~18细胞，多数10~15细胞)或聚翼状；分室含晶细胞普遍；叠生。木纤维壁厚，叠生。木射线5~8根/mm；叠生。单列射线少，高1~10细胞；多列射线宽2~5(多2~4)细胞，高7~19细胞。射线组织主为同形单列及多列(图8-59)。

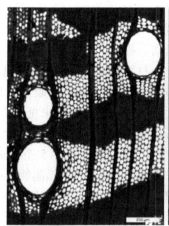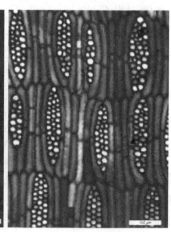

图 8-59　非洲崖豆木的显微构造

- 白花崖豆木 *Millettia leucantha*

树木及分布：乔木，高 7~8 m，胸径可达 0.6 m。主产于缅甸、泰国。

宏观特征：散孔材。边材浅黄色，与心材区别明显。心材黑褐或栗褐，常带黑色条纹。生长轮不明显。管孔肉眼下可见，数少至略少。轴向薄壁组织丰富，在肉眼下明显，主为带状或聚翼状，与纤维组织带略等宽或稍窄。木射线放大镜下明显。波痕不明显。香气无；结构细至中；纹理通常直至略交错。气干密度(12% 含水率)约 1.02 g/cm³。

显微特征：导管主为单管孔，少数径列复管孔(多为 2~4 个)，散生；2~9 个/mm²；含黑或黑褐色树胶，最大弦向直径 232 μm，平均 153 μm。管间纹孔式互列，系附物纹孔；单穿孔，导管与射线间纹孔式类似管间纹孔式。轴向薄壁组织为傍管带状(宽 2~16 细胞，多数 7~10 细胞)或聚翼状；分室含晶细胞普遍；叠生。木纤维壁厚，叠生。木射线 5~8 根/mm；叠生。单列射线甚少，高 3~13 细胞。多列射线宽 2~6(多数 2~3)细胞，高 6~16 细胞，射线组织主为同形单列及多列(图 8-60)。

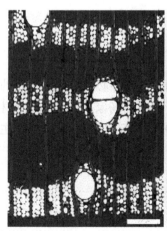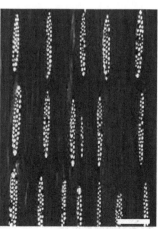

图 8-60　白花崖豆木的显微构造

● 铁刀木 *Cassia siamea*

树木及分布：乔木，高可达 20 m，胸径可达 0.4 m。主产于印度、缅甸、斯里兰卡、越南、泰国、马来西亚、印度尼西亚、菲律宾，以及我国云南、福建、广东、广西。

宏观特征：散孔材。边材浅黄白色，与心材区别明显。心材栗褐或黑褐色，常带黑色条纹。生长轮不明显。管孔肉眼下可见至明显，数少。轴向薄壁组织丰富，肉眼下明显，主为带状或聚翼状，与纤维组织带等宽或略宽。木射线放大镜下可见。波痕未见。香气无；结构细至中；纹理交错。气干密度(12% 含水率)为 0.63~1.01 g/cm^3。

显微特征：导管主为单管孔，少数径列复管孔(多为 2~4 个)，散生；2~5 个/mm^2；含黑或黑褐色树胶，最大弦向直径 275 μm，平均 183 μm。管间纹孔式互列，系附物纹孔；单穿孔，导管与射线间纹孔式类似管间纹孔式。轴向薄壁组织为聚翼状或傍管带状(宽 4~18 细胞，多数 8~10 细胞)；分室含晶细胞普遍；叠生。木纤维壁厚，叠生。木射线 5~7 根/mm；略叠生。单列射线甚少，高 1~10 细胞。多列射线宽 2~3 细胞，高 5~35 细胞。射线组织主为同形单列及多列(图 8-61)。

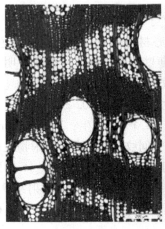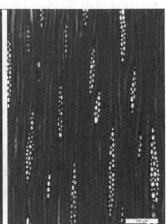

图 8-61　铁刀木的显微构造

8.2.1.3　红木分种检索表

通过宏观特征认识 8 大类红木的基础上，进一步的识别红木物种必须借助于木材的显微结构特征，分种检索表是一种有效的辅助工具。本检索表根据杨家驹等主编《木材识别——主要乔木树种》红木种的检索表和《红木》(GB/T 18107—2017)国家标准而成，主要使用了红木的显微构造，可为红木物种检索提供便利。

红木分种检索表

1. 木射线组织同形 ·· 2
1. 木射线组织异形 ··· 22
2. 木射线同形单列 ·· 3
2. 木射线同形单列及多列 ·· 9
3. 心材主为红紫或紫黑色 ·· 4

3. 心材新切面暗红褐、橘红褐至深红褐色 ·· 5
4. 木材浸出液有荧光 ·· 檀香紫檀 *Pterocarpus santalinus* L. f.
4. 木材浸出液无荧光 ·· 卢氏黑黄檀 *Dalbergia louvelii* R. Viguier
5. 散孔材，半环孔材或倾向不明显
 ············· 微凹黄檀 *Dalbergia retusa* Hemsl.，中美洲黄檀 *Dalbergia granadillo* Pittier
5. 散孔材，半环孔材或倾向明显 ·· 6
6. 导管中常含黄色沉积物 ··· 7
6. 导管中无黄色沉积物 ··· 8
7. 生长轮明显；木材较轻，气干密度 $0.53 \sim 0.94$ g/cm^3 ············· 印度紫檀 *Pterocarpus indicus* Willd.
7. 生长轮颇明显；木材较重，气干密度 $0.80 \sim 0.86$ g/cm^3 ·······································
 ·· 大果紫檀 *Pterocarpus macarocarpus* Kurz.
8. 木屑浸出液有荧光 ·· 安达曼紫檀 *Pterocarpus dalbergioides* Benth
8. 木屑浸出液未见荧光 ·· 刺猬紫檀 *Pterocarpus erinaceus* Poir.
9. 轴向薄壁组织主为翼状及/或傍管带状 ·· 10
9. 轴向薄壁组织主为细线状及/或窄带状 ·· 11
10. 木射线叠生，波痕略见
 ··· 非洲崖豆木 *Millettia laurentii* De Wild，白花崖豆木 *Millettia leucantha* Kurz (*M. pendula* Bak.)
10. 木射线叠生，波痕不见 ·· 铁刀木 *Cassia siamea* Lam.
11. 心材主为黑色 ··· 12
11. 心材主为红色 ··· 17
12. 管孔弦向平均直径 < 100 μm ·· 13
12. 管孔弦向平均直径 > 100 μm ·· 14
13. 轴向薄壁组织中未见分室含晶细胞 ··· 东非黑黄檀 *Dalbergia melanoxylon* Guill & Pert.
13. 轴向薄壁组织中具分室含晶细胞 ·· 伯利兹黄檀 *Dalbergia stevensonii* Tandl.
14. 管孔数 < 10 个/mm^2 ·· 15
14. 管孔数 > 10 个/mm^2 ·· 16
15. 木射线叠生有时不典型，单列射线较多 ·· 亚马逊黄檀 *Dalbergia spruceana* Benth.
15. 木射线叠生，单列射线较少 ·· 巴西黑黄檀 *Dalbergia nigra* Fr. Allem.
16. 轴向薄壁组织中未见分室含晶细胞；异形Ⅲ型射线组织未见 ·······························
 ·· 刀状黑黄檀 *Dalbergia cultrata* Grab.
16. 轴向薄壁组织中具分室含晶细胞；异形Ⅲ型射线组织稀见 ··· 阔叶黄檀 *Dalbergia latifolia* Roxb.
17. 新切面香气浓郁 ·· 降香黄檀 *Dalbergia odorifera* T. Chen
17. 新切面有酸香气或微弱 ··· 18
18. 散孔材，半环孔材或倾向明显 ·· 20
18. 散孔材，半环孔材或倾向不明显 ··· 19
19. 异形Ⅲ型射线组织未见或稀见；单列射线甚多 ········· 囊状紫檀 *Pterocarpus marsupium* Roxb.
19. 异形Ⅲ型射线组织倾向明显；单列射线常见 ··· 绒毛黄檀 *Dalbergia frutescens* vat. *tomentosa* Tndl.
20. 轴向薄壁组织较多 ··· 21
20. 轴向薄壁组织较少 ·· 赛州黄檀 *Dalbergia cearensis* Ducke.
21. 管孔在肉眼下颇明显，平均弦向直径 > 160 μm ············· 奥氏黄檀 *Dalbergia oliveri* Gamb.
21. 管孔在肉眼下略见，平均弦向直径 < 160 μm ················ 巴里黄檀 *Dalbergia bariensis* Pierre

22. 心材全部乌黑，浅色条纹稀见···
·················· 乌木 *Diospyros ebenum* Koenig，厚瓣乌木 *Diospyros crassiflora* Hiern
22. 心材黑或栗褐色，带黑色及栗褐色条纹··························· 苏拉威西乌木 *Diospyros celebica* Bakh，菲律宾乌木 *Diospyros philippensis* Gurke，毛药乌木 *Diospyros pilosanthera* Blanco

8.2.2 阴沉木（乌木）

(1) 名称与分布

阴沉木历经千年沉淀，材质介于木与石之间，炭化程度参差不齐，对其采用的鉴定手法也有别于正常材质的树种。对于阴沉木的认识，目前市场上存在着很多误区，比如四川称之为乌木，易与棉树科棉树属的乌木混淆不清。现代"乌木"是指国家红木标准中的一种，主产东南亚热带地区及非洲热带国家，该树种具有黑褐色及乌黑色心材，故被称为"乌木"。商家误将阴沉木作为一种树种的统称或将阴沉木制品标示为金丝楠等珍贵树种的名称。

普遍比较认同的是将阴沉木分为狭义阴沉木和广义阴沉木2种。广义阴沉木泛指深埋地底下或江河湖泊之中，历经数百年，甚至上万年，木质已经炭化或者接近炭化的木材；狭义阴沉木指古代森林中的树木，因受地质灾害侵袭而被深埋于江河湖泊、海底或冲积台地平原泥土之中，而逐渐炭化的树木统称。

阴沉木是一种不可再生的自然资源，因此对阴沉木的保护不是对阴沉木本身的禁止开发，而应是对阴沉木文化的保护和传承。阴沉木资源的开发利用，应该是规范化的适度开发。对于成片的阴沉木群落，则应作为历史遗迹，对其进行有效保护。

阴沉木主要分布于我国西南、华南、华东和华中地区；江河流域主要分布在湖南怀化沅水流域、株洲湘江流域、四川岷江流域、川滇交界金沙江流域、珠江流域、安宁河流域。

(2) 形成原因

出自江河湖泊中的阴沉木，可能是遭受地震、山体滑坡、泥石流等地质灾害的强大外力，使树木倒入河流之中，并被埋入河床下，经历激流冲刷才呈现如今的面貌。另外，由于古代由于缺乏运输工具，木材运输多采用水运的方式，其中的部分树木未按预想的水路线到达目的地，沉入水底或卡在河流峡口，历经磨石碾压、激流冲刷，从而形成阴沉木。

出自河谷冲积地的阴沉木一般冲刷痕迹明显，树皮大都已不存在。推测树木受外力而倾入水中后随着水流和泥沙逐渐向下游移动，历经泥石碾压、水流冲刷，因遇到水流速度减缓，沉积物大量堆积，而中断漂移，随着泥沙的大量堆积和地壳的不断沉降，树木就此深埋于地底，逐渐炭化成阴沉木。此外，古代墓葬中的棺椁用材也容易形成阴沉木。

综上可知，自然条件下的阴沉木成因主要是植被丰富的原始森林，突然遭遇地质运动或气象灾害，将原生大树直接掩埋至地下或江河湖泊之中，经过数百年乃至上万年，部分树木在高温高压、缺氧及微生物的作用下，渐渐炭化而形成。

(3) 木材特点

一般形成阴沉木的树种以气干密度大的、内含物（侵填体、树脂、树胶）丰富并具有特殊气味和耐腐抗虫的树种较常见，如壳斗科、樟科、木兰科中多属树种能够形成阴沉木，针叶树以柏科、杉科树种较常见。

①颜色　由于树木受到内部因素和外界环境的作用，阴沉木颜色发生巨大变化，半炭化阴沉木中炭化较轻者颜色近似现代木；炭化严重者阔叶材大都呈深黄褐色、深红褐色、灰褐色、黑褐色，针叶材大都呈灰褐色、黄褐色或者紫褐色；完全炭化者呈墨黑色。总之，炭化越严重，颜色越深。

②沉积物　阴沉木的木材细胞内含丰富的无机沉积物，横切面上大都呈黄白色或红褐色，具金星点。

③结构　阴沉木的木材组织、构造基本未变，保留树种原本的木材的解剖学特征，所以可通过解剖学的方法确定其树种。

④材表　江河湖底泥沙中的阴沉木外表呈丝丝缕缕，而沟谷坡地或冲积台地土壤中的阴沉木外表完好无损。

(4) 阴沉木的鉴定

阴沉木的鉴定方法和普通木材类似，在确定具有炭化特征后通过解剖学的方法观察其木材构造特征。以常见的大戟科(Euphorbiaceae)秋枫属(*Bischofia*)的阴沉木特征为例，切片图未经染色的可反映阴沉木的材色(图8-62)。

木材结构特征：木材材色已变，且具明显炭化；无特殊气味与滋味。散孔材。生长轮不明显；管孔略少。导管横切面圆形、卵圆形；单管孔及径列复管孔，以径列复管孔为主，2~4个径列，多数2~3个，管孔团偶见；管孔最大弦径180 μm，多数80~120 μm，管孔内含侵填体丰富。单穿孔，穿孔板水平至倾斜；管间纹孔式互列；轴向薄壁组织极少，星散分布于导管周围。木纤维内充满红色填充物，具分隔木纤维；木射线单列及多列，单列射线量少，异型单列，全由直立细胞组成，高2~13细胞及以上；多列射线宽2~5细胞，其中多数3~4细胞，高12~40细胞及以上；同一射线内出现2~3次多列部分，射线组织异Ⅱ型，少量异Ⅰ型，直立或方形细胞比横卧细胞高得多。

产地：产于陕西、江苏、安徽、浙江、江西、福建、台湾、河南、湖北、湖南、广东、海南、广西、四川、贵州、云南等地。

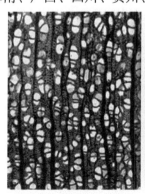  

横切面　　　　　径切面　　　　　弦切面

图8-62　秋枫阴沉木三切面

思考题

1. 简述楠木、红椿、降香黄檀的识别特征。
2. 简述檀香紫檀、交趾黄檀的识别特征。
3. 简述红木的分类原则和涵盖范围。
4. 简述阴沉木的发生条件及鉴定方法。

第 9 章

涉案木材样本的提取与送检

【难点与重点】重点是掌握木材的证据作用、木材样本的提取方法和送检要求;难点是根据鉴定目的的不同分别采集木材样本的具体要求。

涉案木材系指在走私、盗伐、滥伐、非法运输等案件中木材作为案件的主要涉案对象,或者在商品流通领域、使用过程中因木材产品质量、木材商品名称和木材虫害、腐朽、霉变、变形等引起的民事纠纷等案件中,需通过木材识别与鉴定进而由木材种类提供直接或间接证据的一类特定木材。

海关、工商、森林公安、地方公安机关在办理以木材或者木制品为涉案对象的案件过程中,须对涉案的物品进行种属鉴定,并判断其是否属于"国家重点保护植物名录""濒危野生动植物种国际贸易公约(CITES)附录"中的收录的物种。鉴定工作由司法部备案并颁发有效资质的鉴定机构完成,而样品的采集和送检多数情况下由一线的公安人员或工作人员来完成,科学地提取木材样本、规范送检过程是保证鉴定质量的重要环节,直接影响鉴定结果的科学性和有效性。

9.1 木材样本的作用与价值

依据《中华人民共和国刑法》和《中华人民共和国森林法》的相关条款,在"盗伐林木罪""滥伐林木罪""非法收购、运输明知是盗伐、滥伐的林木罪""非法收购、运输、加工出售珍贵树木或者国家重点保护的其他植物及其制品罪"中木材是犯罪的主要对象,也是重要的案件证据。木材的形态、构造和规格、尺寸主要能反映以下几方面的信息,从而为案件的定性、处罚提供重要的依据。一般可以为案件处理提供以下几方面的信息:

(1) 鉴定树种的种属

通过观察木材的宏观特征和显微结构特征，识别出该树种的分类地位，鉴定到"种"和"属"，并判断其是否属于"国家重点保护树种"或者海关监管木材，为森林公安和其他执法机关办案提供关键性的办案依据。

(2) 计算材积

树木遭到盗伐、滥伐后可通过原木或现场遗留的伐桩，计算涉案林木的立木蓄积，为案件定性、处罚或者量刑提供依据。如河南省广泛种植杂交品种"欧美杨"，当地森林公安机关每年要处理大量的欧美杨的盗伐、滥伐案件，在这些案件中涉案杨树的蓄积就是最关键的定案依据。

(3) 测算树龄

根据最高人民法院《关于审理破坏森林资源刑事案件具体应用法律若干问题的解释》，《刑法》第三百四十四条规定的"珍贵树木"，包括由省级以上林业主管部门或者其他部门确定的具有重大历史纪念意义、科学研究价值或者年代久远的古树名木，国家禁止、限制出口的珍贵树木以及列入国家重点保护野生植物名录的树木。所以，部分涉林案件中的树木在鉴定其种属确认其保护级别以外，也要测算其树龄，为案件处理提供更全面的证据。

9.2 木材样本的提取

(1) 取样工具与设备

木材的常用取样工具主要有木工锯、刨、斧、凿、刀、生长锥等。锯子主要用于伐桩、原木、锯材、人造板取样，生长锥和凿主要用于家具及工艺品取样。需要注意的是，有些名贵木材特别硬重，取样难度较大，要选择电锯等工具来进行锯切。

(2) 取样的基本原则

木材结构具各向异性的特点，如管胞、木纤维、轴向薄壁和导管等为轴向排列，木射线则为横向排列，所以不同的角度观察木材的结构是不一样的。为了解决这个问题，人为的确定了木材的三切面作为木材观察和研究的基准面，利用各切面上细胞及组织所表现出来的特征，识别木材和研究木材的性质、用途。

木材的三个标准的切面是横切面、径切面和弦切面，木材解剖结构研究的各种专业书籍和图谱对木材特征的描述都是在三切面的基础上。如针叶材（裸子植物）的横切面可观察其早晚材的过渡类型、径切面可观察交叉场纹孔类型、弦切面可观察到是否具有横向树脂道；阔叶材（被子植物）的横切面可观察管孔的分布类型，以及薄壁组织和导管的关系，径切面可观察到木射线细胞的组成，弦切面观察木射线的类型、宽度、高度等内容，都是木材识别的重要依据。进行树龄计算则需要观察横切面上的年轮结构。

所以，在木材取样的时候必须以样品具有三个典型切面为最基本的原则。

(3) 用于鉴定树种种属的木材取样

需要特别注意的是，进行木材种属鉴定过程中必须首先明确木材的产地和来源。同科同属树木的木材结构比较接近，只通过识别木材很难鉴定到种，经常需要结合产地来源才能最终确定其真正的身份。所以，树木的地理分布对鉴定木材有很重要的参考价值，如产于东北的红松(*Pinus koraiensis*)和产于西北的华山松(*Pinus armandii*)的木材很难区分；名贵木材桢楠(*Phoebe zhennan*)和闽楠(*Phoebe bournei*)的木材结构极为相近，但前者产于西南，后者产于华南、华中一带。

国产的涉案木材较容易确定产地，一般公安人员可以通过询问、侦查手段了解木材的来源和去向，也可与发案地点的侦查情况相互印证，从而明确木材的真实产地。通过邮寄或走私的木材产地一般只能以报关单提供的产地或者邮寄地点作为参考，存在一定的误差。

明确木材的产地除了帮助鉴定人员识别木材以外，还可以为确定其保护级别提供证据。如柿科(Ebenaceae)柿属(*Diospyros* spp.)的部分木材称为乌木，是红木8大类中的重要成员。根据2013年6月生效的濒危野生动植物种国际贸易公约(CITES)的规定，柿属的"马达加斯加种群"共计84种均列入附录二监管。但是柿属共有500多种，产于世界各热带地区，来自其他产地如马来西亚、菲律宾的则不属于CITES公约监管的树种。这种情况下准确的产地信息对鉴定结论中是否属于保护树种具有决定性的作用，对案件的定性和量刑具有重要的参考价值。

需要鉴定木材种属的涉案木材一般包括原木、锯材、伐桩和木材制品(家具、工艺品)，木材在不同的状态和性质下其木材样本的提取方式也存在一定的差别。具体如下：

①原木样本取样　执法部门在办理植物的相关案件时，在非法运输、出售和加工环节查获的对象多为原木，无枝叶形态特征，只能通过木材构造鉴定其种属。取样时，一般在原木的一端截取厚度为3~5cm的圆盘，要求最大限度的反映出木材的宏观构造特征，如心材、边材及髓心的颜色和形状。

心材的颜色是识别材色特殊木材的最为直观的宏观特征之一，如红豆杉科(Taxaceae)红豆杉属(*Taxus*)木材均具有橘红色或紫红色心材，而边材则为乳白色或淡黄褐色。观察到橘红色的心材结合显微镜下管胞具有典型的螺纹加厚可以很容易确定其身份；如只提取了浅色边材样本，即使显微镜下观察到螺纹加厚，也需要进一步观察其他显微构造进行综合判定。因为亲缘关系较近的白豆杉属(*Pseudotaxus*)、榧树属(*Torreya*)、穗花杉属(*Amentotaxus*)木材均为浅色并具有螺纹加厚，直接增加了司法鉴定的难度，对鉴定人员的专业知识也要求更高。

成年树木的原木均能反映出木材稳定的解剖特征，所以对取样位置没有特定要求，两端锯取木材样品均可。但是，也有些取样难度大的树种，一线工作人员为了操作方便选择直径小的位置取样，如整株树的梢头或者树枝，这部分木材的结构可能处于幼龄材阶段，解剖特征还不稳定，为木材的鉴定带来了困难。所以，原木取样要避免梢头或者直径较小的树枝。

此外，有树皮的原木在取样的时候应尽量保留树皮，因为某些树种的树皮也可以体现出特异的识别特征。如樟科的桢楠属(*Phoebe*)和润楠属(*Machilus*)的部分木材结构较为接近，单纯从木材构造上较难区分，但润楠的树皮内的石细胞较多而明显，且具有肉眼可见的白色纤毛，而桢楠属树皮内一般见不到石细胞和白色纤毛。

②锯材样品取样　锯材取样应同时体现心材和边材结构、年轮分布正常的部位，即在

心材和边材交界处为好；边、心材的颜色的差异是影响鉴定结果的一方面，还有些心材管孔具有侵填体、树胶等特征，而这些特征在边材细胞是无法体现的。年轮是体现木材细胞生长状况的一个特征，很多重要的特征体现在年轮或轮界线处，如针叶材的早晚材过渡情况、阔叶材的管孔分类分布类型等特征。

取样大小一般以适合手掌放为佳，如果样品太小也会无法反映更多的特征，在现场情况允许的情况下，尽量取稍大些的尺寸，可使鉴定人员对样本的宏观特征有更好的把握。如号称世界上最贵的木材海南黄花梨（降香黄檀）、香樟、大果紫檀等树种的管孔分布都是散孔材至半环孔材，同时可观察到两种类型的管孔分布类型，如果样品太小观察到的特征往往比较片面，难以保证结果的准确性。

同时，很多树种的年轮较宽，如花旗松、檫木等树种单个年轮宽度就在1cm左右，泡桐等树种的年轮宽度可达2cm；一般情况下，最小的材料样本尺寸为2cm×2cm×2cm，至少要保证有2~3个完整的年轮以及有相对完整的三切面。

此外，取样较小时须避开木材的节疤，节子是木材的一种生长缺陷，所有的木材都有节子的存在，但是在节子周围的木材纹理局部紊乱，细胞大小和排列方式会发生一定程度的变异，尤其是较大的节子附近的木材会应力现象，会给鉴定工作带来较大的困扰。

③伐桩取样　在森林公安办理的部分盗伐、滥伐林木案件中，涉案树木的木材部分已被销售，现场只留下伐桩作为物证。多数情况下，林木采伐现场遗留的伐桩距离地表有一定的高度，这部分木材和树干的木材结构是一致的，能作为正常的木材样品进行观察，可提取伐桩的木材作为检材。

伐桩的取样参考原木也是锯切3~5 cm厚度的圆盘，可反映较多的木材特征。有的涉案伐桩地径较大，如贵州省有些案件中的红豆杉、楠木地径可达1 m多，取完整的圆盘难度较大，可进行局部取样，应包括木材的心材、边材和树皮部分。

少数案件中，现场的伐桩也被采挖，只有较小的树根作为最后的证据，但是小树根的木材结构和树干成熟木材的结构差异较大，无法通过木材解剖学的方法确定其物种，只能通过结构、气味推断其所属的科或者属。

④家具或工艺品取样　在珍稀植物的非法出售环节，多数木材被加工为制品，如家具或其他工艺品，其木材鉴定与一般锯材或原木的木材鉴定有较大的不同。高档家具或工艺品、珍贵木制品的木材取样难度较大，采样的基本原则是尽可能减少对木制品的破坏，不要影响木制品的外观质量及其结构的完整性，一般要在工艺品的底座、家具的腿等相对隐蔽的位置取样，同时尽可能避免从其承重部位取样，并减小样品的取样规格和尺寸。

取样的位置也要充分考虑木材的三切面，样品应具有代表性，可使用生长锥或凿从家具内表面切取5mm×5mm×5mm大小的木材样品。在不能按照立方体取样的时候，应先确定木材的三切面，分别在三切面上的非可见部位用刀片切取较薄的样品，类似木屑大小。这类样品对鉴定人的技术要求较高，尽量由鉴定人员亲自取样，鉴定人员可对制品进行宏观观察后取样，可保证取样部位的准确性，避免重复取样。

⑤阴沉木样本的取样　近年来，四川、江西等地频繁发现阴沉木，阴沉木的鉴定工作也日益增加，年均10余起。阴沉木木材具有不同程度的炭化，其取样也有一定的要求。取样尽量避开阴沉木的材表，材表的木材炭化严重，质地疏松，组织变形较大，很难观察

到特征性的木材构造。一般要从材身的中间部位取样,木材结构保存较好,对于鉴定其身份具有关键性作用。目前常见的阴沉木主要为杉木、青冈、秋枫、楠木等树种。

(4) 用于测算树龄的木材样本提取

参考建设部关于印发《城市古树名木保护管理办法》的通知(建城[2000]192号)中的规定:古树名木分为一级和二级,凡树龄在300年以上,或者特别珍贵稀有,具有重要历史价值和纪念意义,重要科研价值的古树名木,为一级古树名木;其余为二级古树名木。

树龄的计算依据为树木的年轮结构。年轮是树木生长时受季节更迭的影响而产生的结构,根据亚热带、温带地区的树木中的年轮的数目,可以推测出这些地区树木的年龄。活树和伐倒木均可以测算树龄,送检的样本经人工或者年轮分析仪进行统计、计算和分析得出树木的树龄,各种计算方法均存在一定的误差。树龄鉴定对"古树名木"为涉案对象的案件定性有重要作用,一般需要鉴定树龄的主要为伐倒木和活树两种情况居多。

① 伐倒木 伐倒木可直接锯切伐桩或者原木的圆盘送检,使用年轮直接读取法获得该样本的树龄。需要注意的是原木样本提取同样要避开梢头部位,要在原木的近地位置(大头)取样,据此样本测算的结果更接近真实树龄。

② 活树 活树树龄测算用的比较多的是生长锥取样法。在被测树的胸径部位,使用生长锥钻取年轮样条,一般从东西南北4个方向分别取样(或南北2个方向),取样深度以大于被测树胸径一半的长度为准,生长锥钻入时需与树干保持垂直。获得的样品立即完好保存在样品袋中备用。取样后及时用黏土或木屑封好钻孔,减少对树木感染受害,同时测定该树的胸径尺寸并做好记录。

当树木的主干因材质坚硬或中空腐朽无法通过生长锥获得正常的样本时,可使用较大枝条的木材样本代替,一般用生长锥取样或直接锯切圆盘。通过该样本获得该树木的平均年轮宽度,然后根据现场勘查人员提供的主干胸径数据,测算树龄。因树枝的生长和主干的生长并不完全同步,所以该方法的误差较大。

(5) 用于材积计算的样本提取

用于材积计算的原木或者伐桩,一般不需要采集木材样品送检,鉴定人员赴现场直接测量。也可由办案单位的技术人员或聘请有资质的林业技术人员进行现场测量,并将三方认可的测量数据提交给鉴定单位。

① 原木检尺 根据 GB/T 4814—2013《原木材积表》和 GB/T 144—2013《原木检验》的规定,原木材积计算需要测量小头直径和材长两个参数。针叶材因木材结构均匀,小头直径量取一个数据即可;阔叶材则需要先量取小头断面中心的短径,再通过短径的中心取与之垂直的长径,最后取长短径的平均值。胸径尺因可直接读取直径而被广泛应用,在原木的小头直径测量中可直接使用。

检尺方法可依据标准规定的方法进位取舍,然后查标准中的材积表,这种操作对森林公安一线工作人员来说难度较大,一般按照实际量取的数据送检,由鉴定人员根据原始数据进行相关的计算。

需要注意的是通过原木计算的木材材积需要折算成立木蓄积,木材的立木蓄积 = 原木材积 ÷ 出材率。各地的林业主管部门或林业规划设计院会发布本省各类用材树种的出材率,计算时以此为依据。

②胸径和地径　涉案对象为活树或未加工伐倒木时，可使用胸径测围尺直接在离地面1.3m处测量胸径，根据当地的"某树种一元胸径材积表"计算蓄积。大部分盗伐、滥伐林木案件的现场只有地径，可直接量取地径，并据此计算立木蓄积。因依据地径计算蓄积（活立木材积）并没有统一的国家标准，所以一般执行发案地区的地方标准。如河南省的欧美杨盗伐、滥伐案件数量较多，其杨树的材积计算执行河南省的地方标准"欧美杨立木材积及出材率表"（DB41/T 415—2005）中的"欧美杨一元根径材积表"。该标准由河南省林业厅和河南省林业规划院提出并制定，适用于河南省欧美杨的相关材积计算。

地径的检尺方式参照原木，特别注意阔叶材应分别量取长径和短径，计算时取平均值；或者使用胸径尺直接读取直径。

9.3　木材样本的送检

木材样本属于生物检材，为了保证鉴定结果的及时、准确，对木材样本采集、提取后的存放、送检都有一定的要求。

(1) 包装及编号

因新鲜的木材含有大量水分，需使用透气的样品袋或者包装袋保存。样本数量较多时应按照采集时间、地点、编号记录并一一对应，分别存放样品袋中。同一案件中的相同树种也需要分别包装，因部分树种的心材具有颜色和气味，多个样本放在一起会互相污染。同时，也应该避免和其他具有浓烈气味或颜色的生物检材一起存放。

(2) 微量木材样本的保存

某些案件中获取的较小木材样本或用于树龄计算的"树芯"样本，应避免大力挤压并存放于样品盒中，以免折断或粉碎，导致无法进行进一步的检验和鉴定工作。

(3) 木材检尺数据

检尺数据主要是对涉案木材的原木、伐桩的检量数据，由具有资质的林业技术人员或者公安技术人员进行检尺获得。原始的检尺单据或者现场勘查笔录上应有检尺人、见证人等人的签字，以及检尺人员的工作和资质证明，以保证该数据的有效性。

近年来，随着木材市场的需求不断增加，一些珍贵树木成为了许多不法分子偷盗或者走私的主要对象，而木材鉴定在整个案件的定性方面是十分重要的环节。本节根据笔者多年来为一线森林公安机关提供司法鉴定服务的工作经验，介绍了木材样本在案件处理中的作用、价值、取样原则，并按照不同的鉴定目的对木材样本的提取或检尺方法进行了系统的总结，以期对森林公安、海关的一线技术人员提供技术支持。

思考题

1. 以鉴定种属为目的的木材样本采集要求和注意事项是什么？
2. 木材的证据作用体现在哪些方面？

参考文献

1. 成俊卿，蔡少松. 木材识别与利用[M]. 北京：中国林业出版社，1982.
2. 成俊卿. 木材学[M]. 北京：中国林业出版社，1985.
3. 成俊卿，杨家驹，刘鹏. 中国木材志[M]. 北京：中国林业出版社，1992.
4. 崔克明. 植物发育生物学[M]. 北京：北京大学出版社，2007.
5. 程士超，李丹，张求慧，等.5 种花梨木的红外光谱比较分析[J]. 北京林业大学学报，2016，38(1)：118 - 124.
6. 程放，王艳君，陆熙娴. 木材综合信息数据库查询系统的研究[J]. 木材工业，1995，9(4)：16 - 19.
7. 伏建国，刘金良，杨晓军，等. 进口黄檀属木材 DNA 提取与分子鉴定方法初步研究[J]. 浙江农林大学学报，2013，30(4)：627 - 632.
8. 伏建国，刘金良，杨晓军，等. 分子生物学技术应用于木材识别的研究进展[J]. 浙江农林大学学报，2013，30(3)：438 - 443.
9. 国家林业局. 第八次全国森林资源清查结果[J]. 林业资源管理，2014(1)：1 - 2.
10. 何天相. 华南阔叶树木材识别[M]. 北京：中国林业出版社，1985.
11. 何天相. 木材解剖学[M]. 广州：中山大学出版社，1994.
12. 胡正海. 植物解剖学[M]. 北京：高等教育出版社，2010.
13. 胡爱华，邢世岩，巩其亮. 基于 FTIR 的银杏木材鉴别研究[J]. 中国农学通报，2009，25(4)：88 - 92.
14. 胡爱华，邢世岩，巩其亮. 基于 FTIR 的针阔叶材木质素和纤维素特性[J]. 东北林业大学学报，2009，37(9)：79 - 82.
15. 江泽慧，彭镇华. 世界主要树种木材科学特性[M]. 北京：科学出版社，2001.
16. 江泽慧. 世界竹藤[M]. 沈阳：辽宁科学技术出版社，2002.
17. 姜笑梅，程业明，殷亚方. 中国裸子植物木材志[M]. 北京：科学出版社，2010.
18. 姜笑梅，殷亚方，刘波. 木材树种识别技术现状、发展与展望[J]. 木材工业，2010，24(4)：36 - 39.
19. 李正理，张新英. 植物解剖学[M]. 北京：高等教育出版社，1983.
20. 李坚. 木材科学[M]. 北京：科学出版社，2014.

21. 李改云, 黄安民, 秦特夫, 等. 马尾松木材褐腐降解的红外光谱研究[J]. 光谱学与光谱分析, 2010, 30(8): 2133-2136.
22. 李坚, 王清文, 方桂珍, 等. 木材波谱学[M]. 北京: 科学出版社, 2002, 86-121.
23. 李晓清, 龙汉利, 张炜, 等. 四川盆周山地3种珍贵阔叶用材树种木材物理力学性质研究[J]. 西部林业科学, 2013, 42(1): 20-24.
24. 刘一星, 赵广杰. 木材学[M]. 北京: 中国林业出版社, 2012.
25. 刘喜明, 于再君, 沈洁梅. 交趾黄檀与古夷苏木的FTIR分析比较研究[J]. 木工与机床, 2013(1): 29-31.
26. 刘珉. 多角度解读第八次全国森林资源清查结果[J]. 林业经济, 2014(5): 3-9, 15.
27. 渠磊, 张贵君, 孙素琴, 等. 三种木类药材的化学成分红外光谱分析与表征[J]. 国际中医中药杂志, 2016, 38(5): 428-435.
28. 申宗圻. 木材学[M]. 北京: 中国林业出版社, 1993.
29. 石江涛, 王丰, 骆嘉言. 杂交鹅掌楸应力木解剖特征及光谱分析[J]. 南京林业大学学报, 2015, 39(3): 125-129.
30. 汪秉全. 木材识别[M]. 西安: 陕西科学技术出版社, 1983.
31. 谢福惠. 木材树种识别、材性及用途[M]. 北京: 学术书刊出版社, 1990.
32. 徐有明. 木材学[M]. 北京: 中国林业出版社, 2006.
33. 徐峰. 木材鉴定图谱[M]. 北京: 化学工业出版社, 2008.
34. 徐峰, 刘红青. 木材比较鉴定图谱[M]. 北京: 化学工业出版社, 2016.
35. 徐峰, 万业靖. 木材检验基础知识[M]. 北京: 化学工业出版社, 2010.
36. 尹思慈. 木材学[M]. 北京: 中国林业出版社, 1996.
37. 腰希申, 晟铁梅, 马乃训, 等. 中国竹材结构图谱[M]. 北京: 科学出版社, 2002.
38. 杨家驹, 程放, 杨建华, 等. 木材识别: 主要乔木树种[M]. 北京: 中国建材工业出版社, 2009.
39. 杨家驹, 程放. 微机识别国产阔叶树材的研究[J]. 林业科学, 1989, 25(3): 236-242.
40. 余敏, 张浩, 周亮, 等. 降香黄檀木材DNA提取方法的研究[J]. 安徽农业大学学报, 2013, 40(4): 603-607.
41. 朱忠明. 木材识别与检验[M]. 北京: 中国林业出版社, 2016.
42. 朱佳, 汪杭军. 基于Graph Cuts的木材扫描电镜图像特征提取方法[J]. 林业科学, 2014, 50(4): 108-114.
43. 朱愿, 罗书品, 欧阳靓, 等. FTIR光谱法检测木材初期腐朽的最新研究进展[J]. 林业机械与木工设备, 2012, 40(9): 12-14, 17.
44. 张驰, 方昕, 邱皓璞, 等. 木材DNA条形码鉴定研究进展[J]. 世界林业研究, 2015, 28(1): 50-55.
45. 张蓉, 徐魁梧, 张丽沙, 等. 基于红外光谱的5种红木树种识别探讨[J]. 林业科技开发, 2014, 28(2): 95-99.
46. 周崟, 姜笑梅. 中国裸子植物材的木材解剖学及超微构造[M]. 北京: 中国林业出版社, 1994.
47. 周芳纯. 竹林培育学[M]. 北京: 中国林业出版社, 1998.
48. Fang-Da Zhang, Chang-Hua Xu, Ming-Yu Li, et al. Rapid identification of pterocarpus santalinus and Dalbergia louvelii by FTIR and 2D correlation IR spectroscopy[J]. Journal of Molecular Structure, 2014(1069): 89-95.
49. Lei Qu, Jianbo Chen, Qun Zhou, et al. Identification of authentic and adulterated Aquilariae Lignum Resinatum by Fourier transform infrared(FT-IR) spectroscopy and two-dimensional correlation analysis[J]. Journal of Molecular Structure, 2016, 1124: 216-220.

附录一

国家林业局、公安部关于森林和陆生野生动物刑事案件管辖及立案标准

(2001年5月9日)

根据《中华人民共和国刑法》《中华人民共和国刑事诉讼法》《公安机关办理刑事案件程序规定》及其他有关规定,现将森林和陆生野生动物刑事案件管辖及立案标准规定如下:

一、森林公安机关管辖在其辖区内发生的刑法规定的下列森林和陆生野生动物刑事案件

(一)盗伐林木案件(第三百四十五条第一款);

(二)滥伐林木案件(第三百四十五条第二款);

(三)非法收购盗伐、滥伐的林木案件(第三百四十五条第三款);

(四)非法采伐、毁坏珍贵树木案件(第三百四十四条);

(五)走私珍稀植物、珍稀植物制品案件(第一百五十一条第三款);

(六)放火案件中,故意放火烧毁森林或者其他林木的案件(第一百一十四条、第一百一十五条第一款);

(七)失火案件中,过失烧毁森林或者其他林木的案件(第一百一十五条第二款);

(八)聚众哄抢案件中,哄抢林木的案件(第二百六十八条);

(九)破坏生产经营案件中,故意毁坏用于造林、育林、护林和木材生产的机械设备或者以其他方法破坏林业生产经营的案件(第二百七十六条);

(十)非法猎捕、杀害珍贵、濒危陆生野生动物案件(第三百四十一条第一款);

(十一)非法收购、运输、出售珍贵、濒危陆生野生动物、珍贵、濒危陆生野生动物制品案件(第三百四十一条第一款);

(十二)非法狩猎案件(第三百四十一条第二款);

(十三)走私珍贵陆生野生动物、珍贵陆生野生动物制品案件(第一百五十一条第二款);

(十四)非法经营案件中,买卖《允许进口证明书》《允许出口证明书》《允许再出口证明书》、进出口原产地证明及国家机关批准的其他关于林业和陆生野生动物的经营许可证明文件的案件(第二百二十五条第二项);

(十五)伪造、变造、买卖国家机关公文、证件案件中,伪造、变造、买卖林木和陆生野生动物允许进出口证明书、进出口原产地证明、狩猎证、特许猎捕证、驯养繁殖许可证、林木采伐许可证、木材运输证明、森林、林木、林地权属证书、征用或者占用林地审核同意书、育林基金等缴费收据以及由国家机关批准的其他关于林业和陆生野生动物公文、证件的案件(第二百八十条第一、二款);

(十六)盗窃案件中,盗窃国家、集体、他人所有并已经伐倒的树木、偷砍他人房前屋后、自留地种植的零星树木、以谋取经济利益为目的非法实施采种、采脂、挖笋、掘根、剥树皮等以及盗窃国家重点保护陆生野生动物或其制品的案件(第二百六十四条);

(十七)抢劫案件中,抢劫国家重点保护陆生野生动物或其制品的案件(第二百六十三条);

(十八)抢夺案件中,抢夺国家重点保护陆生野生动物或其制品的案件(第二百六十七条);

(十九)窝藏、转移、收购、销售赃物案件中,涉及被盗伐滥伐的木材、国家重点保护陆生野生动物或其制品的案件(第三百一十二条);

未建立森林公安机关的地方，上述案件由地方公安机关负责查处。

二、森林和陆生野生动物刑事案件的立案标准

（一）盗伐林木案

盗伐森林或者其他林木，立案起点为 2 立方米至 5 立方米或者幼树 100 至 200 株；盗伐林木 20 立方米至 50 立方米或者幼树 1000 株至 2000 株，为重大案件立案起点；盗伐林木 100 立方米至 200 立方米或者幼树 5000 株至 10000 株，为特别重大案件立案起点。

（二）滥伐林木案

滥伐森林或者其他林木，立案起点为 10 立方米至 20 立方米或者幼树 500 至 1000 株；滥伐林木 50 立方米以上或者幼树 2500 株以上，为重大案件；滥伐林木 100 立方米以上或者幼树 5000 株以上，为特别重大案件。

（三）非法收购盗伐、滥伐的林木案

以牟利为目的，在林区非法收购明知是盗伐、滥伐的林木在 20 立方米或者幼树 1000 株以上的，以及非法收购盗伐、滥伐的珍贵树木 2 立方米以上或者 5 株以上的应当立案；非法收购林木 100 立方米或者幼树 5000 株以上的，以及非法收购盗伐、滥伐的珍贵树木 5 立方米以上或者 10 株以上的为重大案件；非法收购林木 200 立方米或者幼树 1000 株以上的，以及非法收购盗伐、滥伐的珍贵树木 10 立方米以上或者 20 株以上的为特别重大案件。

（四）非法采伐、毁坏珍贵树木案

非法采伐、毁坏珍贵树木的应当立案；采伐珍贵树木 2 株、2 立方米以上或者毁坏珍贵树木致死 3 株以上的，为重大案件；采伐珍贵树木 10 株、10 立方米以上或者毁坏珍贵树木致死 15 株以上的，为特别重大案件。

（五）走私珍稀植物、珍稀植物制品案

走私国家禁止进出口的珍稀植物、珍稀植物制品的应当立案；走私珍稀植物 2 株以上、珍稀植物制品价值在 2 万元以上的，为重大案件；走私珍稀植物 10 株以上、珍稀植物制品价值在 10 万元以上的，为特别重大案件。

（六）放火案

凡故意放火造成森林或者其他林木火灾的都应当立案；过火有林地面积 2 公顷以上为重大案件；过火有林地面积 10 公顷以上，或者致人重伤、死亡的，为特别重大案件。

（七）失火案

失火造成森林火灾，过火有林地面积 2 公顷以上，或者致人重伤、死亡的应当立案；过火有林地面积为 10 公顷以上，或者致人死亡、重伤 5 人以上的为重大案件；过火有林地面积为 50 公顷以上，或者死亡 2 人以上的，为特别重大案件。

（八）非法猎捕、杀害国家重点保护珍贵、濒危陆生野生动物案

凡非法猎捕、杀害国家重点保护的珍贵、濒危陆生野生动物的应当立案，重大案件、特别重大案件的立案标准详见附表。

（九）非法收购、运输、出售珍贵、濒危陆生野生动物制点案

非法收购、运输、出售国家重点保护的珍贵、濒危陆生野生动物的应当立案，重大案件、特别重大案件的立案标准见附表。

非法收购、运输、出售国家重点保护的珍贵、濒危陆生野生动物制品的，应当立案；制品价值在 10 万元以上或者非法获利 5 万元以上的，为重大案件；制品价值在 20 万元以上或非法获利 10 万元以上的，为特别重大案件。

（十）非法狩猎案

违反狩猎法规，在禁猎区、禁猎期或者使用禁用的工具、方法狩猎，具有下列情形之一的，应予

立案：
1. 非法狩猎陆生野生动物 20 只以上的；
2. 在禁猎区或者禁猎期使用禁用的工具、方法狩猎的；
3. 具有其他严重破坏野生动物资源情节的。

违反狩猎法规，在禁猎区、禁猎期或者使用禁用的工具、方法狩猎，非法狩猎陆生野生动物 50 只以上的，为重大案件；非法狩猎陆生野生动物 100 只以上或者具有其他恶劣情节的，为特别重大案件。

(十一)走私珍贵动物、珍贵动物制品案

走私国家重点保护和《濒危野生动植物种国际贸易公约》附录一、附录二的陆生野生动物及其制品的应当立案；走私国家重点保护的陆生野生动物重大案件和特别重大案件按附表的标准执行。

走私国家重点保护和《濒危野生动植物种国际贸易公约》附录一、附录二的陆生野生动物制品价值 10 万元以上的，应当立为重大案件；走私国家重点保护和《濒危野生动植物种国际贸易公约》附录一、附录二的陆生野生动物制品价值 20 万元以上的，应当立为特别重大案件。

(十二)盗窃、抢夺、抢劫案、窝藏、转移、收购、销售赃物案、破坏生产经营案、聚众哄抢案、非法经营案、伪造变造买卖国家机关公文、证件案，执行相应的立案标准。

三、其他规定

(一)林区与非林区的划分，执行各省、自治区、直辖市人民政府的规定。

(二)林木的数量，以立木蓄积计算。

(三)对于一年内多次盗伐、滥伐少量林木未经处罚的，累计其盗伐林木、滥伐林木的数量。

(四)被盗伐、滥伐林木的价值，有国家规定价格的，按国家规定价格计算；没有国家规定价格的，按主管部门规定的价格计算；没有国家或者主管部门规定价格的，按市场价格计算；进入流通领域的，按实际销售价格计算；实际销售价格低于国家或者主管部门规定价格的，按国家或者主管部门规定的价格计算；实际销售价格低于市场价格，又没有国家或者主管部门规定价格的，按市场价格计算，不能按低价销赃的价格计算。

(五)非法猎捕、杀害、收购、运输、出售、走私《濒危野生动植物种国际贸易公约》附录一、附录二所列陆生野生动物的，其立案标准参照附表中同属或者同科的国家一、二级保护野生动物的立案标准执行。

(六)珍贵、濒危陆生野生动物制品的价值，依照国家野生动物行政主管部门的规定核定；核定价值低于实际交易价格的，以实际交易价格认定。

(七)单位作案的，执行本规定的立案标准。

(八)本规定中所指的"以上"，均包括本数在内。

(九)各省、自治区、直辖市公安厅、局和林业主管部门可根据本地的实际情况，在本规定的幅度内确定本地区盗伐林木案、滥伐林木案和非法狩猎案的立案起点及重大、特别重大案件的起点。

(十)盗伐、滥伐竹林或者其他竹子的立案标准，由各省、自治区、直辖市公安厅、局和林业主管部门根据竹子的经济价值参照盗伐、滥伐林木案的立案标准确定。

(十一)本规定自发布之日起执行。1986 年 8 月 20 日发布的《林业部、公安部关于森林案件管辖范围及森林刑事案件立案标准的暂行规定》和 1994 年 5 月 25 日发布的《林业部、公安部关于陆生野生动物刑事案件的管辖及其立案标准的规定》同时废止。

附录二

中华人民共和国野生植物保护条例

《中华人民共和国野生植物保护条例》第 204 号现发布《中华人民共和国野生植物保护条例》自 1997 年 1 月 1 日起施行。

第一章 总 则

第一条 为了保护、发展和合理利用野生植物资源，保护生物多样性，维护生态平衡，制定本条例。

第二条 在中华人民共和国境内从事野生植物的保护、发展和利用活动，必须遵守本条例。

本条例所保护的野生植物，是指原生地天然生长的珍贵植物和原生地天然生长并具有重要经济、科学研究、文化价值的濒危、稀有植物。药用野生植物和城市园林、自然保护区、风景名胜区内的野生植物的保护，同时适用有关法律、行政法规。

第三条 国家对野生植物资源实行加强保护、积极发展、合理利用的方针。

第四条 国家保护依法开发利用和经营管理野生植物资源的单位和个人的合法权益。

第五条 国家鼓励和支持野生植物科学研究、野生植物的就地保护和迁地保护。在野生植物资源保护、科学研究、培育利用和宣传教育方面成绩显著的单位和个人，由人民政府给予奖励。

第六条 县级以上各级人民政府有关主管部门应当开展保护野生植物的宣传教育，普及野生植物知识，提高公民保护野生植物的意识。

第七条 任何单位和个人都有保护野生植物资源的义务，对侵占或者破坏野生植物及其生长环境的行为有权检举和控告。

第八条 国务院林业行政主管部门主管全国林区内野生植物和林区外珍贵野生树木的监督管理工作。国务院农业行政主管部门主管全国其他野生植物的监督管理工作。

国务院建设行政部门负责城市园林、风景名胜区内野生植物的监督管理工作。国务院环境保护部门负责对全国野生植物环境保护工作的协调和监督。国务院其他有关部门依照职责分工负责有关的野生植物保护工作。县级以上地方人民政府负责野生植物管理工作的部门及其职责，由省、自治区、直辖市人民政府根据当地具体情况规定。

第二章 野生植物保护

第九条 国家保护野生植物及其生长环境。禁止任何单位和个人非法采集野生植物或者破坏其生长环境。

第十条 野生植物分为国家重点保护野生植物和地方重点保护野生植物。

国家重点保护野生植物分为国家一级保护野生植物和国家二级保护野生植物。国家重点保护野生植物名录，由国务院林业行政主管部门、农业行政主管部门（以下简称国务院野生植物行政主管部门）商国务院环境保护、建设等有关部门制定，报国务院批准公布。

地方重点保护野生植物，是指国家重点保护野生植物以外，由省、自治区、直辖市保护的野生植物。地方重点保护野生植物名录，由省、自治区、直辖市人民政府制定并公布，报国务院备案。

第十一条 在国家重点保护野生植物物种和地方重点保护野生植物物种的天然集中分布区域，应当依照有关法律、行政法规的规定，建立自然保护区；在其他区域，县级以上地方人民政府野生植物行政主管部门和其他有关部门可以根据实际情况建立国家重点保护野生植物和地方重点保护野生植物的保护点或者设立保护标志。禁止破坏国家重点保护野生植物和地方重点保护野生植物的保护点的保护设施和保护标志。

第十二条 野生植物行政主管部门及其他有关部门应当监视、监测环境对国家重点保护野生植物生长和地方重点保护野生植物生长的影响，并采取措施，维护和改善国家重点保护野生植物和地方重点保护野生植物的生长条件。由于环境影响对国家重点保护野生植物和地方重点保护野生植物的生长造成危害时，野生植物行政主管部门应当会同其他有关部门调查并依法处理。

第十三条 建设项目对国家重点保护野生植物和地方重点保护野生植物的生长环境产生不利影响的，建设单位提交的环境影响报告书中必须对此作出评价；环境保护部门在审批环境影响报告书时，应当征求野生植物行政主管部门的意见。

第十四条 野生植物行政主管部门和有关单位对生长受到威胁的国家重点保护野生植物和地方重点保护野生植物应当采取拯救措施，保护或者恢复其生长环境，必要时应当建立繁育基地、种质资源库或者采取迁地保护措施。

第三章 野生植物管理

第十五条 野生植物行政主管部门应当定期组织国家重点保护野生植物和地方重点保护野生植物资源调查，建立资源档案。

第十六条 禁止采集国家一级保护野生植物。因科学研究、人工培育、文化交流等特殊需要，采集国家一级保护野生植物的，必须经采集地的省、自治区、直辖市人民政府野生植物行政主管部门签署意见后，向国务院野生植物行政主管部门或者其授权的机构申请采集证。采集国家二级保护野生植物的，必须经采集地的县级人民政府野生植物行政主管部门签署意见后，向省、自治区、直辖市人民政府野生植物行政主管部门或者其授权的机构申请采集证。采集城市园林或者风景名胜区内的国家一级或者二级保护野生植物的，须先征得城市园林或者风景名胜区管理机构同意，分别依照前两款的规定申请采集证。采集珍贵野生树木或者林区内、草原上的野生植物的，依照森林法、草原法的规定办理。野生植物行政主管部门发放采集证后，应当抄送环境保护部门备案。采集证的格式由国务院野生植物行政主管部门制定。

第十七条 采集国家重点保护野生植物的单位和个人，必须按照采集证规定的种类、数量、地点、期限和方法进行采集。县级人民政府野生植物行政主管部门对在本行政区域内采集国家重点保护野生植物的活动，应当进行监督检查，并及时报告批准采集的野生植物行政主管部门或者其授权的机构。

第十八条 禁止出售、收购国家一级保护野生植物。出售、收购国家二级保护野生植物的，必须经省、自治区、直辖市人民政府野生植物行政主管部门或者其授权的机构批准。

第十九条 野生植物行政主管部门应当对经营利用国家二级保护野生植物的活动进行监督检查。

第二十条 出口国家重点保护野生植物或者进出口中国参加的国际公约所限制进出口的野生植物的，必须经进出口者所在地的省、自治区、直辖市人民政府野生植物行政主管部门审核，报国务院野生植物行政主管部门批准，并取得国家濒危物种进出口管理机构核发的允许进出口证明书或者标签。海关凭允许进出口证明书或者标签查验放行。国务院野生植物行政主管部门应当将有关野生植物进出口的资料抄送国务院环境保护部门。禁止出口未定名的或者新发现并有重要价值的野生植物。

第二十一条 外国人不得在中国境内采集或者收购国家重点保护野生植物。外国人在中国境内对国家重点保护野生植物进行野外考察的，必须向国家重点保护野生植物所在地的省、自治区、直辖市人民政府野生植物行政主管部门提出申请，经其审核后，报国务院野生植物行政主管部门或者其授权的机构批准；直接向国务院野生植物行政主管部门提出申请的，国务院野生植物行政主管部门在批准前，应当征求有关省、自治区、直辖市人民政府野生植物行政主管部门的意见。

第二十二条 地方重点保护野生植物的管理办法，由省、自治区、直辖市人民政府制定。

第四章 法律责任

第二十三条 未取得采集证或者未按照采集证的规定采集国家重点保护野生植物的，由野生植物行政主管部门没收所采集的野生植物和违法所得，可以并处违法所得 10 倍以下的罚款；有采集证的，并可以吊销采集证。

第二十四条 违反本条例规定，出售、收购国家重点保护野生植物的，由工商行政管理部门或者野生植物行政主管部门按照职责分工没收野生植物和违法所得，可以并处违法所得 10 倍以下的罚款。

第二十五条 非法进出口野生植物的，由海关依照海关法的规定处罚。

第二十六条 伪造、倒卖、转让采集证、允许进出口证明书或者有关批准文件、标签的，由野生植物行政主管部门或者工商行政管理部门按照职责分工收缴，没收违法所得，可以并处 5 万元以下的罚款。

第二十七条 外国人在中国境内采集、收购国家重点保护野生植物，或者未经批准对国家重点保护野生植物进行野外考察的，由野生植物行政主管部门没收所采集、收购的野生植物和考察资料，可以并处 5 万元以下的罚款。

第二十八条 违反本条例规定，构成犯罪的，依法追究刑事责任。

第二十九条 野生植物行政主管部门的工作人员滥用职权、玩忽职守、徇私舞弊，构成犯罪的，依法追究刑事责任；尚不构成犯罪的，依法给予行政处分。

第三十条 依照本条例规定没收的实物，由作出没收决定的机关按照国家有关规定处理。

第五章 附 则

第三十一条 中华人民共和国缔结或者参加的与保护野生植物有关的国际条约与本条例有不同规定的，适用国际条约的规定；但是，中华人民共和国声明保留的条款除外。

第三十二条 本条例自 1997 年 1 月 1 日起施行。

附录三

国家重点保护野生植物名录（第一批）

1999年8月4日由国务院批准并由国家林业局和农业部发布，1999年9月9日起施行。2001年8月4日，农业部、国家林业局发布第53号令，将念珠藻科的发菜保护级别由二级调整为一级。

中文名	学　名	保护级别	
		Ⅰ级	Ⅱ级
蕨类植物　Pteridophytes			
观音座莲科	Angiopteridaceae		
法斗观音座莲	*Angiopteris sparsisora*		Ⅱ
二回原始观音座莲	*Archangiopteris bipinnata*		Ⅱ
亨利原始观音座莲	*Archangiopteris henryi*		Ⅱ
铁角蕨科	Aspleniaceae		
对开蕨	*Phyllitis japonica*		Ⅱ
蹄盖蕨科	Athyriaceae		
光叶蕨	*Cystoathyrium chinense*	Ⅰ	
乌毛蕨科	Blechnaceae		
苏铁蕨	*Brainea insignis*		Ⅱ
天星蕨科	Christenseniaceae		
天星蕨	*Christensenia assamica*		Ⅱ
桫椤科（所有种）	*Cyatheaceae* spp.		Ⅱ
蚌壳蕨科（所有种）	*Dicksoniaceae* spp.		Ⅱ
鳞毛蕨科	Dryopteridaceae		
单叶贯众	*Cyrtomium hemionitis*		Ⅱ
玉龙蕨	*Sorolepidium glaciale*	Ⅰ	
七指蕨科	Helminthostachyaceae		
七指蕨	*Helminthostachys zeylanica*		Ⅱ
水韭科	Isoetaceae		
水韭属（所有种）	*Isoetes* spp.	Ⅰ	
水蕨科	Parkeriaceae		
水蕨属（所有种）	*Ceratopteris* spp.		Ⅱ
鹿角蕨科	Platyceriaceae		
鹿角蕨	*Platycerium wallichii*		Ⅱ
水龙骨科	Polypodiaceae		

(续)

中文名	学 名	保护级别	
		Ⅰ级	Ⅱ级
扇蕨	*Neocheiropteris palmatopedata*		Ⅱ
中国蕨科	Sinopteridaceae		
中国蕨	*Sinopteris grevilleoides*		Ⅱ
裸子植物　Gymnospermae			
三尖杉科	Cephalotaxaceae		
贡山三尖杉	*Cephalotaxus lanceolata*		Ⅱ
篦子三尖杉	*Cephalotaxus oliveri*		Ⅱ
柏科	Cupressaceae		
翠柏	*Calocedrus macrolepis*		Ⅱ
红桧	*Chamaecyparis formosensis*		Ⅱ
岷江柏木	*Cupressus chengiana*		Ⅱ
巨柏	*Cupressus gigantea*	Ⅰ	
福建柏	*Fokienia hodginsii*		Ⅱ
朝鲜崖柏	*Thuja koraiensis*		Ⅱ
苏铁科	Cycadaceae		
苏铁属（所有种）	*Cycas* spp.	Ⅰ	
银杏科	Ginkgoaceae		
银杏	*Ginkgo biloba*	Ⅰ	
松科	Pinaceae		
百山祖冷杉	*Abies beshanzuensis*	Ⅰ	
秦岭冷杉	*Abies chensiensis*		Ⅱ
梵净山冷杉	*Abies fanjingshanensis*	Ⅰ	
元宝山冷杉	*Abies yuanbaoshanensis*	Ⅰ	
资源冷杉（大院冷杉）	*Abies ziyuanensis*	Ⅰ	
银杉	*Cathaya argyrophylla*	Ⅰ	
台湾油杉	*Keteleeria davidiana* var. *formosana*		Ⅱ
海南油杉	*Keteleeria hainanensis*		Ⅱ
柔毛油杉	*Keteleeria pubescens*		Ⅱ
太白红杉	*Larix chinensis*		Ⅱ
四川红杉	*Larix mastersiana*		Ⅱ
油麦吊云杉	*Picea brachytyla* var. *complanata*		Ⅱ
大果青扦	*Picea neoveitchii*		Ⅱ
兴凯赤松	*Pinus densiflora* var. *ussuriensis*		Ⅱ
大别山五针松	*Pinus fenzeliana* var. *dabeshanensis*		Ⅱ

(续)

中文名	学　名	保护级别	
		Ⅰ级	Ⅱ级
红松	*Pinus koraiensis*		Ⅱ
华南五针松(广东松)	*Pinus kwangtungensis*		Ⅱ
巧家五针松	*Pinus squamata*	Ⅰ	
长白松	*Pinus sylvestris* var. *sylvestriformis*	Ⅰ	
毛枝五针松	*Pinus wangii*		Ⅱ
金钱松	*Pseudolarix amabilis*		Ⅱ
黄杉属(所有种)	*Pseudotsuga* spp.		Ⅱ
红豆杉科	Taxaceae		
台湾穗花杉	*Amentotaxus formosana*	Ⅰ	
云南穗花杉	*Amentotaxus yunnanensis*	Ⅰ	
白豆杉	*Pseudotaxus chienii*		Ⅱ
红豆杉属(所有种)	*Taxus* spp.	Ⅰ	
榧属(所有种)	*Torreya* spp.		Ⅱ
杉科	Taxodiaceae		
水松	*Glyptostrobus pensilis*	Ⅰ	
水杉	*Metasequoia glyptostroboides*	Ⅰ	
台湾杉(秃杉)	*Taiwania cryptomerioides*		Ⅱ
被子植物　Angiospermae			
芒苞草科	Acanthochlamydaceae		
芒苞草	*Acanthochlamys bracteata*		Ⅱ
槭树科	Aceraceae		
梓叶槭	*Acer catalpifolium*		Ⅱ
羊角槭	*Acer yangjuechi*		Ⅱ
云南金钱槭	*Dipteronia dyerana*		Ⅱ
泽泻科	Alismataceae		
长喙毛茛泽泻	*Ranalisma rostratum*	Ⅰ	
浮叶慈菇	*Sagittaria natans*		Ⅱ
夹竹桃科	Apocynaceae		
富宁藤	*Parepigynum funingense*		Ⅱ
蛇根木	*Rauvolfia serpentina*		Ⅱ
萝摩科	Asclepiadaceae		
驼峰藤	*Merrillanthus hainanensis*		Ⅱ
桦木科	Betulaceae		
盐桦	*Betula halophila*		Ⅱ

(续)

中文名	学　名	保护级别	
		Ⅰ级	Ⅱ级
金平桦	*Betula jinpingensis*		Ⅱ
普陀鹅耳枥	*Carpinus putoensis*	Ⅰ	
天台鹅耳枥	*Carpinus tientaiensis*		Ⅱ
天目铁木	*Ostrya rehderiana*	Ⅰ	
伯乐树科	Bretschneideraceae		
伯乐树(钟萼木)	*Bretschneidera sinensis*	Ⅰ	
花蔺科	Butomaceae		
拟花蔺	*Butomopsis latifolia*		Ⅱ
忍冬科	Caprifoliaceae		
七子花	*Heptacodium miconioides*		Ⅱ
十齿花	*Dipentodon sinicus*		Ⅱ
永瓣藤	*Monimopetalum chinense*		Ⅱ
连香树科	Cercidiphyllaceae		
连香树	*Cercidiphyllum japonicum*		Ⅱ
使君子科	Combretaceae		
萼翅藤	*Calycopteris floribunda*	Ⅰ	
千果榄仁	*Terminalia myriocarpa*		Ⅱ
菊科	Compositae		
画笔菊	*Ajaniopsis penicilliformis*		Ⅱ
革苞菊	*Tugarinovia mongolica*	Ⅰ	
四数木科	Datiscaceae		
四数木	*Tetrameles nudiflora*		Ⅱ
龙脑香科	Dipterocarpaceae		
东京龙脑香	*Dipterocarpus retusus*	Ⅰ	
狭叶坡垒	*Hopea chinensis*	Ⅰ	
无翼坡垒(铁凌)	*Hopea exalata*		Ⅱ
坡垒	*Hopea hainanensis*	Ⅰ	
多毛坡垒	*Hopea mollissima*	Ⅰ	
望天树	*Parashorea chinensis*	Ⅰ	
广西青梅	*Vatica guangxiensis*		Ⅱ
青皮(青梅)	*Vatica mangachapoi*		Ⅱ
茅膏菜科	Droseraceae		
貉藻	*Aldrovanda vesiculosa*	Ⅰ	
胡颓子科	Elaeagnaceae		

(续)

中文名	学　名	保护级别	
		Ⅰ级	Ⅱ级
翅果油树	*Elaeagnus mollis*		Ⅱ
大戟科	Euphorbiaceae		
东京桐	*Deutzianthus tonkinensis*		Ⅱ
壳斗科	Fagaceae		
华南锥	*Castanopsis concinna*		Ⅱ
台湾水青冈	*Fagus hayatae*		Ⅱ
三棱栎	*Formanodendron doichangensis*		Ⅱ
瓣鳞花科	Frankeniaceae		
瓣鳞花	*Frankenia pulverulenta*		Ⅱ
龙胆科	Gentianaceae		
辐花	*Lomatogoniopsis alpina*		Ⅱ
苦苣苔科	Gesneriaceae		
瑶山苣苔	*Dayaoshania cotinifolia*	Ⅰ	
单座苣苔	*Metabriggsia ovalifolia*	Ⅰ	
秦岭石蝴蝶	*Petrocosmea qinlingensis*		Ⅱ
报春苣苔	*Primulina tabacum*	Ⅰ	
辐花苣苔	*Thamnocharis esquirolii*	Ⅰ	
禾本科	Gramineae		
酸竹	*Acidosasa chinensis*		Ⅱ
沙芦草	*Agropyron mongolicum*		Ⅱ
异颖草	*Anisachne gracilis*		Ⅱ
短芒披碱草	*Elymus breviaristatus*		Ⅱ
无芒披碱草	*Elymus submuticus*		Ⅱ
毛披碱草	*Elymus villifer*		Ⅱ
内蒙古大麦	*Hordeum innermongolicum*		Ⅱ
药用野生稻	*Oryza officinalis*		Ⅱ
普通野生稻	*Oryza rufipogon*		Ⅱ
四川狼尾草	*Pennisetum sichuanense*		Ⅱ
华山新麦草	*Psathyrostachys huashanica*	Ⅰ	
三蕊草	*Sinochasea trigyna*		Ⅱ
拟高粱	*Sorghum propinquum*		Ⅱ
箭叶大油芒	*Spodiopogon sagittifolius*		Ⅱ
中华结缕草	*Zoysia sinica*		Ⅱ
小二仙草科	Haloragidaceae		

(续)

中文名	学　名	保护级别	
		Ⅰ级	Ⅱ级
乌苏里狐尾藻	*Myriophyllum ussuriense*		Ⅱ
金缕梅科	Hamamelidaceae		
山铜材	*Chunia bucklandioides*		Ⅱ
长柄双花木	*Disanthus cercidifolius* var. *longipes*		Ⅱ
半枫荷	*Semiliquidambar cathayensis*		Ⅱ
银缕梅	*Shaniodendron subaequalum*	Ⅰ	
四药门花	*Tetrathyrium subcordatum*		Ⅱ
水鳖科	Hydrocharitaceae		
水菜花	*Ottelia cordata*		Ⅱ
唇形科	Labiatae		
子宫草	*Skapanthus oreophilus*		Ⅱ
樟科	Lauraceae		
油丹	*Alseodaphne hainanensis*		Ⅱ
樟树(香樟)	*Cinnamomum camphora*		Ⅱ
普陀樟	*Cinnamomum japonicum*		Ⅱ
油樟	*Cinnamomum longepaniculatum*		Ⅱ
卵叶桂	*Cinnamomum rigidissimum*		Ⅱ
润楠	*Machilus nanmu*		Ⅱ
舟山新木姜子	*Neolitsea sericea*		Ⅱ
闽楠	*Phoebe bournei*		Ⅱ
浙江楠	*Phoebe chekiangensis*		Ⅱ
楠木	*Phoebe zhennan*		Ⅱ
豆科	Leguminosae		
线苞两型豆	*Amphicarpaea linearis*		Ⅱ
黑黄檀(版纳黑檀)	*Dalbergia fusca*		Ⅱ
降香(降香檀)	*Dalbergia odorifera*		Ⅱ
格木	*Erythrophleum fordii*		Ⅱ
山豆根(胡豆莲)	*Euchresta japonica*		Ⅱ
绒毛皂荚	*Gleditsia japonica* var. *velutina*		Ⅱ
野大豆	*Glycine soja*		Ⅱ
烟豆	*Glycine tabacina*		Ⅱ
短绒野大豆	*Glycine tomentella*		Ⅱ
花榈木(花梨木)	*Ormosia henryi*		Ⅱ
红豆树	*Ormosia hosiei*		Ⅱ

(续)

中文名	学 名	保护级别	
		Ⅰ级	Ⅱ级
缘毛红豆	*Ormosia howii*		Ⅱ
紫檀(青龙木)	*Pterocarpus indicus*		Ⅱ
油楠(蚌壳树)	*Sindora glabra*		Ⅱ
任豆(任木)	*Zenia insignis*		Ⅱ
狸藻科	Lentibulariaceae		
盾鳞狸藻	*Utricularia punctata*		Ⅱ
木兰科	Magnoliaceae		
长蕊木兰	*Alcimandra cathcardii*	Ⅰ	
地枫皮	*Illicium difengpi*		Ⅱ
单性木兰	*Kmeria septentrionalis*	Ⅰ	
鹅掌楸	*Liriodendron chinense*		Ⅱ
大叶木兰	*Magnolia henryi*		Ⅱ
馨香玉兰	*Magnolia odoratissima*		Ⅱ
厚朴	*Magnolia officinalis*		Ⅱ
凹叶厚朴	*Magnolia officinalis* subsp. *biloba*		Ⅱ
长喙厚朴	*Magnolia rostrata*		Ⅱ
圆叶玉兰	*Magnolia sinensis*		Ⅱ
西康玉兰	*Magnolia wilsonii*		Ⅱ
宝华玉兰	*Magnolia zenii*		Ⅱ
香木莲	*Manglietia aromatica*		Ⅱ
落叶木莲	*Manglietia decidua*	Ⅰ	
大果木莲	*Manglietia grandis*		Ⅱ
毛果木莲	*Manglietia hebecarpa*		Ⅱ
大叶木莲	*Manglietia megaphylla*		Ⅱ
厚叶木莲	*Manglietia pachyphylla*		Ⅱ
华盖木	*Manglietiastrum sinicum*	Ⅰ	
石碌含笑	*Michelia shiluensis*		Ⅱ
峨眉含笑	*Michelia wilsonii*		Ⅱ
峨眉拟单性木兰	*Parakmeria omeiensis*	Ⅰ	
云南拟单性木兰	*Parakmeria yunnanensis*		Ⅱ
合果木	*Paramichelia baillonii*		Ⅱ
水青树	*Tetracentron sinense*		Ⅱ
楝科	Meliaceae		
粗枝崖摩	*Amoora dasyclada*		Ⅱ

(续)

中文名	学 名	保护级别	
		Ⅰ级	Ⅱ级
红椿	*Toona ciliata*		Ⅱ
毛红椿	*Toona ciliata* var. *pubescens*		Ⅱ
防己科	Menispermaceae		
藤枣	*Eleutharrhena macrocarpa*	Ⅰ	
肉豆蔻科	Myristicaceae		
海南风吹楠	*Horsfieldia hainanensis*		Ⅱ
滇南风吹楠	*Horsfieldia tetratepala*		Ⅱ
云南肉豆蔻	*Myristica yunnanensis*		Ⅱ
茨藻科	Najadaceae		
高雄茨藻	*Najas browniana*		Ⅱ
拟纤维茨藻	*Najas pseudogracillima*		Ⅱ
睡莲科	Nymphaeaceae		
莼菜	*Brasenia schreberi*	Ⅰ	
莲	*Nelumbo nucifera*		Ⅱ
贵州萍逢草	*Nuphar bornetii*		Ⅱ
雪白睡莲	*Nymphaea candida*		Ⅱ
蓝果树科	Nyssaceae		
喜树(旱莲木)	*Camptotheca acuminata*		Ⅱ
珙桐	*Davidia involucrata*	Ⅰ	
光叶珙桐	*Davidia involucrata* var. *vilmoriniana*	Ⅰ	
云南蓝果树	*Nyssa yunnanensis*	Ⅰ	
金莲木科	Ochnaceae		
合柱金莲木	*Sinia rhodoleuca*	Ⅰ	
铁青树科	Olacaceae		
蒜头果	*Malania oleifera*		Ⅱ
木犀科	Oleaceae		
水曲柳	*Fraxinus mandshurica*		Ⅱ
棕榈科	Palmae		
董棕	*Caryota urens*		Ⅱ
小钩叶藤	*Plectocomia microstachys*		Ⅱ
龙棕	*Trachycarpus nana*		Ⅱ
罂粟科	Papaveraceae		
红花绿绒蒿	*Meconopsis punicea*		Ⅱ
斜翼科	Plagiopteraceae		

(续)

中文名	学 名	保护级别	
		I级	II级
斜翼	*Plagiopteron suaveolens*		II
川苔草科	Podostemaceae		
川藻(石蔓)	*Terniopsis sessilis*		II
蓼科	Polygonaceae		
金荞麦	*Fagopyrum dibotrys*		II
报春花科	Primulaceae		
羽叶点地梅	*Pomatosace filicula*		II
毛茛科	Ranunculaceae		
粉背叶人字果	*Dichocarpum hypoglaucum*		II
独叶草	*Kingdonia uniflora*	I	
马尾树科	Rhoipteleaceae		
马尾树	*Rhoiptelea chiliantha*		II
茜草科	Rubiaceae		
绣球茜	*Dunnia sinensis*		II
香果树	*Emmenopterys henryi*		II
异形玉叶金花	*Mussaenda anomala*	I	
丁茜	*Trailliaedoxa gracilis*		II
芸香科	Rutaceae		
黄檗(黄波罗)	*Phellodendron amurense*		II
川黄檗(黄皮树)	*Phellodendron chinense*		II
杨柳科	Salicaceae		
钻天柳	*Chosenia arbutifolia*		II
无患子科	Sapindaceae		
伞花木	*Eurycorymbus cavaleriei*		II
掌叶木	*Handeliodendron bodinieri*	I	
山榄科	Sapotaceae		
海南紫荆木	*Madhuca hainanensis*		II
紫荆木	*Madhuca pasquieri*		II
虎耳草科	Saxifragaceae		
黄山梅	*Kirengeshoma palmata*		II
蛛网萼	*Platycrater arguta*		II
冰沼草科	Scheuchzeriaceae		
冰沼草	*Scheuchzeria palustris*		II
玄参科	Scrophulariaceae		

（续）

中文名	学　名	保护级别	
		Ⅰ级	Ⅱ级
胡黄连	*Neopicrorhiza scrophulariiflora*		Ⅱ
呆白菜（崖白菜）	*Triaenophora rupestris*		Ⅱ
茄科	Solanaceae		
山莨菪	*Anisodus tanguticus*		Ⅱ
黑三棱科	Sparganiaceae		
北方黑三棱	*Sparganium hyperboreum*		Ⅱ
梧桐科	Sterculiaceae		
广西火桐	*Erythropsis kwangsiensis*		Ⅱ
丹霞梧桐	*Firmiana danxiaensis*		Ⅱ
海南梧桐	*Firmiana hainanensis*		Ⅱ
蝴蝶树	*Heritiera parvifolia*		Ⅱ
半当树	*Paradombeya sinensis*		Ⅱ
景东翅子树	*Pterospermum kingtungense*		Ⅱ
勐仑翅子树	*Pterospermum menglunense*		Ⅱ
安息香科	Styracaceae		
长果安息香	*Changiostyrax dolichocarpa*		Ⅱ
秤锤树	*Sinojackia xylocarpa*		Ⅱ
瑞香科	Thymelaeaceae		
土沉香	*Aquilaria sinensis*		Ⅱ
椴树科	Tiliaceae		
柄翅果	*Burretiodendron esquirolii*		Ⅱ
蚬木	*Burretiodendron hsienmu*		Ⅱ
滇桐	*Craigia yunnanensis*		Ⅱ
海南椴	*Hainania trichosperma*		Ⅱ
紫椴	*Tilia amurensis*		Ⅱ
菱科	Trapaceae		
野菱	*Trapa incisa*		Ⅱ
榆科	Ulmaceae		
长序榆	*Ulmus elongata*		Ⅱ
榉树	*Zelkova schneideriana*		Ⅱ
伞形科	Umbelliferae		
珊瑚菜（北沙参）	*Glehnia littoralis*		Ⅱ
马鞭草科	Verbenaceae		
海南石梓（苦梓）	*Gmelina hainanensis*		Ⅱ

(续)

中文名	学　名	保护级别	
		Ⅰ级	Ⅱ级
姜科	Zingiberaceae		
茴香砂仁	*Etlingera yunnanense*		Ⅱ
拟豆蔻	*Paramomum petaloideum*		Ⅱ
长果姜	*Siliquamomum tonkinense*		Ⅱ
蓝藻　Cyonophyta			
念珠藻科	Nostocaceae		
发菜	*Nostoc flagelliforme*	Ⅰ	
真菌　Eumycophyta			
麦角菌科	Clavicipitaceae		
虫草(冬虫夏草)	*Cordyceps sinensis*		Ⅱ
口蘑科(白蘑科)	Tricholomataceae		
松口蘑(松茸)	*Tricholoma matsutake*		

附录四

濒危野生动植物种国际贸易公约
附录Ⅰ、附录Ⅱ和附录Ⅲ

自 2017 年 1 月 2 日起生效

说　　明

1. 本附录所列的物种是指：

a) 名称所示的物种；或

b) 一个高级分类单元所包括的全部物种或其被特别指定的一部分。

2. 缩写"spp."是指其前称高级分类单元所包括的全部物种。

3. 其他种以上的分类单元仅供资料查考或分类之用。科的学名后的俗名仅供参考（编者注：原文的俗名为英文名，多与其对应的中文正式名相同，故予以省略）。它们是为表明此科中有物种被列入附录。在大多数情形下，并不是这个科中的所有种都被收入附录。

4. 以下缩写用于植物的种以下分类单元：

a) 缩写"ssp."指亚种，

b) 缩写"var(s)."指变种。

5. 鉴于未对列入附录Ⅰ的植物种或较高级分类单元作出注释，说明其杂交种应当按照《公约》第三条有关规定进行管理，这表明来自一个或多个这些种或分类单元的人工培植杂交种如附有人工培植证明书便可进行贸易，同时这些杂交种源于离体培养、置于固体或液体介质中、以无菌容器运输的种子、花粉（包括花粉块）、切花、幼苗或组织培养物不受《公约》有关条款的限制。

6. 附录Ⅲ中物种名后括号中的国家是提出将这些物种列入该附录的缔约方。

7. 当一个物种被列入某一附录时，该物种的所有部分或其衍生物也被列入同一附录，除非该物种的注释表明其只包括特定的部分或衍生物。列入附录Ⅱ或Ⅲ的物种或较高级分类单元名称旁出现的符号#及相随数字系指脚注，该脚注表明了植物的哪些部分或衍生物被指定为"标本"，并根据《公约》第一条第(b)款第(iii)项的规定受《公约》条款管制。

8. 附录注释中使用的术语和词语定义如下：

提取物　无论生产过程怎样，使用各种物理和化学方法直接从植物材料提取的任何物质。提取物可以是固体（如结晶、树脂、精细或粗杂的颗粒）、半固体（如胶、蜡）或液体（如溶液、酊剂、油脂和香精油）。

包装好备零售的制成品　单个或整批装运的产品，无需后续加工，已包装、贴标供最终使用或零售，处于适合向一般公众出售或供其使用的状态。

粉末　精细或粗杂颗粒形式的干固体物质。

木片　被加工至小片的木料。

编者注：物种或较高级分类单元中文名前附有"★"者，系指该种或该高级分类单元所含物种在中国有自然分布的记录；因分类系统的差异、分类学上命名的变动以及专业和行业上的习惯用法，中文名时有不同或变化，使用本附录时应以物种及较高级分类单元的拉丁名为准，中文定名供参考。

附录 I	附录 II	附录 III
龙舌兰科 AGAVACEAE		
小花龙舌兰（姬乱雪）*Agave parviflora*	皇后龙舌兰 *Agave victoriae-reginae* #4 间型酒瓶兰 *Nolina interrata* 克雷塔罗丝兰 *Yucca queretaroensis*	
石蒜科 AMARYLLIDACEAE		
	雪花莲属所有种 *Galanthus* spp. #4 黄花石蒜属所有种 *Sternbergia* spp. #4	
漆树科 ANACARDIACEAE		
	德氏漆 *Operculicarya decaryi* 织冠漆 *Operculicarya hyphaenoides* 象腿漆 *Operculicarya pachypus*	
夹竹桃科 APOCYNACEAE		
安博棒锤树 *Pachypodium ambongense* 巴氏棒锤树 *Pachypodium baronii* 德氏棒锤树 *Pachypodium decaryi*	火地亚属所有种 *Hoodia* spp. #9 棒锤树属所有种 *Pachypodium* spp. #1 （除被列入附录 I 的物种） ★蛇根木（印度萝芙木）*Rauvolfia serpentine* #2	
五加科 ARALIACEAE		
	人参 *Panax ginseng* #3（仅俄罗斯联邦种群；其他种群都未被列入附录。） 西洋参 *Panax quinquefolius* #3	
南洋杉科 ARAUCARIACEAE		
智利南洋杉 *Araucaria araucana*		
天门冬科 ASPARAGACEAE		
	酒瓶兰属所有种 *Beaucarnea* spp.	
小檗科 BERBERIDACEAE		
	★桃儿七 *Podophyllum hexandrum* #2	
凤梨科 BROMELIACEAE		
	哈氏老人须 *Tillandsia harrisii* #4 卡氏老人须 *Tillandsia kammii* #4 旱生老人须 *Tillandsia xerographica* #4	

(续)

附录Ⅰ	附录Ⅱ	附录Ⅲ
仙人掌科 CACTACEAE		
岩牡丹属所有种 Ariocarpus spp. 星冠 Astrophytum asterias 花笼 Aztekium ritteri 精美球 Coryphantha werdermannii 孔雀花属所有种 Discocactus spp. 林氏鹿角掌 Echinocereus ferreirianus ssp. lindsayi 珠毛拄 Echinocereus schmollii 小极光球 Escobaria minima 须弥山 Escobaria sneedii（包括亚种 solisioides） 白斜子 Mammillaria pectinifera 圆锥花座球 Melocactus conoideus 晚刺花座球 Melocactus deinacanthus 苍白花座球 Melocactus glaucescens 疏刺花座球 Melocactus paucispinus 帝冠 Obregonia denegrii 金毛翁 Pachycereus militaris 布氏月华玉 Pediocactus bradyi 银河玉 Pediocactus knowltonii 雏鹭球 Pediocactus paradinei 斑鸠球 Pediocactus peeblesianus 天狼 Pediocactus sileri 斧突球属所有种 Pelecyphora spp. 布氏白虹山 Sclerocactus blainei 突氏玄武玉 Sclerocactus brevihamatus ssp. tobuschii 短刺白虹山 Sclerocactus brevispinus 新墨西哥鯱玉 Sclerocactus cloverae 白琅玉 Sclerocactus erectocentrus 苍白玉 Sclerocactus glaucus 藤荣球 Sclerocactus mariposensis 月想曲 Sclerocactus mesae-verdae 尼氏鯱玉 Sclerocactus nyensis 月童 Sclerocactus papyracanthus 毛刺球 Sclerocactus pubispinus 塞氏鯱玉 Sclerocactus sileri 犹他球 Sclerocactus wetlandicus 怀氏虹山 Sclerocactus wrightiae 鳞茎玉属所有种 Strombocactus spp. 姣丽球属所有种 Turbinicarpus spp. 尤伯球属所有种 Uebelmannia spp.	仙人掌科所有种 CACTACEAE spp.[9][#4]（除被列入附录Ⅰ的物种和木麒麟属所有种 Pereskia spp.、麒麟掌属所有种 Pereskiopsis spp. 和顶花掌属所有种 Quiabentia spp.）	
多柱树科 CARYOCARACEAE		
	多柱树 Caryocar costaricense [#4]	
菊科 COMPOSITAE(ASTERACEAE)		

（续）

附录 I	附录 II	附录 III
云木香 Saussurea costus		
葫芦科 CUCURBITACEAE		
	柔毛沙葫芦 Zygosicyos pubescens 沙葫芦 Zygosicyos tripartitus	
柏科 CUPRESSACEAE		
智利肖柏 Fitzroya cupressoides 皮尔格柏 Pilgerodendron uviferum		
桫椤科 CYATHEACEAE		
	★桫椤属所有种 Cyathea spp. [#4]	
苏铁科 CYCADACEAE		
印度苏铁 Cycas beddomei	★苏铁科所有种 CYCADACEAE spp. [#4]（除被列入附录 I 的物种）	
蚌壳蕨科 DICKSONIACEAE		
	★金毛狗脊 Cibotium barometz [#4] 蚌壳蕨属所有种 Dicksonia spp. [#4]（仅包括美洲种群。其他种群未被列入附录。）	
龙树科 DIDIEREACEAE		
	龙树科所有种 DIDIEREACEAE spp. [#4]	
薯蓣科 DIOSCOREACEAE		
	★三角叶薯蓣 Dioscorea deltoidea [#4]	
茅膏菜科 DROSERACEAE		
	捕蝇草 Dionaea muscipula [#4]	
柿树科 EBENACEAE		
	柿属所有种 Diospyros spp. [#5]（马达加斯加种群）	
大戟科 EUPHORBIACEAE		
安波沃本大戟（安波麒麟）Euphorbia ambovombensis 开塞恩坦马里大戟 Euphorbia capsaintemariensis 克氏大戟 Euphorbia cremersii（包括型 viridifolia 和变种 rakotozafyi） 筒叶大戟（筒叶麒麟）Euphorbia cylindrifolia（包括亚种 tuberifera） 德氏大戟（皱叶麒麟）Euphorbia decaryi（包括变种 ampanihyensis、robinsonii 和 spirosticha） 费氏大戟（潘郎麒麟）Euphorbia francoisii	★大戟属所有种 Euphorbia spp. [#4]［除崖大戟 Euphorbia misera 和被列入附录 I 的物种，仅包括肉质种类。彩云阁 Euphorbia trigona 栽培种的人工培植标本，嫁接在麒麟角 Euphorbia neriifolia 人工培植的根砧木上的冠状、扇形或颜色变异的龟纹箭 Euphorbia lactea，以及不少于 100 株且易于识别为人工培植标本的虎刺梅（花麒麟）Euphorbia "Milii" 栽培种的人工培植标本不受本公约条款管制。］	

(续)

附录 I	附录 II	附录 III
莫氏大戟 Euphorbia moratii（包括变种 antsingiensi、bemarahensis 和 multiflora） 小序大戟 Euphorbia parvicyathophora 扁枝大戟 Euphorbia quartziticola 图拉大戟 Euphorbia tulearensis		
壳斗科 FAGACEAE		
		★蒙古栎 Quercus mongonica[#5]（俄罗斯）
福桂花科 FOUQUIERIACEAE		
簇生福桂花 Fouquieria fasciculata 普氏福桂花 Fouquieria purpusii	柱状福桂花（观峰玉）Fouquieria columnaris[#4]	
买麻藤科 GNETACEAE		
		★买麻藤 Gnetum montanum[#1]（尼泊尔）
胡桃科 JUGLANDACEAE		
	枫桃 Oreomunnea pterocarpa[#4]	
樟科 LAURACEAE		
	玫瑰安妮樟 Aniba rosaeodora[#12]	
豆科 LEGUMINOSAE(FABACEAE)		
巴西黑黄檀 Dalbergia nigra	巴西苏木 Caesalpinia echinata[#10] 黄檀属所有种 Dalbergia spp.（除被列入附录 I 的物种）[#15] 德米古夷苏木 Guibourtia demeusei[#15] 佩莱古夷苏木 Guibourtia pellegriniana[#15] 特氏古夷苏木 Guibourtia tessmannii[#15] 大美木豆 Pericopsis elata[#5] 多穗阔变豆 Platymiscium pleiostachyum[#4] 刺猬紫檀 Pterocarpus erinaceus 檀香紫檀 Pterocarpus santalinus[#7] 南方决明 Senna meridionalis	巴拿马天蓬树 Dipteryx panamensis（哥斯达黎加、尼加拉瓜）
百合科 LILIACEAE		
微白芦荟 Aloe albida 白花芦荟（雪女王）Aloe albiflora 阿氏芦荟 Aloe alfredii 贝氏芦荟（斑蛇龙）Aloe bakeri 美丽芦荟 Aloe bellatula 喜钙芦荟 Aloe calcairophila 扁芦荟 Aloe compressa（包括变种 vars. paucituberculata, rugosquamosa 和 schistophila）	芦荟属所有种 Aloe spp.[#4]（除被列入附录 I 的物种；不包括未被列入附录的翠叶芦荟 Aloe vera，亦即 Aloe barbadensis。）	

(续)

附录Ⅰ	附录Ⅱ	附录Ⅲ
德尔斐芦荟 Aloe delphinensis 德氏芦荟 Aloe descoingsii 脆芦荟 Aloe fragilis 十二卷状芦荟（琉璃姬孔雀）Aloe haworthioides（包括变种 var. aurantiaca） 海伦芦荟 Aloe helenae 艳芦荟 Aloe laeta（包括变种 var. maniaensis） 平列叶芦荟 Aloe parallelifolia 小芦荟 Aloe parvula 皮氏芦荟（女王锦）Aloe pillansii 多叶芦荟 Aloe polyphylla 劳氏芦荟 Aloe rauhii 索赞芦荟 Aloe suzannae 变色芦荟 Aloe versicolor 沃氏芦荟 Aloe vossii		
木兰科 MAGNOLIACEAE		
		★盖裂木 Magnolia liliifera var. obovata[#1]（尼泊尔）
锦葵科 MALVACEAE		
	格氏猴面包树 Adansonia grandidieri[#16]	
楝科 MELIACEAE		
	矮桃花心木 Swietenia humilis [#4] 大叶桃花心木 Swietenia macrophylla[#6]（新热带种群） 桃花心木 Swietenia mahagoni[#5]	劈裂洋椿 Cedrela fissilis[#5]（玻利维亚、巴西） 阿根廷洋椿 Cedrela lilloi [#5]（玻利维亚、巴西） 香洋椿 Cedrela odorata [#5]（巴西和玻利维亚、以及哥伦比亚、危地马拉和秘鲁国家种群）
猪笼草科 NEPENTHACEAE		
卡西猪笼草 Nepenthes khasiana 拉贾猪笼草 Nepenthes rajah	猪笼草属所有种 Nepenthes spp. [#4]（被列入附录Ⅰ的物种）	
木犀科 OLEACEAE		
		★水曲柳 Fraxinus mandshurica [#5]（俄罗斯）
兰科 ORCHIDACEAE		
（对于以下被列入附录Ⅰ的所有物种，离体培养的、置于固体或液体介质中、以无菌容器运输的幼苗或组织培养物，仅当标本符合缔约方大会同意的"人工培植"定义时，不受公约条款管制。）	★兰科所有种 ORCHIDACEAE spp. [10#4]（除被列入附录Ⅰ的物种）	

(续)

附录 I	附录 II	附录 III
马达加斯加船形兰 *Aerangis ellisii* 血色石斛 *Dendrobium cruentum* 大花蕾立兰 *Laelia jongheana* 浅裂蕾立兰 *Laelia lobata* ★兜兰属所有种 *Paphiopedilum* spp. 鸽兰 *Peristeria elata* 美洲兜兰属所有种 *Phragmipedium* spp. ★云南火焰兰 *Renanthera imschootiana*		
列当科 OROBANCHACEAE		
	★肉苁蓉 *Cistanche deserticola* [#4]	
棕榈科 PALMAE(ARECACEAE)		
拟散尾葵 *Dypsis decipiens*	马岛葵 *Beccariophoenix madagascariensis* [#4] 三角槟榔（三角椰）*Dypsis decaryi* [#4] 狐猴葵 *Lemurophoenix halleuxii* 达氏仙茅棕（玛瑙椰子）*Marojejya darianii* 繁序雷文葵 *Ravenea louvelii* 河岸雷文葵（国王椰子）*Ravenea rivularis* 林扇葵 *Satranala decussilvae* 长苞椰 *Voanioala gerardii*	巨籽棕 *Lodoicea maldivica* [#13]（塞舌尔）
罂粟科 PAPAVERACEAE		
		尼泊尔绿绒蒿 *Meconopsis regia* [#1]（尼泊尔）
西番莲科 PASSIFLORACEAE		
	紫红叶蒴莲 *Adenia firingalavensis* 鳄鱼蔓 *Adenia olaboensis* 小叶蒴莲 *Adenia subsessilifolia*	
胡麻科 PEDALIACEAE		
	黄花艳桐 *Uncarina grandidieri* 粉花艳桐 *Uncarina stellulifera*	
松科 PINACEAE		
危地马拉冷杉 *Abies guatemalensis*		★红松 *Pinus koraiensis* [#5]（俄罗斯）
罗汉松科 PODOCARPACEAE		
弯叶罗汉松 *Podocarpus parlatorei*		★百日青 *Podocarpus neriifolius* [#1]（尼泊尔）
马齿苋科 PORTULACACEAE		
	回欢草属所有种 *Anacampseros* spp. [#4] 阿旺尼亚草属所有种 *Avonia* spp. [#4] 锯齿离子苋 *Lewisia serrata* [#4]	
报春花科 PRIMULACEAE		
	仙客来属所有种 *Cyclamen* spp. [11 #4]	

	附录 I	附录 II	附录 III
毛茛科 RANUNCULACEAE			
		春福寿草 Adonis vernalis [#2] 白毛茛 Hydrastis canadensis [#8]	
蔷薇科 ROSACEAE			
		非洲李 Prunus africana [#4]	
茜草科 RUBIACEAE			
	巴尔米木 Balmea stormiae		
檀香科 SANTALACEAE			
		非洲沙针 Osyris lanceolata [#2]（布隆迪、埃塞俄比亚、肯尼亚、卢旺达、乌干达和坦桑尼亚联合共和国种群）	
瓶子草科 SARRACENIACEAE			
	山地瓶子草 Sarracenia oreophila 阿拉巴马瓶子草 Sarracenia rubra ssp. alabamensis 琼斯瓶子草 Sarracenia rubra ssp. jonesii	瓶子草属所有种 Sarracenia spp. [#4]（除被列入附录 I 的物种）	
玄参科 SCROPHULARIACEAE			
		库洛胡黄连 Picrorhiza kurrooa [#2]（不包括胡黄连 Picrorhiza scrophulariiflora）	
蕨苏铁科 STANGERIACEAE			
	蕨苏铁 Stangeria eriopus	波温铁属所有种 Bowenia spp. [#4]	
紫杉科 TAXACEAE			
		★红豆杉 Taxus chinensis 和本种的种内分类单元[#2] ★东北红豆杉 Taxus cuspidata 和本种的种内分类单元 12[#2] ★密叶红豆杉 Taxus fauna 和本种的种内分类单元[#2] 苏门答腊红豆杉 Taxus sumatrana 和本种的种内分类单元[#2] ★喜马拉雅红豆杉 Taxus wallichiana[#2]	
瑞香科 THYMELAEACEAE（Aquilariaceae）			
		★沉香属所有种 Aquilaria spp. [#14] 棱柱木属所有种 Gonystylus spp. [#4] 拟沉香属所有种 Gyrinops spp. [#14]	
水青树科 TROCHODENDRACEAE（Tetracentraceae）			
			★水青树 Tetracentron sinense [#1]（尼泊尔）
败酱科 VALERIANACEAE			

附录 I	附录 II	附录 III
	★匙叶甘松 Nardostachys grandiflora [#2]	
葡萄科 VITACEAE		
	象足葡萄瓮 Cyphostemma elephantopus 拉扎葡萄瓮 Cyphostemma laza 蒙氏葡萄瓮 Cyphostemma montagnacii	
百岁叶科 WELWITSCHIACEAE		
	百岁叶 Welwitschia mirabilis [#4]	
泽米科 ZAMIACEAE		
角状泽米属所有种 Ceratozamia spp. 非州苏铁属所有种 Encephalartos spp. 小苏铁 Microcycas calocoma 哥伦比亚苏铁 Zamia restrepoi	泽米科所有种 ZAMIACEAE spp. [#4]（除被列入附录 I 的物种）	
姜科 ZINGIBERACEAE		
	菲律宾姜花 Hedychium philippinense [#4] 埃塞俄比亚野姜 Siphonochilus aethiopicus（莫桑比克、南非、斯威士兰和津巴布韦种群）	
蒺藜科 ZYGOPHYLLACEAE		
	萨米维腊木 Bulnesia sarmientoi [#11] 愈疮木属所有种 Guaiacum spp. [#2]	

#1 所有部分和衍生物，但下列者除外：

a) 种子、孢子和花粉（包括花粉块）；

b) 离体培养的、置于固体或液体介质中、以无菌容器运输的幼苗或组织培养物；

c) 人工培植植物的切花；及

d) 人工培植的香果兰属 Vanilla 植物的果实、部分及其衍生物。

#2 所有部分和衍生物，但下列者除外：

a) 种子和花粉；及

b) 包装好备零售的制成品。

#3 根的整体、切片和部分，不包括粉末、片剂、提取物、滋补品、茶饮、糕点等制成品或衍生物。

#4 所有部分和衍生物，但下列者除外：

a) 种子（包括兰科植物的种荚），孢子和花粉（包括花粉块）。这项豁免不适用于从墨西哥出口的仙人掌科所有种 Cactaceae spp. 的种子，以及从马达加斯加出口的马岛葵 Beccariophoenix madagascariensis 和三角槟椰（三角椰）Dypsys decaryi 的种子。

b) 离体培养的、置于固体或液体介质中、以无菌容器运输的幼苗或组织培养物；

c) 人工培植植物的切花；

d) 移植的或人工培植的香果兰属 Vanilla（兰科 Orchidaceae）和仙人掌科 Cactaceae 植物的果实、部分及衍生物；

e) 移植的或人工培植的仙人掌属 Opuntia 仙人掌亚属 Opuntia 和大轮柱属 Selenicereus（仙人掌科 Cactaceae）植物的茎、花及部分和衍生物。

f) 蜡大戟 Euphorbia antisyphilitica 包装好备零售的制成品。

#5 原木、锯材和饰面用单板。

#6 原木、锯材、饰面用单板和胶合板。

#7 原木、木片、粉末和提取物。

#8 地下部分（即根、根状茎）：整体、部分和粉末。

#9 所有部分和衍生物，但附有"Produced from *Hoodia* spp. material obtained through controlled harvesting andproduction under the terms of an agreement with the relevant CITES Management Authority of Botswana under agreement No. BW/xxxxxx, Namibia under agreement No. NA/xxxxxx, South Africa under agreement No. ZA/xxxxxx"字样标签的除外。（编者注：标签译文为："采用受监管的采集和生产所获的火地亚属所有种 *Hoodia* spp. 原料制造，遵从与相关 CITES 管理机构的协议条款，博茨瓦纳 No. BW/xxxxxx 号协议，纳米比亚 No. NA/xxxxxx 号协议，南非 No. ZA/xxxxxx 号协议。"）

#10 原木、锯材和饰面用单板，包括未完工的用于制作弦乐器乐弓的木料。

#11 原木、锯材、饰面用单板、胶合板、粉末和提取物。成分中含有其提取物的制成品（包括香剂）不受本注释约束。

#12 原木、锯材、饰面用单板、胶合板和提取物。成分中含有其提取物的制成品（包括香剂）不受本注释约束。

#13 果核（kernel，其他英文名称还有"endosperm""pulp""copra"）及其所有衍生物。

#14 所有部分和衍生物，但下列者除外：

a) 种子和花粉；

b) 离体培养的、置于固体或液体介质中、以无菌容器运输的幼苗或组织培养物；

c) 果实；

d) 叶；

e) 经提取后的沉香粉末，包括以这些粉末压制成的各种形状的产品；

f) 包装好备零售的制成品，但木片、珠、珠串和雕刻品仍受公约管制。

#15 所有部分和衍生物，但下列者除外：

a) 叶、花、花粉、果实和种子；

b) 每次装运量最大为 10 千克的非商业性出口；

c) 交趾黄檀 *Dalbergia cochinchinensis* 的部分和衍生物受注释#4 约束；

d) 源于并出口自墨西哥的黄檀属所有种 *Dalbergia* spp. 的部分和衍生物受注释#6 约束。

#16 种子、果实、油和活体植株。

9. 下列杂交种和/或栽培种的人工培植标本不受公约条款管制：

星孔雀（*Hatiora* × *graeseri*）

圆齿蟹爪（杂交种）（*Schlumbergera* × *buckleyi*）

辐花蟹爪（*Schlumbergera russelliana* × *Schlumbergera truncata*）

奥氏蟹爪（*Schlumbergera orssichiana* × *Schlumbergera truncata*）

掌状蟹爪（*Schlumbergera opuntioides* × *Schlumbergera truncata*）

蟹爪（*Schlumbergera truncata*）（栽培种）

仙人掌科所有种 *Cactaceae* spp. 的颜色突变体，并嫁接在下列砧木上：袖浦（*Harrisia* 'Jusbertii'）、三棱量天尺（*Hylocereus trigonus*）或量天尺（*Hylocereus undatus*）

黄毛掌（*Opuntia microdasys*）（栽培种）

10. 当满足 a) 与 b) 款所述条件时，以下各属的人工培植杂交种不受公约条款管制：兰属 *Cymbidium*、石斛属 *Dendrobium*、蝴蝶兰属 *Phalaenopsis* 和万带兰属 *Vanda*：

a) 标本易于被识别为人工培植的，且没有表现出任何采集自野外的迹象：如由于采集引起的机械损伤或严重脱水，同一分类单元的同一批货物出现不规则生长或形状和大小不均匀，藻类或其他附生植物的组织附着在叶片上，被昆虫或其它有害生物损害；及

b) i) 如在非开花状态运输，标本必须以单独容器（如纸板箱、盒子、板条箱或集装箱内的货架）组成的货物进行贸易，每个容器包含 20 株或更多同一杂交种的植株；每个容器类的植物必须表现出高度一致的形态和健康状况；且货物必须附有能清楚地表明每一杂交种植株数量的文件，如发票；或

ii) 如在开花状态运输，每株标本至少带有一枚完全开放的花，不要求每批货物的最低标本数量，但标本必须经过以商业零售为目的的专业包装处理，例如用印制好的标签进行标记，或用印制的包装材料进行包装，标明杂交种的名

称和最终加工国。该标签或包装必须清晰可见且易于查证。

不能清楚地符合上述豁免条件的植株必须具备适当的公约文件。

11. 伊朗仙客来 *Cyclamen persicum* 栽培种的人工培植标本不受公约条款管制，但此例外不适于休眠块茎标本的贸易。

12. 人工培植的东北红豆杉 *Taxus cuspidata* 杂交种或栽培种，活体，如果被放置于罐子或其他小型容器中，且每一货件都附有一份标签或文件，注明分类单元的名称及"artificially propagated"字样，则不受公约条款管制。

附录五

主要用材树种的木材检索表

1. 木材无管孔，木射线在肉眼下不明晰 ·· 针叶树材 2
1. 木材有管孔，木射线在肉眼下明晰或不明晰 ·· 阔叶树材 21
2. 具有正常的轴向和横向树脂道，在横切面上呈浅色或深色斑点 ·· 3
2. 不具正常的轴向和横向树脂道，偶尔有弦向排列的受伤树脂道 ·· 11
3. 树脂道多，肉眼和放大镜下都明显；有松脂气味 ·· 4
3. 树脂道少，肉眼下不见，放大镜下不明显；略具松脂气味 ·· 9
4. 材质轻软；早晚材缓变；结构均匀 ·· 软松类 5
4. 材质较硬、重；早晚材急变；结构不均匀 ··· 硬松类 6
5. 边材较宽，心材红褐色；晚材带不明显，结构均匀 ·································· 红松 *Pinus koraiensis*
5. 边材狭窄，结构均匀至不均匀 ··· 7
6. 树脂道大而多，肉眼下呈小孔状；生长轮宽，不均匀；边材较宽，晚材带也较宽 ··· 马尾松 *Pinus massaoniana*
6. 树脂道较少，肉眼下呈浅色或褐色斑点；生长轮窄，较均匀，边材较窄，晚材带也较窄 ·· 油松 *Pinus tabuiaeformis*
7. 心、边材区别明晰或略明晰；心材黄褐色，边材黄白色；材色较浅 ············ 白皮松 *Pinus bungeana*
7. 心、边材区别不明显 ·· 8
8. 早晚材急变；边材浅黄褐色，心材红褐色 ····································· 樟子松 *Pinus sylvestris* var. *mongolica*
8. 早晚材缓变；边材黄白或浅黄褐色，心材浅红褐色 ······························ 华山松 *Pinus armandi*
9. 早晚材缓变；木材黄白至浅黄褐色 ·· 云杉 *Picea asperata*
9. 早晚材急变 ·· 10
10. 心材浅红褐色或黄褐色；材质较硬 ··· 落叶松 *Larlx gemlini*
10. 心材深红褐色 ·· 黄杉 *Pseudotsuga sinesis*
11. 木材有香气 ·· 12
11. 木材无香气 ·· 17
12. 柏木香气浓或不显著 ··· 13
12. 杉木香气浓或不显著 ··· 16
13. 柏木香气不显著；早晚材急变，晚材带宽；结构不均匀；有油性感 ········· 福建柏 *Fokienia hodginsii*
13. 柏木香气浓；结构细至均匀 ·· 14
14. 心材紫红色；生长轮明显，晚材带窄；香气浓 ····························· 红桧 *Chamaecyparis fornosensls*
14. 心材黄褐色 ·· 15
15. 边材浅黄色；生长轮明显，略宽；有髓斑 ··· 柏木 *Cupressus funebris*
15. 边材黄褐色；生长轮明显，宽窄不均匀；有油性感 ························· 侧柏 *Platycladns orientalis*
16. 早晚材缓变，晚材带窄；结构均匀；香气浓；心材灰褐色 ············ 杉木 *Cunninghamia lanceolata*
16. 早晚材急变，晚材带宽；材质软；香气不显著；心材红褐色 ··············· 柳杉 *Cryptomeria fortunei*
17. 心、边材区别明显；材色深 ·· 18
17. 心、边材区别不明显；材色浅 ··· 19

18. 早晚材急变；结构不均匀；生长轮宽；心材暗红褐色 ………………	水杉 *Metasequoia glyptostroboides*
18. 早晚材缓变；结构细；生长轮窄；心材橘红褐色 ………………	红豆杉 *Taxus chinensis* var. *mairei*
19. 早晚材缓变，晚材带宽，边材也宽；结构细；横切面有细小斑点；心材黄褐色 …	银杏 *Ginkgo biloba*
19. 早晚材急变；年轮明显；具创伤树脂道 ………………………………………………………………	20
20. 生长轮明显，宽窄均匀；木材黄色微带褐色 …………………………	臭冷杉 *Abies nephrolepis*
20. 生长轮明显，宽窄不均匀；木材红褐色 ………………………………	铁杉 *Tsuga chinensis*
21. 环孔材 …………………………………………………………………………………………	23
21. 半环孔材或半散孔材 ……………………………………………………………………………	48
21. 散孔材 …………………………………………………………………………………………	62
22. 有宽木射线且明显 ………………………………………………………………………………	24
22. 无宽木射线 ……………………………………………………………………………………	26
23. 早晚材急变；早材管孔多数 1~2 列，晚材管孔在放大镜下略明晰；宽木射线大于管孔直径；材色浅 ……………………………………………………………………………………	蒙古栎 *Quercus mongolica*
23. 早晚材略急变；早材管孔多数 2~4 列，晚材管孔在放大镜下明显；宽木射线小于管孔直径；材色深 ……………………………………………………………………………	25
24. 心材浅红褐色至红褐色；树皮硬 ………………………………	麻栎 *Quercus acutissima*
24. 心材红褐色至鲜红褐色；木栓层很发达 ………………………	栓皮栎 *Quercus variabilis*
25. 晚材管孔呈波浪状或弦列型 ………………………………………………………………	27
25. 晚材管孔不呈波浪状或弦列型 ……………………………………………………………	34
26. 早材管孔多列 …………………………………………………………………………………	27
26. 早材管孔 1~2 列 ………………………………………………………………………………	28
27. 心材红褐色；材质硬，髓小 ………………………………………	榉树 *Zelkova schneideriana*
27. 心材深黄色至深黄褐色，心边材界限处有黄绿色，髓小至中 ………	苦木 *Picrasma quassioides*
28. 心材中早材管孔不含侵填体或偶尔有，早材带明显 ……………………………………	29
28. 心材中早材管孔充满侵填体，早材带不明显；心材暗黄褐色 ………	刺槐 *Robinia pseudoacacia*
29. 心材不带黄色 …………………………………………………………………………………	30
29. 心材黄褐色或灰黄褐色；晚材管孔倾斜型；心材管孔含侵填体 ………	黄连木 *Pistacia chinensis*
30. 木射线在肉眼下明晰至明显 ………………………………………………………………	31
30. 木射线在肉眼下不明晰；侵填体多；心材深红褐色 ………………	榔榆 *Ulmus parvifolia*
31. 心材管孔不含有树胶 ………………………………………………………………………	32
31. 心材管孔含有树胶；轴向薄壁组织围管状；径切面有斑纹 ………	黄檗 *Phellodendron amurense*
32. 心边材区别不明显；木射线在肉眼下略明晰 ……………………………………………	33
32. 心边材区别不明显；木射线在肉眼下不明晰；晚材管孔呈不连续波浪状 ……	春榆 *Ulmus propinqua*
33. 心材暗红褐色 ………………………………………………………	白榆 *Ulmus pumila*
33. 心材黄褐色 …………………………………………………………	皂荚 *Gleditsia sinensis*
34. 轴向薄壁组织离管型 ………………………………………………………………………	35
34. 轴向薄壁组织傍管型 ………………………………………………………………………	38
35. 晚材单管孔或复管孔，倾斜型；木射线中至宽 ………………	山核桃 *Carya cathayensis*
35. 晚材管孔呈径列型（辐射状）………………………………………………………………	36
36. 早晚材急变；心边材区别明晰，边材黄褐色，心材浅黑褐色 ……	化香 *Platycarya strobilacea*
36. 早晚材急变；心边材区别略明晰 …………………………………………………………	37
37. 生长轮明晰；心材浅栗褐色 ………………………………………	锥栗 *Castanea henryi*

37. 生长轮不明晰；心材灰红褐色	苦槠 *Castanopsis sclerophylla*
38. 木材为细木射线	39
38. 木材为宽木射线	47
39. 木射线在肉眼下不明晰	40
39. 木射线在肉眼下略明晰	43
40. 心边材区别不明显，材色浅；晚材管孔弦列型或呈波浪状	白蜡 *Fraxinus chinensis*
40. 心边材区别明显，心材色深；晚材管孔弦列型或倾斜型	41
41. 早晚材急变；边材黄白色，心材灰褐色；细木射线	水曲柳 *Fraxinus mandshurica*
41. 早晚材缓变；心材深灰褐色至红褐色	42
42. 轴向薄壁组织发达，翼状或聚翼状；心材红褐色或深褐色	合欢 *Albizzia julibrissin*
42. 轴向薄壁组织较少，围管状；心材深灰褐色	梓树 *Catalpa ovata*
43. 晚材管孔径列型；心材深红褐色	香椿 *Toona sinensis*
43. 晚材管孔弦列型或倾斜型	44
44. 木材有香气；边材浅褐色，心材栗褐色；轴向薄壁组织围管状；细木射线	檫木 *Sassafras tzumu*
44. 木材无香气	45
45. 心边材区别明显；晚材管孔弦列型；轴向薄壁组织傍管型；心材浅红褐色	苦楝 *Melia azedarach*
45. 心边材区别不明显	46
46. 木材灰白色至浅黄色；木材轻软；轴向薄壁组织发达，肉眼下可见，翼状或聚翼状	泡桐 *Paulownia* spp.
46. 边材灰白色，心材红褐色；轴向薄壁组织在放大镜下可见，围管状；有射线斑纹；横向树胶道在弦切面呈褐色小点	南酸枣 *Choerspondias axillaris*
47. 心材灰黄褐色；晚材管孔弦列型；早材管孔含有树胶	臭椿 *Ailanthus altissima*
47. 心材浅栗褐色或浅红褐色；晚材管孔倾斜型；早材管孔含有侵填体	板栗 *Castanea mollissima*
48. 有宽木射线；管孔呈辐射状	49
48. 无宽木射线；管孔不呈辐射状	52
49. 宽木射线在肉眼下明显，分布均匀；管孔星散排列	50
49. 宽木射线在肉眼下不明显，分布不均匀；管孔径列排列	51
50. 宽木射线窄，较密；离带状薄壁组织不明晰；管孔小、散生	水青冈 *Fagus longipetiolata*
50. 宽木射线粗，较疏；离带状薄壁组织明晰；管孔略呈径列	青冈 *Cyclobalanopsis glauca*
51. 管孔排列呈径列型；聚合射线少；材质中等	栲树 *Castanopsis fargesii*
51. 管孔单独排列；聚合射线多；材质较重硬	鹅耳枥 *Carpinus turczaninowii*
52. 在肉眼或放大镜下可见离管型轴向薄壁组织，排列呈弦列状或密而多的斑点状	53
52. 在肉眼或放大镜下轴向薄壁组织不明晰或为围管状	61
53. 在肉眼下可见轴向薄壁组织；心材红褐色；管孔径列型；偶尔可见聚合射线	红锥 *Castanopsis hystrix*
53. 在放大镜下可见轴向薄壁组织	54
54. 心材暗红褐色或紫褐色	55
54. 心材浅褐色或黄白至灰褐色	57
55. 心材红褐至暗红褐色；管孔在放大镜下明晰	铁木 *Ostrya japonica*
55. 心材暗红褐或紫褐色；管孔在肉眼下明晰	56
56. 边材黄褐至红褐色；早材管孔中至略大，在肉眼下明晰至明显，多呈倾斜型；木射线少至多，细至中，在放大镜下明显	核桃楸 *Juglans mandshurica*

56. 边材浅黄褐色或浅栗褐色；早材管孔中等大小，在肉眼下可见；木射线少至多，细至中，在肉眼下明晰 ·· 核桃 *Juglans regia*
57. 弦切面上有涟纹；木材黄褐至灰褐色；轴向薄壁组织离管弦列状，细木射线，径切面上射线斑纹不明显 ·· 柿树 *Diospyros kaki*
57. 弦切面上无涟纹 ··· 58
58. 轴向薄壁组织在放大镜下不明晰，呈断续细弦线；管孔在肉眼下不明晰；细木射线，径切面上射线斑纹可见 ·· 乌桕 *Sapium discolor*
58. 轴向薄壁组织在放大镜下明晰，呈连续细弦线 ·· 59
59. 管孔小，在放大镜下明晰，径列型 ··· 千金榆 *Carpinus fangiana*
59. 管孔中至小，在肉眼下明晰 ·· 60
60. 木材褐色或灰褐色；轴向薄壁组织密集 ··· 枫杨 *Pterocarya stenoptera*
60. 心材灰红褐色；轴向薄壁组织稀疏 ··· 黄杞 *Engelhardtia roxburghiana*
61. 管孔小至中；木射线细，径切面上有射线斑纹；新鲜材樟脑气味浓 ······ 樟树 *Cinnamomum camphora*
61. 管孔中，排成弦列型或波浪状；木射线中；边材浅黄色，心材浅红褐色 ········ 楝木 *Melia azedarach*
62. 有宽木射线 ··· 63
62. 无宽木射线 ··· 66
63. 轴向薄壁组织不见 ·· 64
63. 轴向薄壁组织可见 ·· 78
64. 管孔在放大镜下明显，甚小较多，分布略均匀呈星散型；生长轮略明显，宽度不均匀；径切面上有红褐色射线斑纹 ·· 悬铃木 *Platanus acerifolia*
64. 管孔在放大镜下明晰，甚小较少，分布不均匀呈径列型 ··· 65
65. 生长轮不明显，宽度不均匀；径切面上有射线斑纹；材表为灯纱纹 ······ 鸭脚木 *Schefflera octophylla*
65. 生长轮略明显，宽度略均匀；径切面上略有射线斑纹；材表特征介于灯纱纹与细纱纹之间 ·· 冬青 *Ilex chinensis*
66. 细木射线，在肉眼下可见 ··· 67
66. 细木射线，在肉眼下不见 ··· 73
67. 年轮明晰 ·· 68
67. 年轮不明晰或略明晰 ·· 71
68. 年轮略呈波浪状；木材浅红褐色 ··· 青榨槭 *Acer davidi*
68. 年轮不呈波浪状；木材浅红褐色；木材有光泽 ·· 69
69. 木材重硬；木材浅褐黄色略带红褐色 ··· 坚桦 *Betula chinensis*
69. 木材硬度中等 ·· 70
70. 木材浅红色或浅红色；木材无芳香油，不具香气 ························· 红桦 *Betula utilis* var. *sinensis*
70. 木材浅红褐色至略带紫色；木材含芳香油，具香气 ····················· 光皮桦 *Betula cylindrostachya*
71. 细木射线，肉眼下不见；木材具褐色的髓心，形状近似圆形 ············ 枫香 *Liquidambar formosana*
71. 细木射线，肉眼下可见 ··· 72
72. 木材浅黄白色或接近白色；端面硬度较低 ··· 白桦 *Betula platyphylla*
72. 木材浅褐色；端面硬度较高 ·· 西南桦 *Betula alnoides*
73. 年轮明晰 ·· 74
73. 年轮略明晰或不明晰 ·· 93
74. 轴向薄壁组织多呈单侧围管状 ··· 75
74. 轴向薄壁组织以离带状为主 ·· 76

75. 心边材区别明晰；材色从外向内逐渐加深，边材黄褐色，心材红褐色；管孔大小中等，在放大镜下明显；材表上有网孔 ………………………………………………………… 银桦 *Grevillea robusta*
75. 心边材区别不明显；木材灰褐色或灰褐色微红；管孔较大，在放大镜下略明显；生长轮略明显，宽度不均匀；材表上有网孔 ……………………………………………… 山龙眼 *Helicia reticulata*
76. 轴向薄壁组织较多，以离带状为主，或有围管状 ……………………………………………… 77
76. 轴向薄壁组织略多，断续离带状；材色从外向内逐渐加深，为红褐色；生长轮略明显，宽度略均匀；管孔少，大小中等，放大镜下明显，径列型 ……………… 木麻黄 *Casuurina equisetifolia*
77. 心边材区别不明显；木材黄色、灰褐色或浅红褐色；管孔大小中等，肉眼下不见至略见，通常宽1~3列；径切面上射线斑纹明显 …………………………………… 青冈 *Cyclobalanopsis glauca*
77. 心边材区别略明显；边材红褐色或浅红褐色，心材暗红褐色或紫红褐色；管孔大小中等，肉眼下略见，放大镜下明显，通常宽1列；径切面上射线斑纹很明显 … 竹叶青冈 *Cyclobalanopsis bambusaefolia*
78. 轴向薄壁组织呈傍管型及离带状或轮界状 ……………………………………………………… 79
78. 轴向薄壁组织呈离管型 ………………………………………………………………………… 88
79. 轴向薄壁组织呈傍管型 …………………………………………………………………………… 80
79. 轴向薄壁组织呈离带状或轮界状 ……………………………………………………………… 85
80. 管孔分散型 ……………………………………………………………………………………… 81
80. 管孔径列型或分散型 …………………………………………………………………………… 82
81. 管孔多至甚多，甚小至略小，在放大镜下可见，大小一致，分布均匀；木射线数目中至多，放大镜下略见 ……………………………………………………………… 垂柳 *Salix babylonica*
81. 管孔数多，甚小至略小，在放大镜下可见，分布不均匀；生长轮略明显 …… 七叶树 *Aesculus chinensis*
82. 生长轮不明显 …………………………………………………………………………………… 83
82. 生长轮略明显至明显 …………………………………………………………………………… 84
83. 心边材区别明显，边材黄褐色或浅红褐色，心材红褐至深红褐色；木射线多至很多，细至中，在放大镜下明显 ………………………………………………… 蚬木 *Burretiodendron hsienmu*
83. 心边材区别明显，边材黄褐或灰褐色，心材暗黄褐色；有油性感；微苦；木射线少至多，细至中，在肉眼下略见；径切面上有射线斑纹 …………………… 青皮 *Vatica astrotricha*
84. 生长轮明显，宽度较均匀；心边材区别不明显；新切面上有香气，微苦；管孔略少，小至中，肉眼下略见；具侵填体；径切面上有射线斑纹 ……………………………… 桢楠 *Phoebe nutim*
84. 生长轮不明显至略明显，宽度不均匀；心边材区别略明显；无气味和滋味；管孔略少，大小中等，肉眼下可见；有白色沉积物；射线斑纹不明显 …………………… 荔枝 *Litchi chinensis*
85. 心边材区别不明显 ……………………………………………………………………………… 86
85. 心边材区别明显，边材黄褐色，心材深红褐色或暗褐色；管孔甚多，甚小，放大镜下可见，分布均匀；细木射线 ………………………………………………………… 枣木 *Zizyphus jujuba*
86. 木射线多至很多，中至细，放大镜下明显 …………………………………………………… 87
86. 木射线少至多，宽射线，肉眼下可见；心边材区别不明显；木材红褐色微黄或红褐色；径切面上有射线斑纹 ………………………………………………………………… 槭木 *Acer* spp.
87. 生长轮不明显至略明显，宽度略均匀；管孔数少，略小至中，肉眼下可见，分布均匀；木材浅红褐色或浅灰褐色；光泽弱 …………………………………… 琼楠 *Beilschmiedia fordii*
87. 生长轮不明显至略明显，宽度不均匀；管孔数少，中至略大，肉眼下可见；木材黄色或浅黄褐色至黄褐色；有光泽；偶尔含有树胶 ………………………… 黄檀 *Dalbergia hupeana*
88. 轴向薄壁组织轮界状 …………………………………………………………………………… 89
88. 轴向薄壁组织离带状或星散状 ………………………………………………………………… 90

89. 心边材区别略明显；边材黄白色或浅红褐色，心材灰黄褐色或微带绿色；管孔略多，略小，放大镜下明显，散生或斜列；细木射线少至多，肉眼下可见 ………………………… 鹅掌楸 *Liriodendron chinense*
89. 心边材区别明显；边材浅栗褐色或灰黄褐色，心材黄色或黄色微绿；管孔略少至略多，甚小至略小，放大镜下明显；细木射线多，放大镜下可见 ………………………… 绿兰（木莲）*Manglletia fordiana*
90. 轴向薄壁组织离带状 …………………………………………………………………………… 91
90. 轴向薄壁组织星散状；心边材区别明显；边材灰褐色或灰黄褐色，心材红褐色；管孔略少，肉眼下略见，分布均匀 ……………………………… 润楠 *Machilus leptophylla*
91. 心边材区别明显 ………………………………………………………………………………… 92
91. 心边材区别不明显；木材浅黄褐色或深黄褐色；生长轮不明显或略见；管孔少至略少。肉眼下可见，分布不均匀 …………………………………… 黄梁木 *Anthocephalus chinensb*
92. 生长轮不明显；管孔少，略小至中，放大镜下明显，径列型；无侵填体；无气味和滋味 ……………………………………………………………………… 铁力木 *Mesua ferrea*
92. 生长轮不明显或略明显；管孔略小至中，放大镜下略明显至可见，倾斜径列型；心材有侵填体；木材具辛辣滋味 ……………………………… 海南子京 *Madhuca* spp.
93. 年轮略明晰 ……………………………………………………………………………………… 94
93. 年轮明晰度多变 ………………………………………………………………………………… 95
94. 木材浅灰色略带浅紫色；不具光泽 ……………………………………… 杜仲 *Eucommia ulmoides*
94. 木材红褐色；略具光泽 ……………………………………………………… 棠梨木 *Pyrus calleryana*
95. 心边材区别不明晰至略明晰 …………………………………………………………………… 96
95. 心边材区别不明晰；木材黄褐色至浅黄褐色；有少量髓斑 ………………… 杜鹃 *Rhododendron fortunei*
96. 木射线极细；管孔甚小；材质较轻软；材色浅 ………………………………… 杨木 *Populus* spp.
96. 木射线细，放大镜下可见；管孔小；材质中或较轻 …………………………………………… 97
97. 心边材区别明显；心材红褐色；木材较轻软 ……………………………………… 柳木 *Salix* spp.
97. 心边材区别不明显 ……………………………………………………………………………… 98
98. 木射线均匀分布；管孔分布不均匀或均匀 …………………………………………………… 99
98. 木射线分布很密；管孔分布均匀 ……………………………………………………………… 100
99. 管孔在肉眼下为浅色点状；有髓斑 ………………………………………… 桦木 *Betula* spp.
99. 管孔甚小，肉眼下不见，分布均匀；无髓斑 ……………………………………… 椴木 *Tilia* spp.
100. 年轮略明晰；木材浅黄色、白色略带微褐色，心材略现浅红褐色 ………… 毛白杨 *Populus tomentosa*
100. 年轮略明晰至明晰；木材为浅褐黄色略带微红色 ………………………… 冬瓜杨 *Populus purdomii*